数据中心设计与管理

林予松 李润知 刘 炜 主编

清华大学出版社

北 京

内 容 简 介

本书全面介绍了数据中心建设和管理过程中的各个环节,将虚拟化技术的应用渗透到各个部分,阐述了建设云数据中心的主要内容和具体方法。围绕数据中心职能的各组成部分,将全书分为7章。其中,第1章为数据中心概述;第2~6章,分别介绍了数据中心的基础环境建设、网络子系统、计算子系统、存储子系统和安全子系统;第7章围绕数据中心的运维管理,从基础设施、网络、计算、存储、安全等方面介绍了相关技术及工具。

本书可供企业、高校和科研院所信息化管理部门以及各类数据中心的管理和技术人员参考使用,也可作为工科院校相关专业本科生、研究生的教材或辅导材料。

图书在版编目(CIP)数据

数据中心设计与管理 / 林予松　主编. —北京:清华大学出版社,2017 (2023.1重印)
ISBN 978-7-302-47974-1

Ⅰ. ①数… Ⅱ. ①林… Ⅲ. ①机房—建筑设计②机房管理 Ⅳ. ①TU244.5②TP308

中国版本图书馆 CIP 数据核字(2017)第 196086 号

责任编辑:王　定　程　琪
封面设计:牛艳敏
版式设计:思创景点
责任校对:牛艳敏
责任印制:丛怀宇

出版发行:清华大学出版社
　　　　　网　　　址:http://www.tup.com.cn,http://www.wqbook.com
　　　　　地　　　址:北京清华大学学研大厦 A 座　　　　　　邮　　编:100084
　　　　　社 总 机:010-83470000　　　　　　　　　　　邮　　购:010-62786544
　　　　　投稿与读者服务:010-62776969,c-service@tup.tsinghua.edu.cn
　　　　　质 量 反 馈:010-62772015,zhiliang@tup.tsinghua.edu.cn
印 装 者:三河市君旺印务有限公司
经　　销:全国新华书店
开　　本:185mm×260mm　　　印　　张:15.75　　　字　　数:374 千字
版　　次:2017 年 8 月第 1 版　　　印　　次:2023 年 1 月第 8 次印刷
定　　价:58.00 元

产品编号:076375-01

PREFACE

近年来，随着云计算和大数据相关技术的发展与普及，应用软件开发架构从传统的 B/S(Browser/Server)架构逐步向 C/C(Client/Cloud)架构转移。在 C/C 架构中，应用系统和数据集中部署在云端，用户通过台式计算机、笔记本电脑、智能手机等多种类型的终端设备，访问云端的数据及应用。在这种架构中，提供云服务的数据中心成为了重要的组成部分。与传统的数据中心相比，新型的云数据中心具有一些新的特点，对于数据中心的运维工作也提出了更高的要求。

本书围绕云服务数据中心的建设和运维，将数据中心分为基础设施、网络、计算、存储、安全等子系统，介绍了从规划、建设到运行维护的相关技术。主要内容安排如下：

第 1 章介绍了云计算和虚拟化的基础知识，数据中心的发展历程、主要特点及未来的发展趋势。

第 2 章介绍了数据中心建设中有关基础环境方面的相关技术和标准，包括数据中心的选址、功能区划分、布线系统、供配电系统、空调系统、防护系统、监控系统等。

第 3 章介绍了数据中心的网络子系统，包括数据中心网络的规划与设计、数据中心主要网络设备的工作原理、市场上针对数据中心的主流网络产品，还介绍了数据中心网络的新技术，包括网络虚拟化、SDN、大二层技术等，最后介绍了数据中心网络的发展趋势。

第 4 章从云计算和高性能计算两个方向介绍了数据中心的计算子系统，包括两种不同计算架构的主要特点、服务器相关技术，以及计算虚拟化技术和产品。

第 5 章介绍了数据中心的存储子系统，首先介绍了存储基本技术和 RAID，接着围绕数据中心三类主流存储系统——DAS、NAS 和 SAN，对其工作原理和主流产品进行了介绍，并介绍了存储虚拟化相关技术，最后介绍了数据备份和容灾技术。

第 6 章介绍了数据中心安全子系统，包括信息安全概述、云数据中心面临的主要安全威胁，针对这些威胁，本章从技术和管理两个层面介绍了如何加强数据中心的安全保障能力，接下来介绍了在数据中心部署的主要安全产品，最后通过一个实际案例说明了如何构建数据中心安全整体解决方案。

第 7 章围绕着数据中心的运维工作展开，首先介绍了数据中心运维工作的重要性，然后从基础环境、网络、计算、存储、安全等不同方面介绍了相关运维技术。

本书作者长期从事互联网骨干网及数据中心的规划、建设和运维工作，书中很多内容都是在实际工作中所积累经验的总结，具有较强的实用性。本书适合作为高校本科生及硕士研究生的教材，也适合从事数据中心建设运维工作的工程技术人员作参考书之用。

本书主要内容由林予松、李润知和刘炜撰写，参与本书编写的还有曹四海、任世宗、施晓杰、牛呈云、段志刚、张鹏飞、李筝等人。

由于时间仓促，加之编者的水平有限，书中不足之处在所难免，恳请专家和广大读者不吝赐教和批评指正。

编　者

2017 年 5 月

CONTENTS

第 1 章

概　述

　　近年来，云计算作为一种新的计算模式带动起一次新的 IT 技术革命，将传统的 IT 软、硬件以服务的方式提供给用户按需使用，并实现 IT 资源的动态、弹性、灵活及可扩展的管理与调度。从用户角度看，云计算降低了 IT 购置成本；从 IT 提供商来看，云计算提高了数据中心管理和运行效率，提升了服务质量。目前越来越多的数据中心都在向云数据中心方向转型，利用虚拟化、分布式存储等技术，以及支持这些技术的新的硬件系统对传统的数据中心进行升级，以更好地支持云计算服务。本章对构建新型数据中心所涉及的一些基本概念进行介绍，主要包括云计算、虚拟化技术以及数据中心的基础知识，对于数据中心的发展趋势进行了分析。

1.1 云计算

1.1.1 云计算概念

云计算(Cloud Computing)是网格计算、分布式计算、并行计算、效用计算、网络存储、虚拟化、负载均衡等传统计算机技术和网络技术发展融合的产物。云计算将计算从用户终端集中到"云端",是基于互联网的计算模式。

所谓的"云",是一些可以自我维护和管理的虚拟计算资源,通常是一些大型服务器集群,包括计算服务器、存储服务器和宽带资源等。云计算将计算资源集中起来,并通过专门软件实现自动管理,无须人为参与。用户可以动态申请部分资源,支持各种应用程序的运转,无须为烦琐的细节而发愁,能够使用户更加专注于自己的业务,有利于提高效率、降低成本和技术创新。云计算的核心理念是资源池,包括了云计算数据中心中所涉及的各种硬件和软件的集合,按类型可分为计算资源、存储资源和网络资源。

狭义的云计算指的是通过分布式计算和虚拟化技术搭建数据中心或超级计算机,以按需付费租用方式向用户提供数据存储、分析以及科学计算等服务。广义的云计算指通过建立网络服务器集群,向各种不同类型客户提供在线软件服务、硬件租借、数据存储、计算分析等不同类型的服务。

云计算也可理解为是一种按使用量付费的模式,这种模式为用户提供可用的、便捷的、按需的网络访问,进入可配置的计算资源共享池。只需投入很少的管理工作,或与服务供应商进行很少的交互,便可提供这些资源。按照云计算的运营模式,用户只需关心应用的功能,而不必关注应用的实现方式,即各取所需,按需定制自己的应用。目前,各种"云计算"的应用服务范围正日渐扩大,影响力也无可估量。

1.1.2 云计算的发展现状

2006 年 8 月,云计算的概念首次被提出。迄今为止,世界各国和几乎所有的 IT 巨头都将云计算作为未来发展的主要战略之一。

1. 主要国家的发展现状

(1) 中国。近年来,我国云计算相关产业发展迅速。2012 年 5 月,工业和信息化部发布《通信业"十二五"发展规划》,将云计算定位为构建国家级信息基础设施、实现融合创新的关键技术和重点发展方向。2012 年 9 月,科技部发布首个部级云计算专项规划《中国云科技发展"十二五"专项规划》,加速了我国云计算技术创新和产业发展。2013 年,工业和信息化部进一步开展云计算综合标准的制定工作，在梳理现有各类信息技术标准的基础上制定新的云计算标准，修订已有的标准，建设形成满足行业管理和用户需求的云计算标准体系。

(2) 美国。美国政府将云计算技术和产业定位为维持国家核心竞争力的重要手段之一，在制定的一系列云计算政策中，积极推动云计算产业的发展。2011 年出台的《联邦云计算战略》中明确提出鼓励创新，积极培育市场，构建云计算生态系统，推动产业链协调发展。通过强制政府采购和指定技术架构来推进云计算技术进步和产业落地发展。美国军方、司法部、农业部、教育部等部门都已应用了云计算服务。

(3) 日本。日本政府积极推进云计算的发展，希望利用云计算来创造新的服务和产业，推出了"有效利用 IT、创造云计算新产业"的发展战略。2010 年 8 月，日本经济产业省发布《云计算与日本竞争力研究》报告，鼓励和支持包括数据中心和 IT 厂商在内的云服务提供商利用日本的 IT 技术等优势，通过分析云计算的全球发展趋势，解决云计算发展过程中的挑战性和关键性问题。近年来，日本云计算产业发展非常迅速，2009 年日本国内云计算市场规模约为 13.8 亿美元，到 2014 年，区域规模达到 42 亿美元，占全球市场总量的 2.7%。

(4) 韩国。韩国政府在 2011 年制定了《云计算全面振兴计划》，由政府率先引进并提供云计算服务，为云计算开发国内需求。据韩国通信委员会的报告指出，韩国政府在 2010—2012 年，总计投入 4158 亿韩元预算来构建通用云计算基础设施，逐步将利用率低的电子政务服务器虚拟化置换成高性能服务器，并根据系统服务器资源使用量实现服务器资源的动态分配。截至 2015 年，韩国政府综合电算中心信息资源当中的 50%通过云计算进行运作。

(5) 澳大利亚。2011 年，澳大利亚政府信息管理办公室(AGIMO)发布《澳大利亚政府云计算政策：最大化云计算的价值》的文件，并在 2013 年 5 月更新和发布了该文件的 2.0 版，该文件对政府部门使用云计算服务提供了指导，包括云计算相关法律、财政支持、安全规范等。2012 年 10 月 5 日，澳大利亚总理宣布政府将制定国家云计算战略，提出将创建并使用世界一流的云服务，推动数字经济领域的创新和生产力。

2. IT 企业的发展现状

亚马逊公司于 2006 年首次推出计算租赁系统，也就是后来的云计算品牌亚马逊网络服务(AWS)。2006 年 7 月，亚马逊的 S3 存储服务推出短短 4 个月之后，就承载了 8 亿多个文件。近来年，亚马逊网络服务又推出了其桌面即服务(DaaS)WorkSpaces，进一步扩展其云生态系统。由于每个桌面都需要 CPU、内存、存储、网络及 GPU，而 AWS 提供了这些资源。据 Synergy 研究集团最近的一份调查报告显示，亚马逊占有全球云计算市场 28%的份额，其次是微软，占有 10%。

(1) 微软。于 2013 年推出 Cloud OS 云操作系统，包括 Windows Server 2012 R2、System Center 2012 R2、Windows Azure Pack 在内的一系列企业级云计算产品及服务。Windows

Azure 是云服务操作系统,可用于 Azure Services 平台的开发、服务托管以及服务管理环境。Windows Azure 为开发人员提供随选的计算和存储环境,以便在 Internet 上通过 Microsoft 数据中心来托管、扩充及管理 Web 应用程序。

(2) IBM。IBM 公司于 2013 年推出基于 OpenStack 和其他现有云标准的私有云服务,开发出一款能够让客户在多个云之间迁移数据的云存储软件——Inter Cloud,并为 Inter Cloud 申请专利,这项技术旨在向云计算中增加弹性,并提供更好的信息保护。IBM 在 2013 年 12 月收购位于加州埃默里维尔市的 Aspera 公司。在提供安全性、宽控制和可预见性的同时,Aspera 使基于云计算的大数据传输更快速,更可预测和更具性价比,比如企业存储备份、虚拟图像共享或者快速进入云来增加处理事务的能力。FASP 技术将与 IBM 的 SoftLayer 云计算基础架构进行整合。

(3) 甲骨文。甲骨文公司将 OpenStack 云管理组件集成到 Oracle Solaris、Oracle Linux、Oracle VM、Oracle 虚拟计算设备、Oracle 基础架构即服务(IaaS)、Oracle ZS3 系列、Axiom 存储系统和 StorageTek 磁带系统中,并将努力促成 OpenStack 与 Exalogic、Oracle 云计算服务、Oracle 存储云服务的相互兼容。OpenStack 已经在业界获得了越来越多的支持,包括惠普、戴尔、IBM 在内的众多传统硬件厂商已经宣布加入,并推出了基于 OpenStack 的云操作系统或类似产品。

(4) 苹果。苹果公司在 2011 年推出了在线存储云服务 iCloud,该服务可以让现有苹果设备实现无缝对接。苹果公司让使用者可以免费储存 5GB 的资料,云服务 iCloud 提供音乐、照片、应用程序、日历、文档及更多内容的云端存储,并以无线方式推送到你的所有设置,iCloud 是美国消费者使用量最大的云计算服务。

(5) 阿里巴巴。阿里巴巴公司在 2009 年推出阿里云,是中国有代表性的云计算平台,服务范围覆盖全球 200 多个国家和地区。阿里云致力于为企业、政府等组织机构,提供最安全、可靠的计算和数据处理能力,让计算成为普惠科技和公共服务,提供源源不断的新能源。近年来,阿里云不断发展和改进,在天猫"双 11"全球狂欢节、12306 春运购票等极富挑战的实际运行中,保持着良好的运行纪录。此外,阿里云广泛在金融、交通、基因、医疗、气象等领域提供一站式的大数据解决方案。

1.1.3　云计算的特点及优势

1. 云计算的特点

(1) 规模大。"云"具有相当大的规模,亚马逊、IBM、微软等公司的"云"均拥有数十万台服务器,为用户提供了强大的计算和存储能力。

(2) 灵活性。云计算使用户能够快速和廉价地利用基础设施资源,用户无须了解云计算内部具体的资源机制,就可以获得需要的服务。

(3) 虚拟化。云计算支持用户在任意位置使用各种终端获取服务。所请求的资源来自

"云"，而不是固定的有形的实体。应用在"云"中某处运行，但实际上用户无须了解应用运行的具体位置，只需要一台上网设备(PC、笔记本、平板等)，就可以通过网络服务来获取各种能力超强的服务。

(4) 经济性。用户应用成本大大降低，基础建设开支转换为业务支出。云计算的基础设施由第三方提供，这使得用户不需要购买昂贵的设备。同时，以计算量为收费标准，也减少了客户对设备运行维护的成本。

(5) 通用性。云计算不针对特定的应用，在"云"的支撑下可以构造出千变万化的应用，同一片"云"可以同时支撑不同的应用运行。

(6) 共享性。"云"为众多用户提供了资源共享，"云"的公用性和通用性使资源的利用率大幅提升，避免了有限资源无法被充分利用。

(7) 高可靠性。云计算系统由大量商用计算机组成集群向用户提供数据处理服务，"云"使用了数据多副本容错、计算节点同构可互换等措施来保障服务的高可靠性，使用云计算比使用本地计算机更加可靠。

(8) 按需服务。"云"是一个庞大的资源池，用户可以根据实际需求按需购买，收费方式可以像自来水、电和煤气那样按"量"计费。

(9) 可扩展性。现在大部分的软件和硬件都对虚拟化有一定的支持，各种 IT 资源，软件、硬件都虚拟化放在云计算平台中统一管理，通过动态的扩展虚拟化的层次达到对以上应用进行扩展的目的。

(10) 安全性。由于云计算采用中央集权的数据管理模式，相对于一般用户来说，云计算提供商能够把更多资源用于安全审计和解决安全问题，提供更高级别的安全保障。

2. 云计算的优势

(1) 大大降低企业运营成本。云计算可以让所有资源得到充分利用，其中包括价格昂贵的服务器以及各种网络设备，工作人员的共享使成本降低，特别是小到中等规模的应用和原型。

(2) 资本支出转移到运营成本。云计算使企业从资本支出转移到资金运营开支，使客户能够专注于增加在其职权范围内的核心价值，如业务和流程的洞察力，而不是建立和维护云计算数据中心基础设施。

(3) 反应迅速准确。云计算可以为用户按需分配资源并进行快速地配置，例如，当一个项目启动，可以及时申请分配资源；如果项目停止，只需终止云服务合同即可，快捷准确安全。

(4) 简化维护。云计算可以快速在共享的基础设施上进行修补和升级的过程，简化了整个维护工作。

3. 云计算的服务模式

云计算提供三种服务模式，即基础设施即服务 IaaS(Infrastructure as a Service)，平台即服务 PaaS(Platform as a Service)和软件即服务 SaaS(Software as a Service)，如图 1-1 所示。

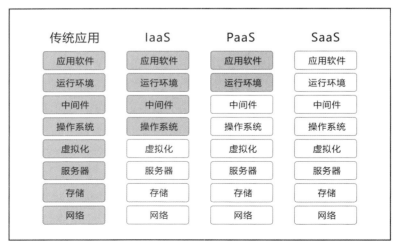

图 1-1　云计算的三种服务模式

(1) IaaS 云服务。IaaS 使得用户可以在云平台上租用计算、存储、网络等硬件资源及操作系统等底层系统软件，快速、廉价地按需搭建起基础设施平台。主流的 IaaS 平台，面向商业的有亚马逊的 AWS、VMware 的 vCloud 等，面向开源的有 Openstack、Cloudstack 等。

(2) PaaS 云服务。PaaS 在云计算平台上提供软件开发和分发环境，可以使用户通过互联网快速、相互协作地完成软件开发任务，同时大幅降低了软件开发成本，如 Google 的 AppEngine、VMware 发起的 CloudFoundry 等。

(3) SaaS 云服务。SaaS 与传统的软件交付到桌面的模式不同，其能够使用户通过互联网在云端直接使用软件，这样减少了对用户终端的要求，同时增加了软件运行的普适性，用户无论何时何地何种设备，都能快速地使用最新版本的应用程序。典型的 SaaS 云服务平台有国外的 Salesforce、国内的 800CRM 等。

在传统应用中，从底层的网络、存储、服务器到上层的应用软件，都需要用户自己搭建和维护；云计算提供三种服务，其中，在 IaaS 服务中，服务提供商负责底层的网络、存储、服务器以及虚拟化管理软件的部署和维护，虚拟机之上的操作系统、中间件、运行环境以及应用软件是由用户负责部署和维护；在 PaaS 服务中，操作系统和中间件也是由服务提供商负责部署和维护，用户只需负责运行环境和应用软件的部署和维护；在 SaaS 服务中，服务提供商连运行环境和应用系统的部署与维护也都负责，用户只需要使用应用系统就可以了，不用承担任何的部署和维护工作。

1.1.4　云计算发展对数据中心提出的要求

云计算模式是随着处理器技术、虚拟化技术、分布式存储技术、宽带互联网技术和自动化管理技术的发展而产生的。云计算一经提出，其虚拟化、按需服务、易扩展等优点，使得云架构数据中心成为主流发展趋势。其中，基于分布式的大规模集群和虚拟化平台，使得数据中心可提供超大规模计算能力。以下将逐一解析云计算发展对数据中心建设提出的要求。

(1) 网络架构。传统数据中心网络多采用三层结构，所需网络设备多，平均时延长，且管理复杂。除此之外，随着存储网络和数据网络的融合，存储流量对时延要求更为严格，三层结构带来的高时延问题往往成为业务性能提高的瓶颈。

(2) 融合性。数据网络与存储网络的分离现状阻碍数据中心的发展，如何实现网络的有效融合，对于数据中心的发展至关重要。

(3) 云计算下业务高带宽需求。数据中心将处理视频、数据发掘、高性能计算等高带宽业务，突发流量现象较多，因而要求网络必须保证数据能够高速率传输。

(4) 虚拟化。为了解决当前数据中心设备利用率低的问题，需要采用各种虚拟化技术，从而提高设备利用率。

(5) 高可用性。随着数据中心规模的扩大，如何保证在链路、设备或是网络故障及人为操作失误时能够实现服务不中断成为日益关注的一个问题；网络扩展或升级时，网络能够正常运行，对网络性能影响不大。

(6) 安全性。数据中心的业务具有高开放性、多业务并存以及不确定的访问来源等特点，因此数据中心往往面临着较多的安全威胁。当前云计算没有成熟的安全防护技术，如何提高数据中心安全性是一个迫切要解决的问题。

(7) 低能耗。构建及运营数据中心所需的能耗过大，尽快形成绿色节能、高效运行的数据中心势在必行。

1.2　虚拟化

1.2.1　虚拟化概念

虚拟化(Virtualization)是一种资源管理技术，是将计算机的各种实体资源(如服务器、网络、内存及存储等)予以转换后呈现出来，用户可以使用更好的组态方式来应用这些资源。这些虚拟资源不受现有资源的架设方式、地域或物理组态限制。一般所指的虚拟化资源包括计算能力和存储资源。

虚拟化技术与多任务以及超线程技术是不同的。虚拟化技术是指在一套硬件平台上，运行不同的、支持多任务的操作系统，每一个操作系统都运行在一个虚拟的 CPU 或者是虚拟主机上；多任务是指在一个操作系统中多个应用程序同时并行运行；而超线程技术是指单 CPU 模拟双 CPU 来平衡程序运行性能，这两个模拟出来的 CPU 是不能分离的，只能协同工作。

　　虚拟化使用软件的方法重新定义划分计算机资源，可以实现资源的动态分配、灵活调度、跨域共享，提高资源利用率，使这些计算机资源能够真正成为社会基础设施，服务于各行各业中灵活多变的应用需求。

1.2.2　虚拟化技术的发展现状

　　虚拟化技术起源于 20 世纪六七十年代的美国。1965 年 IBM 推出的 IBM 7044 计算机，是最早使用虚拟化技术的计算机，标志着虚拟化技术在商业领域的实现。IBM 随后又开发了 Model 67 型号的 System/360 主机，Model 67 主机通过虚拟机监视器虚拟所有的硬件接口，来模仿多台不同型号的计算机，让用户能充分地利用昂贵的大型机资源。在随后的几十年里，该技术主要应用在大型机上。自 2006 年以来，随着计算机和互联网技术的发展，微型计算机的处理能力、普及范围和应用需求也在不断发展，尤其是 CPU 进入多核时代之后，微型计算机具有了前所未有的强大处理能力，为了提高资源利用率、简化管理、降低成本，虚拟化技术也在新世纪得到了突飞猛进的发展，迅速应用于各个行业领域，一个趋于完整的服务器虚拟化的产业生态系统正在逐步形成。

　　当前，虚拟化技术已经深入人心，大家对服务器虚拟化带来的诸多好处不再怀疑，虚拟化技术在中国推广的进程也很迅速，其资源运用更加充分、管理更加便捷等特点，使其受到越来越多的企业以及个人用户的青睐。首先，虚拟化技术可以使高性能计算机充分发挥它闲置资源的能力，以达到即使不购买硬件也能提高服务器利用率的目的；其次，虚拟化技术正逐渐在企业管理与业务运营中发挥至关重要的作用，不仅能够实现服务器与数据中心的快速部署与迁移，还能体现出其透明行为管理的特点，让企业管理起来更加方便、快捷。

　　尽管当前虚拟化技术在世界范围内发展迅速，但就目前的国际国内形式来看，真正实现虚拟化的服务器比例还不高，服务器实现虚拟化的比例是 8%，也就是说还有 92%的服务器没有实现虚拟化。主要原因是虚拟化技术所带来的安全性、稳定性问题以及由此带来的未知性。由物理机变成虚拟机有很多未知性，用户无法判断实施虚拟化后会带来什么问题，例如数据中心的几百台服务器实现虚拟化以后如何管理，人员、工具、流程(PPT)发生什么变化，等等。

　　另一方面，中国的国情跟国外是不一样的，在国外认为很正常的优点，到国内不一定被认为是优点，比如服务器 CPU 使用率通常 10%，在国外普遍被认为这是浪费，是亟需要解决的，这是他们要采用服务器虚拟化的最初出发点。但是国内的一些大用户，更关心服务器的可靠性和稳定性，要求服务器虚拟化也不能影响到系统的可靠性和稳定性。不过目前这种状况也正在逐步改变，国家倡导节能减排，国内的用户由于这种驱动，也会逐步地采用服务器虚拟化。所以要根据不同的情形，结合用户的不同需求，从提高稳定性以及提高前端业务用户的满意度的角度来分析为什么用服务器虚拟化，这相比简单的成本分析，可能更容易被用户接受。

1.2.3　虚拟化技术的应用

1. 虚拟化技术介绍

谈到虚拟化,很多人会认为仅仅是指主机虚拟化,然而虚拟化技术经过 50 多年的发展,已经成为一个庞大的技术家族,其技术形式种类繁多,已经从最初的主机虚拟化发展到了今天的服务器虚拟化、桌面虚拟化、网络虚拟化、存储虚拟化、应用虚拟化等多个方面。每种虚拟化都有所对应的方案和技术,重点介绍如下。

(1) 服务器虚拟化

服务器虚拟化又称主机虚拟化,是指把一台物理服务器的资源抽象成逻辑资源,把一台服务器虚拟成多台相互隔离的虚拟服务器。服务器虚拟化技术可以将一个物理服务器虚拟成若干个虚拟服务器(简称虚拟机)使用,虚拟机并不是一台真正的机器,但从功能上来看,它就是一台相对独立的服务器,CPU、内存、存储、网络接口等支撑其正常运行。通过将一台物理服务器资源分配到多个虚拟机,同一物理平台能够同时运行多个相同或不同类型的操作系统虚机,作为不同业务和应用的支撑。在一台物理服务器上部署多个虚拟机不仅能够提高物理服务器的运行效率,减少管理和维护费用,而且便于扩展。当应用需求增加时,可迅速创建更多虚拟机,用于部署新应用,从而降低硬件成本。

服务器虚拟化的实现通常使用两类虚拟化技术,一类是硬件辅助虚拟化技术,代表厂商为 VMware 和微软。而另一类是软件虚拟化技术,其主要代表为 SWsoft 的 Virtuozzo 和 Sun 的 Solaris 容器(Sun Containers)。

(2) 桌面虚拟化

桌面虚拟化是指将计算机的终端桌面系统进行虚拟化,即通过某种技术在中央服务器上虚拟出大量的虚拟桌面,并提供给成千上万的用户使用,使得用户可以通过任何设备,在任何地点,任何时间通过网络使用个人桌面系统。桌面虚拟化依赖于服务器虚拟化,在数据中心的服务器上面虚拟出大量独立的桌面系统,根据专用的桌面协议发送给终端设备,从而实现单机多用户。

桌面虚拟化的实现通常使用三类虚拟化技术,第一类是通过远程登录的方式使用服务器上的桌面,代表性产品有 Windows 下的 Remote Desktop、Linux 下的 XServer、VNC(Virtual Network Computing);第二类是通过网络服务器的方式,运行改写过的桌面程序,代表性产品有 Google 的 Office 软件或者浏览器里的桌面,这些软件通过对原有的桌面软件进行重写,从而可以在浏览器里运行完整的桌面程序;第三类是通过应用层虚拟化的方式提供桌面虚拟化,通过软件打包的方式将软件在需要的时候推送到用户的桌面,在不需要的时候收回,可以减少软件许可的使用。

(3) 网络虚拟化

网络虚拟化技术是由虚拟专用网技术和虚拟局域网技术组成。因为虚拟专用网可以是网络连接抽象化，而且虚拟专用网可以用于防止 Internet 中的网络威胁，保证用户在一个安全的网络环境下，进行数据的访问。虚拟局域网技术可以实现内部通信，具体表现为将多个局域网划分到一个虚拟的局域网当中，进而实现局域网内部的通信交流。

网络虚拟化技术是目前业界关于虚拟化细分领域界定不明确、存在争议较多的一个概念，基于网络的虚拟化产品还处在一个初级发展阶段。利用交换机中的虚拟路由特性，用户可以把一个企业的网络分隔成使用不同规则和控制多个不同网段的子网络，这样，就可以充分地利用交换机的功能，而不必再为此购买和安装新的设备，从而减少运营费用和技术复杂性。网络虚拟化技术分布在企业网络应用的各个层面与各个方面，不管是用户还是企业网络管理者都离不开网络虚拟化，虚拟化必将推动下一波网络的增长。

(4) 存储虚拟化

存储虚拟化是将实际的物理存储实体与存储的逻辑表示分离开，通过建立一个虚拟抽象层，将多种或多个物理存储设备映射到一个单一逻辑资源池中。这个虚拟层向用户提供了一个统一的接口，向下隐藏了存储的物理实现。从专业的角度来看，虚拟存储是介于物理存储设备和用户之间的一个中间层。这个中间层屏蔽了具体物理存储设备(磁盘、磁带)的物理特性，呈现给用户的是逻辑设备。用户对逻辑设备的管理和使用是经过虚拟存储层映射，来对具体物理设备进行管理和使用的。从用户的角度来看，用户所看到的是存储空间不是具体的物理存储设备，用户所管理的存储空间也不是具体的物理存储设备。用户可随意使用存储空间而不用关注物理存储硬件(磁盘、磁带)，即不必关心底层物理设备的容量、类型和特性等，而只需要把注意力集中在其存储容量及安全模式的需求上。虚拟存储技术的使用有助于更充分地发挥现有存储硬件的能力和提高存储效率，提高安全性。

存储虚拟化主要有三种实现方式：一是基于主机的虚拟化，是在应用服务器上安装相应的逻辑卷管理软件实现对存储的整合与调配，例如 Symantec 的 Storage Foundation；二是基于存储设备的虚拟化，是将管理存储的任务交给存储控制器，如 EMC、HP、IBM 这些大型存储设备厂商都有相对应产品；三是基于网络的虚拟化，是加入了管理 SAN 的软硬件来整合异构的存储平台，代表性产品是 IBM 的 SVC。

(5) 应用虚拟化

应用虚拟化是将应用程序与操作系统解耦合，为应用程序提供了一个虚拟的运行环境。在这个环境中，不仅包括应用程序的可执行文件，还包括它所需要的运行时环境。从本质上说，应用虚拟化是把应用对低层的系统和硬件的依赖抽象出来，可以解决版本不兼容的问题。

应用虚拟化技术原理是基于应用/服务器计算(A/S)架构，采用类似虚拟终端的技术，把应用程序的人机交互逻辑与计算逻辑隔离开来。在用户访问一个服务器虚拟化后的应用时，用户计算机只需要把人机交互逻辑传送到服务器端，服务器端为用户开设独立的会话空间，应用程序的计算逻辑在这个会话空间中运行，把变化后的人机交互逻辑传送给客户端，并且在客户端相应设备展示出来，从而使用户获得如同运行本地应用程序一样的访问感受。

2. 虚拟化技术在云计算中的应用

云计算离不开虚拟化技术，目前虚拟化技术在云计算中的应用范围越来越广，例如服务器虚拟化技术、网络虚拟化技术、存储虚拟化技术、应用虚拟化技术等，这些给用户带来了一种全新的网络体验，也解决了之前网络服务器运行当中的一些弊端。服务器虚拟化技术可以将云计算单台的服务器虚拟成多台服务器给用户提供服务；网络虚拟化技术可以将多个局域网划分到一个虚拟的局域网中，实现内容的信息通信；存储虚拟化技术可以将逻辑存储单元整合到广域网范围内，提高硬件的利用率；应用虚拟化技术可以把运行中实际的硬件和软件环境虚拟化，方便用户和管理员的使用。由此可见，虚拟化技术在云计算中的应用范围越来越广，这为虚拟化技术在云计算应用中的进一步拓展奠定了坚实的基础，虚拟化技术在云计算中有广阔的应用前景。

1.3　数据中心概述

1.3.1　数据中心的概念

数据中心(Data Center)是指在一个物理空间内实现信息的集中处理、存储、传输、交换及管理。如图 1-2 所示，数据中心包含一整套复杂的设施，它不仅仅包括计算机系统和其他与之配套的计算机设备、服务器设备、网络设备、存储设备等关键设备，还包含冗余的数据通信连接、环境控制设备、监控设备以及各种安全装置。

图 1-2　数据中心实景图

随着数据中心的发展，尤其是云计算技术的出现，数据中心已经不只是一个简单的服务器统一托管、维护的场所，它已经衍变成一个集大数据量运算和存储为一体的高性能计算机的集中地。新一代数据中心是基于云计算架构的，计算、存储及网络资源松耦合，虚拟化程度高、模块化程度高、自动化程度高、绿色节能程度高的新型数据中心。

1.3.2 数据中心的发展现状

数据中心在 20 世纪 60 年代开始建立，在 21 世纪得到了快速发展，数据中心是信息系统的核心，主要功能是通过网络向用户提供信息服务。数据中心的演变经历了四个阶段：

(1) 数据存储中心阶段。数据中心最早出现在 20 世纪 60 年代，采用的是以主机为核心的计算方式，一台大型主机就是数据中心，如 IBM 360 系列计算机，其主要业务是数据的集中存储和管理。

(2) 数据处理中心阶段。20 世纪 70 年代以后，随着计算需求的不断增加、计算机价格的下降以及广域网和局域网的普及、应用，数据中心的规模不断增大，数据中心开始承担核心的计算任务。

(3) 信息中心阶段。20 世纪 90 年代，互联网的迅速发展使网络应用多样化，客户端/服务器的计算模式得到广泛应用。数据中心具备了核心计算和核心业务运营支撑功能。

(4) 云数据中心阶段。进入 21 世纪，数据中心规模进一步扩大，服务器数量迅速增长。虚拟化技术的成熟应用和云计算技术的迅速发展使数据中心进入了新的发展阶段。数据中心承担着核心运营支持、信息资源服务、核心计算、数据存储和备份等功能。

我国数据中心的建设始于 20 世纪 80 年代。1982 年颁布了 GB2887—1982《计算站场地技术要求》，统一了机房建设的各项指标，使数据中心机房建设从此有了统一的标准。随着机房专用空调、UPS 等保障设备的引进，以及监控设备、消防报警及灭火设备在机房中的使用，从硬件上为数据中心建设提供了物理基础设施保障。随着网络技术的飞速发展，大量数据的传输成为可能，也开始建设大规模的数据中心机房，集中对数据进行处理和存储，以提高稳定性并有效降低了运行及维护成本。

进入 21 世纪以来，随着虚拟化和云计算技术的飞速发展，数据中心也衍变成一个集大数据量运算和存储为一体的新型数据中心。2007 年，全球首个虚拟化数据中心 —— Sun 公司的黑盒子面世，该数据中心可以容纳 200 多台 Sun 服务器。同年 Salesforc 公司推出了 SaaS 服务，客户可以根据需要订购软件应用服务，按服务多少和时间长短支付费用。Google 数据中心采用标准的集装箱设计，每个集装箱可以容纳 1000 多个服务器，并配备了冷却系统。Google 于 2007 年推出了 Google Docs 在线办公服务，随后又推出了 Google App Engine 程序开发平台，将平台作为一种服务提供给用户。IBM 建立了便携式模块化数据中心 PMDC，推出了蓝云计算平台，为客户带来即买即用的云计算平台，它包括一系列虚拟化软件，使来自全球的用户可以访问云计算的大型服务器资源池。惠普公司推出了性能优化数据中心 POD。思科公司推出了统一计算系统 UCS，集中统一管理计算、网络、存储等虚拟化资源。微软公司在芝加哥建立了最大的数据中心，占地面积 70 万平方英尺，集装箱里放置着微软云计算产品的重要组件，每个集装箱都存放了上千台服务器，为微软的云计算提供服务。微软 2008 年推出了 Windows Azure 系统，基于互联网架构，打造新的云计算平台，将微软所拥有的数以亿计的 Windows 用户和桌面接到云中。

1.3.3　数据中心的功能特点

传统数据中心计算、存储及网络资源是紧耦合的，根据客户需求，一个项目建设一套系统，扩展起来要对系统进行重新设计，非常烦琐。新一代数据中心的所有计算、存储及网络资源都是松耦合的，可以根据数据中心内各种资源的消耗比例而适当增加或减少某种资源的配置，这样能使得数据中心的管理具有较大的灵活性，能够优化资源配置，并按照客户需求进行配置。相对于传统数据中心，新一代数据中心的功能特点主要集中在标准化、模块化、可扩展性、虚拟化程度、绿色节能程度等几个方面。

(1) 标准化。新一代数据中心基于国际标准，对服务器、存储设备、网络等基本组成采用标准化的组件设计，可以实现数据中心的快速部署，例如近些年兴起的集装箱式数据中心只需几周时间就可以快速构建起来。

(2) 模块化。在新一代数据中心中，数据中心要满足动态的需求，必须具有一定伸缩性。为了使数据中心拥有更好的适应性与可扩展性，应按标准进行模块化配置设计，以使这种配置更易于针对数据中心的服务需求量身定制。基于标准的模块化系统能够简化数据中心的环境，加强对成本的控制，进而实现使用一套可扩展、灵活的 IT 系统和服务来构建更具适应性的基础设施环境，从而提高数据中心工作效率，降低复杂性和风险。

(3) 扩展性。新一代数据中心要满足不断增加的各种用户需求，这就要求中心可以根据业务应用需求和服务质量来动态配置、定购、供应虚拟资源的规模，进行快速动态扩展。首先，物理结构必须是可扩展的，理想的结构必须支持十万甚至百万台服务器的低成本扩展，每个节点的链路数不宜过多或者不依赖于高端交换机。其次，物理结构必须支持增量扩展，当增加新的服务器时，不会影响已有服务器的运行。再次，通信协议设计必须是可扩展的，例如路由协议，可以满足大规模的路由交换。

(4) 虚拟化。虚拟化是新一代数据中心中使用最为广泛的技术，也是与传统数据中心的最大差异。在新一代数据中心中，广泛采用虚拟化技术将物理资源集中在一起形成一个共享虚拟资源池，从而更加灵活和低成本地使用资源。通过服务器虚拟化、存储虚拟化、数据中心虚拟化等解决方案，不仅可以降低服务器数量，还可以优化资源利用率。

(5) 高密度。新一代的数据中心采用的是一种集中化的部署方式，但是当前数据中心机房普遍存在空间有限的问题，这就要求在有限空间内支持高负载、高密度的处理设备，刀片式服务器等高密度设备是新一代数据中心的必然选择。

(6) 容错性。在当前的数据中心中，发生故障是非常普遍的。由于硬件、软件和能源等因素造成各种各样的服务器、链路、交换机和机架故障时有发生，当网络规模足够大时，单独的服务器和链路的故障甚至比异常发生的频率更高，因此新型数据中心必须具备足够的物理冗余和良好的容错性，保证故障发生时不影响整个数据中心的正常运行。

(7) 通信性能。部署在数据中心的许多应用在服务器间的流量远大于与外部客户交互的流量，如网页检索、分布式文件系统、科学计算等。因此良好的服务器间通信性能是保障服务 QoS 的基础。

(8) 位置无关的地址结构。服务需要采用与物理位置无关的地址结构来解决数据中心对服务器地址的限制问题。这样数据中心的任意服务器都可以成为任意资源池的一部分，既保证了服务的可扩展性又可以提高资源利用率，简化管理配置。

(9) 集中化管理。新一代数据中心采用 7×24 小时无人值守的远程管理模式，实现设备到应用端到端的统一集中管理。通过建立高度可信赖的计算平台、网络安全威胁防范、建设数据复制与备份、容灾中心等，确保数据中心稳定、安全、持续的运行。

(10) 节省空间和能耗。新一代数据中心使用大量节能服务器、存储和网络设备，并通过先进的供电系统和散热技术，实现供电、散热和计算资源的无缝集成和管理，从而提高数据中心空间利用率，解决数据中心的能耗大和空间不足的问题。

1.3.4 数据中心的未来发展与挑战

1. 数据中心面临的挑战

(1) 物理基础设施方面

数据中心运行所需要的环境因素，如供电系统、制冷系统、机柜系统、监控系统等通常被认为是关键物理基础设施。随着数据中心规模的不断扩大，物理基础设施的发展也面临着挑战：

- 数据中心供配电由备用供电系统向不停电供电系统发展。UPS 供配电系统的标准化、模块化设计将普遍被采用，以降低 MTTR(平均修复时间)、提高可用性、扩展性，并可降低生产和销售成本。

- 数据中心制冷系统由机房作为制冷系统的模式向由机柜或机柜群作为制冷系统的模式变化。传统的制冷模式使得机房内气候出现明显而剧烈的局部差异性，真正的数据中心工作环境应着眼于机柜甚至着眼于机柜 U 空间的"微环境"，真正做到机房温度均衡。

- 数据中心在机房监控管理方面向着集中化方向发展，基于 IP、Internet、IPMI(智能平台管理接口)的能够管理不同平台的远程集中管理模式逐渐被采用。机房设备的监控管理向网络化、标准化发展，机房设备监控系统的控制功能不再局限于设备开关机和对参数的设置，还可以针对机房环境、IT 微环境的自动控制。随着无线移动通信技术的发展，移动智能终端等将成为管理员最"顺手"的管理终端。

(2) 节能减排方面

近年来，数据中心随着云计算技术的快速发展也大规模的爆发，但数据中心却成为节能减排的"众矢之的"。2015 年 3 月，工信部发布《国家绿色数据中心试点工作方案》披露：我国数据中心发展迅猛，总量已超过 40 万个，年耗电量超过全社会用电量的 1.5%，其中大多数数据中心的 PUE(平均电能使用效率)仍普遍大于 2.2，与国际先进水平相比有较大差距。与此同时，数据中心产生大量的温室气体排放，消耗大量的水资源，其设备废弃后造成较大污染，给资源和环境带来巨大挑战。当前，节能减排是当今 IT 领域的一大主题，越来越庞大的数据中心与绿色环保成为一对矛盾体，中国的服务器耗电量每年增长 30%。因此，对于数据中心来说，节能减排是一个非常紧迫和严峻的问题，如何建设更高效、更绿色的数据中心，是面临的一项新的挑战。

2. 数据中心未来的发展

绿色数据中心是数据中心未来的发展方向。所谓"绿色数据中心"，是指通过采用自动化、资源整合与管理、虚拟化、安全以及能源管理等新技术，迎接目前数据中心普遍存在的成本快速增加、资源管理日益复杂、能源大量消耗的严峻挑战。

(1) 智能机房概念的引入让数据中心建设上了一个新台阶。机房的动力、环境设备，如配电、不间断电源、空调、消防、监控、防盗报警等子系统，必须时刻保障系统能正常运行。在数据中心建设中引入了智能机房集成管理系统，利用先进的计算机技术、控制技术和通信技术，将整个机房的各种动力、环境设备子系统集成到一个统一的监控和管理平台上，通过一个统一的简单易用的图形用户界面，可以随时随地监控机房的任何一个设备，获取所需的实时和历史信息，进行高效的资源管理。

(2) 不断上涨的能源成本和不断增长的计算需求，使得数据中心的能耗问题引发越来越多的关注。从长远来看，绿色数据中心是数据中心发展的必然，使得数据中心的 IT 系统、电源、制冷、基础建设等能取得最大化的效率和最小化的环境影响。2013 年工信部发布的《关于数据中心建设布局的指导意见》中，指出重点推广绿色数据中心和绿色电源，明确要求新建大型云计算数据中心的能耗效率 PUE(PUE=数据中心总耗能/IT 设备耗能)值达到 1.5 以下，已建的数据中心通过整合、改造和升级，PUE 值应降到 2.0 以下。

(3) 新一代数据中心广泛采用虚拟化技术将物理资源集中在一起形成一个共享虚拟资源池，从而更加灵活和低成本地使用资源。通过服务器虚拟化、存储虚拟化、数据中心虚拟化等解决方案，不仅可以降低服务器数量，还可以优化资源利用率。虚拟化是新一代数据中心中使用最为广泛的技术，也是与传统数据中心的最大差异，基于虚拟机的动态迁移，设计高效的任务调度策略是数据中心发展的又一关键问题。

第 2 章

基础环境建设

　　基础环境建设是数据中心建设的重要环节，主要包括建筑、机电、暖通、弱电、消防、安防以及智能化管理等一系列基础设施系统，它们是数据中心中所有计算机软、硬件系统的物理载体和基础支撑，其设计实施的高可靠性是承载数据中心稳定运行的前提。

　　本章围绕数据中心从先期规划到施工建设以及后期管理的整个过程，依次介绍了基础环境建设包含的规划选址、空间布局、综合布线、供配电系统、空调系统、防护系统及监控系统等内容。

2.1 基础环境规划

数据中心基础环境规划是数据中心建设的首要问题，规划的科学性、合理性直接影响到后期数据中心能否安全稳定地运行。

2.1.1 数据中心选址

数据中心首先面临选址问题。GB50174—2008《电子信息系统机房设计规范》针对数据中心的选址，给出了三个标准：

(1) 电力供给应充足可靠，通信应快速畅通，交通应便捷；采用水蒸发冷却方式制冷的数据中心，水源应充足。

(2) 自然环境应清洁，环境温度应有利于节约能源；应远离产生粉尘、油烟、有害气体以及生产或贮存具有腐蚀性、易燃、易爆物品的场所；应远离水灾、火灾和自然灾害隐患区域；应远离强震源和强噪声源；应避开强电磁场干扰。

(3) A 级数据中心不宜建在公共停车库的正上方，大中型数据中心不宜建在住宅小区和商业区内。

随着数据中心的发展，对建设有备份中心的数据中心增加了新要求：互为备份的数据中心之间直线距离不宜小于 30km，且不宜有同一个 220(或 110)kV 变电站供电。

除此之外，数据中心选址应该考虑以下社会因素：

(1) 城市基础设施。城市基础设施是考虑数据中心选址的重要因素，数据中心所在地的城市能源供电、通信条件、交通状况、生活配套设施对数据中心的安全运行有重要影响。

(2) 人力资源。数据中心的运营需要人力资源保证，着眼于数据中心的长远发展，数据中心所在地必须有良好的人力资源基础，对人才有足够的吸引力。

(3) 投资成本。数据中心建设必须充分考虑投资成本与回报，需要关注固定资产和人力资源两方面投入。固定资产包括地皮、建设物、环境建设等；人力资源需要考虑所在地收入水平。

(4) 地域稳定程度。考虑地域稳定程度主要针对数据中心有可能面临的地域风险，必须远离恐怖袭击、地震、洪水、火山爆发、环境污染、瘟疫、恶劣天气等多发地带。同时避免位于环境复杂地区，如：兵工厂、火药库、易爆炸的工厂、核电厂、军事基地附近、建筑物的较高楼层等。

2.1.2 数据中心分级及技术指标

数据中心基础设施是为确保数据中心的关键设备和装置能安全、稳定和可靠运行而设计、配置的基础工程。目前国内外有多个行业标准为数据中心的分级作了规定。

GB50174—2008《电子信息系统机房设计规范》将电子信息系统机房分为 A、B、C 三级。电子信息技术平均 2.5 年发展一代，每一代 IT 技术的发展都意味着其支持技术的发展。GB50174—2008《电子信息系统机房设计规范》于 2008 年发布实施，到 2015 年，《电子信息系统机房设计规范》已执行了 7 年，意味着电子信息技术已发展了 3 代，需要规范做相应修改，新的设计规范仍在制定当中。

依据行业内技术最新发展趋势，上海市城乡建设和交通委员会制定了 DG/TJ08—2125—2013《上海市工程建设规范数据中心基础设施设计规程》，规程指出，根据其规模、性质及在社会经济活动中的重要性，数据中心主机房可划分为 A、B1、B2、C 四个等级。

系统运行中断将造成重大社会影响、公共秩序严重混乱或重大经济损失的数据中心为 A 级(容错型)。A 级数据中心的关键设备按容错要求配置，有多路回路承担信息系统。由于系统中消除了单点故障点，所以意外事故、操作失误、维护工作等都不会导致数据中心信息系统运行中断，该型主要用于大型数据中心的规划设计。

系统运行中断将造成较大社会影响、公共秩序混乱或较大经济损失的数据中心为 B1 级(可并行维护型)。B1 级数据中心的关键设备按可并行维护要求配置，有多路回路承担信息系统。由于系统中没有完全消除了单点故障点，所以意外事故、操作失误、维护工作等可能会导致数据中心信息系统运行中断，该型主要用于中型数据中心的规划设计。

系统运行中断将造成局部社会影响、公共秩序混乱或经济损失的数据中心为 B2 级(冗余设计性)。B2 级数据中心的关键设备按冗余设计要求配置，在设备正常运行情况下，保证信息系统运行不中断。由于系统中存在单点故障点，所以意外事故、操作失误、维护工作等都会导致数据中心信息系统运行中断，该型主要用于中、小型数据中心的规划设计。

不属于 A 级或 B1、B2 级的数据中心主机房为 C 级(基本型)。C 级数据中心的关键设备按基本要求配置，意外事故、操作失误、维护工作等都会导致数据中心信息系统运行中断，该型设计最为简单，主要用于小型数据中心的规划设计。

互为备份的数据中心，其主、备机房的等级设定应一致。主机房内部可划分为几个不同等级的区域，并按不同的标准进行设计。数据中心根据不同的级别设定，在基础环境建设过程中，对机房设备、部件的冗余性、可用性、可靠性等方面的要求不同，主要技术指标如表 2-1 所示。

表 2-1　数据中心主机房的技术指标

指标	A 级(容错型)	B1 级(可并行维护型)	B2 级(冗余设计型)	C 级(基本型)
部件冗余	$2(N+1)$	$N+1$	$N+1$	N
年宕机时间不大于	0.4h	1.6h	22.0h	28.8h

(续表)

指标	A级(容错型)	B1级(可并行维护型)	B2级(冗余设计型)	C级(基本型)
综合可用性系数不低于	99.995%	99.982%	99.749%	99.671%
电源可靠性系数不低于	99.999%	99.999%	99.99%	99.9%
电源系统配置	UPS+备用发电机	UPS，且宜设备用发电机	UPS，且可设备用发电机	UPS

其中，$N+X$ 冗余指系统满足基本需求外，增加了 X 个单元、X 个模块、X 个路径或者 X 个系统，任何 N 个单元、模块或者路径的故障或维护不会导致系统运行中断，这里 X 取 1 到 N 的任一整数值。

2.2 空间环境

在进行数据中心机房功能规划时，往往通过合理设计空间布局来实现绿色环保以及提高数据中心能效。数据中心作为设备的集中存放地，具有设备数量大、类别多、网络复杂的特点，机房的供电、静音、空调、散热等问题关系到机房设备的运行性能和效率，数据中心基础环境建设主要围绕如何提高数据中心的效能、降低电力损耗、减少占地空间和提高集约化水平等问题来进行。

2.2.1 功能区划分

数据中心指在一个物理空间内实现数据的集中处理、存储、传输、交换、管理等功能。计算机、服务器、网络设备、存储设备等通常认为是数据中心计算机房的关键设备，除此之外，保证这些关键设备运行所需要的环境因素，如供电系统、制冷系统、机柜系统、消防系统、监控系统等通常被认为是关键物理基础设施。在进行数据中心建设时往往需要根据各关键物理基础设施的作用及相互关系，科学、合理地规划空间布局。

图 2-1 是某数据中心空间布局示意图，其中根据各部分功能，将数据中心规划出计算机房、操作中心、储藏间和装载间、供电和机械间、员工办公室等空间区域。

(1) 计算机房。计算机房是数据中心的核心区域，用于计算、存储、网络设备等关键设备以及其配套的机柜系统。

(2) 操作中心。用于计算机房设备运行、环境、安全、消防集中监控的场所。

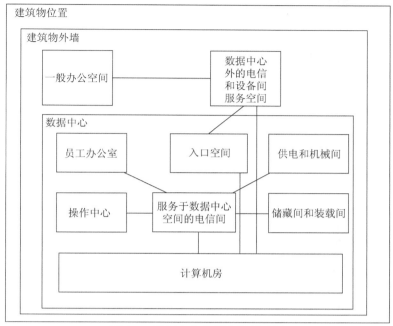

图 2-1　数据中心空间布局示意图

(3) 储藏间和装载间。用于设备的临时存放以及设备上架、软件上线前的安装、调试区域。

(4) 供电和机械间。用于变配电系统、柴油发电机、UPS、电池组、空调外机等设备存放。

(5) 员工办公室。用于日常行政管理的场所。

2.2.2　机柜选型及布置

机柜作为数据中心基础设施建设不可或缺的组成部分，主要用于设备规范、有序存放。在选型和部署时，机柜应满足机房管理、人员操作和安全、设备和物料运输、设备散热、安装和维护等要求。机柜选型及部署说明如下：机柜选型宜为四立柱或六立柱的立方体框架结构，水平支撑平稳可靠，可按防震要求与地面固定安装，机柜侧门应可拆卸，机柜组合安装后应符合通风散热要求。

考虑机房管理及空间问题，主机房内和设备间的的距离应符合下列规定：

(1) 用于搬运设备的通道净宽不应小于 1.5m。

(2) 面对面布置的机柜或机架正面之间的距离不应小于 1.2m。

(3) 背对背布置的机柜或机架背面之间的距离不应小于 1m。

(4) 当需要在机柜侧面维修测试时，机柜与机柜、机柜与墙之间的距离不应小于 1.2m。

(5) 成行排列的机柜，其长度超过 6m 时，两端应设有出口通道；当两个出口通道之

间的距离超过 15m 时，在两个出口通道之间还应增加出口通道；出口通道的宽度不应小于
1m，局部可为 0.8m。

考虑到散热的问题，机架和机柜必须按照一定的要求放置，单列统一柜面朝向，列间
采取面对面或背靠背方式。当发热量比较大时，在冷热通道的基础上，机柜宜采取适当的
封闭措施。

下送风机房中机柜应符合下送风气流模式，机柜底部采用全开口方式，并应具有调节
风量的能力。根据机柜功率大小，机柜顶部宜安装多组低噪声、长寿命型风扇。风扇电源
应有单独的过载、过热保护和控制开关；配置风扇运行状态监控接口。机柜内的数据设备
与机柜前、后面板的间距不应小于 100mm，机柜层板应有利于通风，多台发热量大的设备
不宜叠放在同一层板上，最下层层板离机柜底部不应小于 150mm。

上送风机房中机柜应符合上送风气流模式，宜采用前后均无柜门的开架式机柜或安装
网格状柜门，网格等效直径不应小于 10mm，通风面积比例不应小于 70%。

2.2.3　环境要求

主机房的环境温湿度应满足计算机设备的使用条件，有洁净度要求的 A 级、B1 级机
房，其洁净空调系统设计，应符合《洁净厂房设计规范》(GB 50073—2013)的规定。

(1) 温度、相对湿度及空气含尘浓度。主机房和辅助区内的温度、相对湿度应满足电
子信息设备的使用要求；无特殊要求时，应根据电子信息系统机房的等级，按照附录 A 的
要求执行。A 级和 B 级主机房的含尘浓度，在静态条件下测试,每升空气中大于或等于 0.5μm
的尘粒数应少于 18 000 粒。

(2) 噪声、电磁干扰、振动及静电。有人值守的主机房和辅助区，在电子信息设备停
机时，在主操作员位置测量的噪声值应小于 65dB。主机房内无线电干扰场强，在频率为
0.15~1000MHz 时，主机房和辅助区内的无线电干扰场强不应大于 126dB。主机房和辅助
区内磁场干扰环境场强不应大于 800V/m。在电子信息设备停机条件下，主机房地板表面
垂直及水平向的振动加速度值，不应大于 500mm/s^2。主机房和辅助区的绝缘体的静电电位
不应大于 1kV。

2.3　布线系统

数据中心是信息化应用的通信枢纽，是数据运算、交换、存储的中心。它结合先进的
网络技术和存储技术，承载网络中 80% 以上的服务请求和数据存储量，为客户业务体系的
健康运转提供服务和运行平台。对于不断发展的数据中心来说，更强大的网络连接是不变

的需求。数据中心的根本要求是保障网络基础设施能够提供可扩展带宽、冗余业务备份、灵活性、安全性。为保障服务的可靠性，数据中心有必要使用高密度、方便灵活的高品质布线系统。

2.3.1　布线系统设计原则

在整个数据中心的实施过程中，综合布线系统的生命周期最长，甚至等同于建筑物的生命周期。要承受未来的网络流量及越来越复杂的网络管理，这就需要基于正确的设计理念来完成。

综合布线系统首先要依据标准，严格按照规范进行设计；其次要充分实现增加和改动的灵活性和可扩展性，综合考虑将来所需求的高性能和高带宽，充分预留扩展空间；数据中心发展趋势是数据越来越集中，要求数据处理的速度更快，要确保在相当的一段时间内，无须更换或升级布线系统。

现在布线系统从以服务器为中心发展到以存储为中心，要考虑对存储设备的有效支持。宜采用 CMP 防火等级线缆，既要注意美观的布线，同时又要防止背后隐藏的外来串扰的威胁。线缆敷设时，避免过紧捆扎、超量的通道填充容量和过于弯曲。规划设计时尽量做到以最小的空间实现最大的应用，通过高密度配线架等设备的使用来节约空间。

2.3.2　拓扑结构

数据中心的通信空间主要包括接入室、主配线区(MDA)、水平配线区(HDA)、区域配线区(ZDA)和设备配线区(EDA)。

(1) 接入室。是管理外部网络与数据中心结构化布线系统的接口，这里摆放着用于外部网络和数据中心分界的硬件设备。考虑到数据中心的安全，接入室一般放在计算机机房的外面。如果网络供应商较多，可以有多个接入室。

(2) 主配线区。是数据中心的中心区域，这里是数据中心结构化布线系统配线点的位置所在。数据中心至少要有一个主配线区。数据中心网络的核心路由器和核心交换机通常在主配线区内部或邻近主配线区。

(3) 水平配线区。是支持布线到设备配线区的一个空间，它是支持终端设备的局域网、存取区域网络和 KVM 交换机的位置所在。如果机房较小的话，主配线区可以被附近的设备或者机房当成水平配线区使用。

(4) 区域配线区。是用于水平配线区与终端设备间需要灵活配置的地方，比如天花板上方或地板下方。通常区域配线区仅放置无源设备。

(5) 设备配线区。通常是放置终端设备，包括计算机系统和通信设备的区域。

TIA—942 标准中数据中心基本拓扑图，如图 2-2 所示。

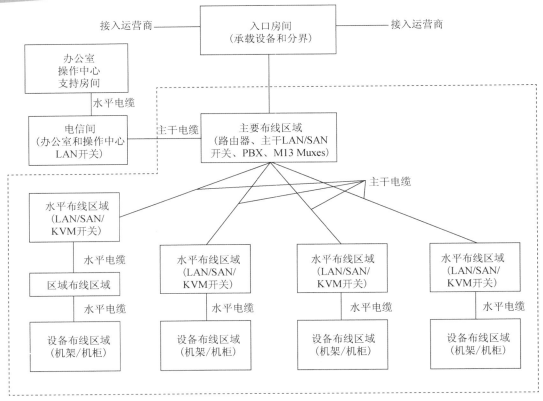

图 2-2　数据中心布线基本拓扑图

2.3.3　设备选型

布线系统在设备选型时有几个着重关注点：

(1) 拟选择模块化的配线架以灵活配置端接数量，既减少端口浪费又便于日后的维护变更。拟使用高密度配线架来提高机柜的使用密度，节省空间。

(2) 用颜色来区分不同网络的跳线；跳线性能指标应满足相应标准的要求；拟采用高密度的铜缆和光纤跳线，以提高高密度环境的插拔准确性和安全性。

(3) 选择具有长久使用寿命的设备，尽量减少占用空间，使系统具有更好的传输容量及安全阻燃性，提供多种颜色区分；拟选择的传输介质为 6A 类双绞线、多模光缆、单模光缆。

(4) 选择开放式的机架，来安装配线设备；选择封闭式的机柜，来安装网络设备、服务器和存储设备等；统一采用标准的 19 英寸的机架和机柜。预留足够的布线空间、线缆管理器、电源插座和电源线以确保充足的气流。

(5) 灵活使用水平线缆管理器和垂直线缆管理器，实现对机柜或机架内空间的整合，提升线缆管理效率，避免跳线管理的杂乱无章。

(6) 采用配线架、模块插盒和经过预端接的铜缆和光缆组件在内的预连接系统。以快捷地连接系统部件,实现铜缆和光缆的即插即用,减少变动的风险,节省空间,使管理和操作具有方便性、灵活性。

布线系统在工程实施过程中有以下几个关键点:

(1) 接地系统

常见的接地方式有两种。

第一种方式,数据中心的地面为架空地板时,使用铜牌将地板支架网状连接,同时将其连接到数据中心内的等电位接地点,机柜及机柜内的接地铜牌通过黄绿接地线或网状编织线连接到地板支架的接地点上,机柜内的铜缆配线架和设备通过黄绿接地线或网状编织线连接到机柜内的接地铜牌。

第二种方式,数据中心内部无架空地板或架空地板支架没有接地连接时,机柜及机柜内的接地铜牌则只能通过长距离的接地线连接到数据中心内的接地点。

(2) 机柜内施工特点

为了便于安装,机柜厂商常根据机柜内安装设备的不同配置形成各类机柜,如服务器机柜、网络机柜、控制柜、配线柜等。

服务器机柜的特点是进线孔相对较少且封闭性良好,同时机柜深度较大,便于设备安装。当大量的线缆需要进入服务器机柜时,由于进线孔较小,会在进线孔出现线缆挤压的情况,容易造成线缆损伤;线缆从两侧进入,导致进入机柜后靠近机柜正面的线缆在进入配线架时弯曲半径过小,影响线缆的传输效果。

配线柜的特点是机柜进线孔多且大,机柜内部都配有固定线缆的横担或理线器,一般两侧和机柜后部均可以进线,便于强、弱电分开走线,部分配线柜顶端还配有跳线,在出线孔便于维护,如图 2-3 所示。

图 2-3　机柜内布线图

(3) 桥架内施工特点

目前，数据中心常用的两类桥架是网格式桥架和半封闭式桥架，如图 2-4 所示。

图 2-4　桥架图

网格式桥架具有可视性良好、易于理线等优势，常用的理线方式为普通的圆形扎带绑扎和依靠固线工具的方形绑扎。无论是否使用固线附件，线缆在出桥架时一定要使用防护附件。由于网格式桥架线缆进出方便，线缆防护附件往往被忽略，线缆在出线口的支撑仅靠网格式桥架上的一条钢架，在安装初期可能不会对线缆造成太大影响，但在长时间的重力作用下，出线口的底层线缆往往被挤压变形，进而影响使用。

与网格式桥架相比，半封闭式桥架的出现方式更为复杂，出线时需在保证线缆弯曲半径的前提下确保美观。常用的方式为做分支桥架或在桥架边缘开口，但前者浪费材料，而后者影响美观。但若在桥架外侧边缘加装一条 U 形导轨，线缆通过夹子固定在导轨上，在保证线缆弯曲半径的前提下也非常整齐、美观。

(4) 铜缆系统的安装特点

铜缆系统安装方式为现场安装方式和预端接方式。为了加快施工速度保证施工质量，大多选择了预端接铜缆或者集束跳线的形式安装。这类产品进行安装较为简单。

首先，要保证链路上所有的转弯处弯曲半径均大于规定值；其次，由于预端接线缆的外径较粗，比较容易保证平顺无交叉地理线；最后，将预端接铜缆双端配线架进行接地。

现场安装方式除了保证上述预端接铜缆的安装步骤外，还要保证线缆双端模块的正确端接目前，数据中心内的铜缆系统的传输速率已经或将要达到万兆水平，因此 6A 级或 6A 级以上的链路是数据中心的常规选择。

(5) 光缆系统的安装特点

相对于铜缆系统，数据中心内的光缆系统安装更为复杂，主要原因是外部环境和施工方式都对光纤性能有较大影响。以预端接光缆为例，首先要确保光纤主缆在桥架和机柜内的弯曲半径满足产品要求，且绑扎不能过紧(建议不要使用塑料扎带)；在光缆进入配线架时要固定稳妥；光纤配线架内的理线要整齐、无扭绞，尽量使用大的半径盘绕在配线架内并固定。

2.4　供配电系统

数据中心供配电系统是从电源线路进用户起经过中/低压供配电设备到负载止的整个电路系统,如图 2-5 所示,主要包括:电源(市电)、柴油发电机系统、自动转换开关系统(ATSE)、输入低压配电系统、不间断电源系统(UPS)、UPS 输出列头配电系统、空调系统以及其他系统。

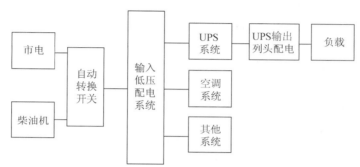

图 2-5　数据中心供配电系统结构图

2.4.1　等级标准要求

1. 对供配电系统的总体要求

数据中心业务对供配电系统的总体要求概括起来主要是连续、稳定、平衡、分类。

(1) 连续。是指电网不间断供电,但瞬时断电的情况时有发生,在数据中心的供配电系统中,合适的 UPS 型号与组网方式保证数据中心面对毫秒级至分钟级的市电异常时不会有任何中断,对于大时间尺度(如小时级,天级)的市电异常,则需要备用市电系统或者柴油发电机系统的保护。

(2) 稳定。主要指电网电压频率稳定,波形失真小。

(3) 平衡。主要是指三相电源平衡,即相角平衡、电压平衡和电流平衡。要求负载在三相之间分配平衡,主要是为了保护供电设备和负载。

(4) 分类。就是对 IT 设备及外围辅助设备按照重要性分开处理供配电。分类的实质源于各负荷可靠性要求的不一致。为不同可靠性要求的负荷配置不同的供配电系统,能够在保证安全的前提之下有效地节约成本。

2. 对供配电系统的具体要求

各等级数据中心对供配电系统有具体的要求,不同的数据中心要根据具体等级情况进行配置调整。

(1) C 级(基本型)数据中心只需要提供最低的电气配电以满足 IT 设备负荷要求;供电容量少量或无冗余要求;单路供电;供电回路无检修冗余要求;单套等容量柴油发电机系统可以用于容量备用,但不需要冗余;ATS 开关用于柴油发电机系统和变压器系统的电力切换;ATS 并不是强制要求的;需要提供模拟负载;需要提供单套等容量 UPS 系统;UPS 系统应与柴油机系统兼容;UPS 应带有维修旁路以确保 UPS 检修时正常供电;应急电源可以来自不同的变压器和配电盘;变压器应能满足非线性负载使用要求;要求提供 PDU 和现场隔离变压器;配电系统不需要冗余。

(2) B2 级(冗余型)数据中心除满足 C 级要求外,还应满足如下要求:B2 机房应提供 $N+1$ 的 UPS 系统。提供发电机系统,其容量应满足所有数据中心负荷要求,备用发电机是不需要的。动力设备和配电设备不需要冗余设计。发电机和 UPS 系统测试时应提供模拟负载连接。重要的机房设备配电应提供集中地 PDU 配电。PDU 出线应配置分支回路。两个冗余的 PDU 应由不同的 UPS 系统供电,并为同一 IT 配线架供电。单相或三相 IT 机架供电来源于两个不同的 PDU,且双路电源可实现静态无间隙转换。双进线静态转换 PDU 供电来自不同的 UPS 系统,并可为单相或三相设备供电。颜色标示标准被用来区分 A、B 两路供电电缆。每个回路只能为一个配线架供电,防止单回路故障影响过多的配线架。为实现配电冗余,每个机架或机柜配电回路开关容量为 20A,来源于不同的 PDU 或配电盘。满足 NEMA(美国电气制造商协会)L5—20R 标准的工业自锁插座被要求应用于机架配电系统,同时配电开关容量应根据设备容量调整放大,并标明配电回路来源。

(3) B1 级(冗余同时维护型)数据中心除满足 B2 要求外,还应满足如下要求:B1 级数据中心要求所有的机房设备配电、机械设备配电、配电路由、发电机、UPS 等,提供 $N+1$ 冗余,同时空调末端双电源配电,电缆和配电柜的维护或单点故障不影响设备运行。中高压系统至少双路供电,配置 ATS,干式变压器,变压器在自然风冷状态下满足 $N+1$ 或 $2N$ 冗余,在线柴油机系统用于电力中断时电源供应。储油罐就近安装于厂区,并满足柴油机满载 72 小时运行。市电失电时通过 ATS 自动将油机系统电力接入主系统。双供油泵系统可以手动和自动控制,配电来自不同电源。提供独立的冗余的日用油罐和供油管路系统,以确保故障或油路污染时仍能正常的为油机供油,不影响油机运行。油机应装备双启动器和双电池系统。ASTS 用于 PDU 实现双路拓扑的配电体系用于重要 IT 负荷配电。设置中央电力监控系统用于监控所有主要的电力系统设备如主配电柜、主开关、发电机、UPS、ASTS、PDU、MCC、浪涌保护、机械系统等。另外需提供一套独立的可编程逻辑控制系统(PLC)用于机械系统的监控和运行管理,以提高系统的运行效率,同时一套冗余的服务器系统用来保证控制系统的稳定运行。

(4) A 级(容错型)数据中心除满足 B1 数据中心要求外,还应满足如下要求:A 级数据中心所有设备、系统、模块、路由等需设计成 $2(N+1)$ 模式;所有进线和设备具有手动旁路以便于设备维护和故障时检修；在重要负荷不断电的情况下，实现故障电源与待机电源的自动切换；电池监控系统可以实时监视电池的内阻、温度、故障等状态，以确保电池时刻处于良好的工作状态；机房设备维修通道必须与其他非重要设备维修通道隔离；建筑至少有两路电力或其他动力进线路由并相互备用。

2.4.2 供电电源

数据中心供电系统主要有两种方式，分别为市电和柴油发电机，两者各有利弊，应根据实际情况选取合适方式供电。

1. 市电

市电的传输过程是在发电厂的发电机组输出额定电压为 3.15～20kV 电压，升压变电所将其升至 35～500kV 进行传输，区域变电所降压至 6～10kV，配电变电所降压至 380V 进行使用。市电供电面临的问题主要包括以下几种情况。

(1) 中断。由于线路上的断电器跳闸、市电供应中断、线路中断引起的中断并且持续至少两个周期到数小时的情况。

(2) 电压突降。市电电压有效值介于额定值的 80%～85%的低压状态，并且持续时间达到一个或数个周期。

(3) 电压浪涌。输出电压有效值高于额定值的110%，并且持续时间达到一个或数个周期。

(4) 电压起伏及闪烁。市电电压有效值低于额定值，并且持续较长时间。

(5) 脉冲电压。峰值达到 6kV，持续时间从万分之一秒至二分之一周期的电压，主要由于雷击、电弧放电、静态放电或大型设备的开关而产生。

2. 柴油发电机

柴油发电机组如图 2-6 所示，主要由柴油内燃机组、同步发电机、油箱、控制系统四

图 2-6　柴油发电机

个部分组成，利用柴油为燃料，柴油内燃机组控制柴油在汽缸内有序燃烧，产生高温、高压的燃气，当燃气膨胀时推动活塞使曲轴旋转，产生机械能，通过传动装置带动同步交流发电机旋转，将机械能转换为电能输出，给各用电负载提供电源。

柴油发电机组一般有如下组件构成：柴油发动机、三相交流无刷同步发电机、控制屏、散热水箱、燃油箱。

柴油发电机组有多种分类方法，按柴油机的转速可分为高速机组(3000rpm)、中速机组(1500rpm)和低速机组(1000rpm 以下)；按柴油机的冷却方式可分为水冷和风冷机组；按柴油机柴油调速方式可分为机械调速、电子调速、液压调速和电子喷油管理控制调速系统(简称电喷或 ECU)；按机组使用的连续性可分为长用机组和备用机组；柴油发电机组通常采用三相交流同步无刷励磁发电机，按发电机的励磁方式可分为自励式和他励式。

通常，为确保数据中心的设备能得到不间断的电源供电系统，通常采用"市电供电+柴油发电机组(备用)"的电源供电系统。

2.4.3 主配电系统

主配电系统根据在供电系统的位置，可看作 UPS 上游配电，其主要组成部分是自动转换开关和输入低压配电系统。

1. 自动转换开关系统

ATSE(Automatic Transfer Switching Equipment)即自动转换开关电器，是由一个(或几个)转换开关电器和其他必需的电器组成，用于监测电源电路(失压、过压、欠压、断相、频率偏差等)、并将一个或几个负载电路从一个电源自动转换到另一个电源的电器。

ATSE 可分为 PC 级和 CB 级两个级别。

(1) PC 级 ATSE。只完成双电源自动转换的功能，不具备短路电流分断(仅能接通、承载)的功能。

(2) CB 级 ATSE。既完成双电源自动转换的功能，又具有短路电流保护(能接通并分断)的功能。

PC 级 ATSE 的可靠性高于 CB 级 ATSE，所有需要设置 ATSE 的地方，都可以采用 PC 级 ATSE，用于消防泵的 ATSE 只能够采用 PC 级。重要场合优选可靠性高的 PC 级 ATSE。特别重要场合，选择通过 AC－33A 使用类别的 PC 级 ATSE。如果备用电源是发电机，而发电机的启动信号来自 ATSE 的控制器，就要求 ATSE 控制器具有蓄电池作为第三电源的功能，保证控制器在常用电源出现失电状况下能够给发电机发出启动信号。

2. 输入低压配电系统

输入低压配电系统的主要作用是电能分配，将前级的电能按照要求、标准与规范分配给各种类型的用电设备，主要由配电装置及配电线路组成，配电装置包含低压配电柜、低压断路器、空气开关、负荷开关、控制开关、接触器、继电器、低压计量及检测仪表等设备。

低压配电方式有放射式、树干式、链式三种形式。

(1) 放射式是指由总配电箱直接供电给分配电箱或负载的配电方式。优点是各负荷独立受电，一旦发生故障只局限于本身而不影响其他回路，供电可靠性高，控制灵活，易于实现集中控制。缺点是线路多，有色金属消耗量大，系统灵活性较差。

(2) 树干式是指由总配电箱至各分配电箱之间采用一条干线连接的配电方式。优点是投资费用低、施工方便，易于扩展。缺点是干线发生故障时，影响范围大，供电可靠性较差。

(3) 链式是指在一条供电干线上带多个用电设备或分配电箱，与树干式不同的是其线路的分支点在用电设备上或分配电箱内，即后面设备的电源引自前面设备的端子。优点是线路上无分支点，适合穿管铺设或电缆线路，节省有色金属。缺点是线路或设备检修以及线路发生故障时，相连设备全部停电，供电的可靠性差。

2.4.4 UPS

UPS(Uninterruptible Power System)，如图 2-7 所示，是一种利用电池化学能作为后备能量，在市电断电或发生异常等电网故障时，不间断地为用户设备提供(交流)电能的能量转换装置。UPS 的设计和选型对于数据中心供电系统的建设具有核心的意义。

图 2-7　UPS

1. UPS 分类及定义

UPS 运行分为双变换运行、互动运行、后备运行等三类方式，所以 UPS 分类为双变换 UPS、互动 UPS、后备 UPS 三种。

(1) 双变换 UPS

双变换 UPS 原理如图 2-8 所示。在正常运行方式下，由整流器/逆变器组合连续地向负载供电。当交流输入供电超出了 UPS 预定允差，UPS 单元转入储能供电运行方式，由蓄电池/逆变器组合在储能供电时间内，或者在交流输入电源恢复到 UPS 设计的允差之前(按两者之较短时间)，连续向负载供电。

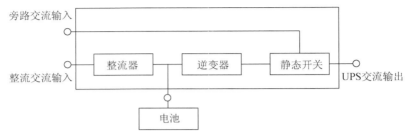

图 2-8　双变换 UPS 原理图

双变换式 UPS 由于采用了 AC/DC、DC/AC 双变换设计，可完全消除来自于市电电网的任何电压波动、波形畸变、频率波动及干扰产生的任何影响。同其他类型 UPS 相比，因其对负载的稳频、稳压供电，供电质量优势明显，另外器件、电气设计成熟，应用非常广泛。

(2) 互动 UPS

互动 UPS 原理如图 2-9 所示。在正常运行方式下，由合适的电源通过并联的交流输入和 UPS 逆变器向负载供电。市电正常时，交流电通过工频变压器直接输送给负载；当市电超出上述范围，在 150～276V 时，UPS 通过逻辑控制，驱动继电器动作，使工频变压器抽头升压或降压，然后向负载供电同时还给电池充电。若市电低于 150V 或高于 276V，UPS 将启动逆变器工作，由电池逆变向负载供电。

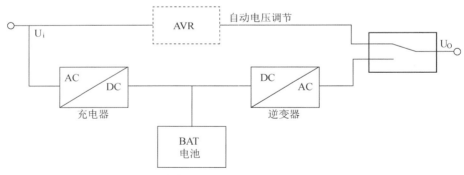

图 2-9　互动 UPS 原理图

双向变换器式 UPS，当市电正常时，效率高，可达 98%以上，但输出电压稳定精度差，市电掉电时，因为输入开关存在开断时间，至使 UPS 输出仍有转换时间，但比后备式要小。

(3) 后备 UPS

后备 UPS 原理如图 2-10 所示。在市电正常时，UPS 一方面通过滤波电路向用电设备供电，另一方面通过充电回路给后备电池充电。当电池充满时，充电回路停止工作，在这种情况下，UPS 的逆变电路不工作。当市电发生故障，逆变电路开始工作，后备电池放电，在一定时间内维持 UPS 的输出。

后备式 UPS，当市电正常且输出带载时，效率高可达 98%以上，输入功率因数和输入电流谐波取决于负载电流，输出电压稳定精度差，但能满足负载要求；市电掉电时，输出有转换时间，一般可做到 4～10ms，足以满足普通负载要求，但对于服务器等用电设备存在一定的风险，后备时间一般不长。

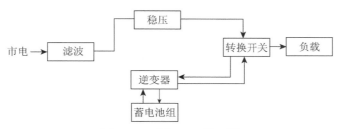

图 2-10 后备 UPS 原理图

2. UPS 供电方案

UPS 应用中，通常有五种供电方式：单机工作供电方案、热备份串联供电方案、直接并机供电方案、模块并联供电方案以及双母线(2N)供电方案。

(1) 单机供电方案

单机工作供电方案为 UPS 供电方案中结构最简单的一种，就是单台 UPS 输出直接接入用电负荷。一般使用于小型网络、单独服务器、办公区等场合，系统由 UPS 主机和电池系统组成，不需要专门的配电设计和工程施工，安装快捷，缺点是可靠性较低。

(2) 热备份串联供电方案

串联备份技术是一种比较早期、简单而成熟的技术，它被广泛地应用于各个领域，备机 UPS 的逆变器输出直接接到主机的旁路输入端，在运行中一旦主机逆变器故障时能够快速切换到旁路，由备机的逆变器输出供电，保证负载不停电。

方案优点：结构简单、安装方便；价格便宜；不同公司、不同功率的 UPS 也可串联。方案缺点：不中断负载用电的扩容必须带电操作，十分危险；主、从机老化状态不一致，从机电池寿命降低；当负载有短路故障时，从机逆变器容易损坏。

(3) 直接并机供电方案

直接并机供电方案是将多台同型号、同功率的 UPS，通过并机柜、并机模块或并机板，把输出端并接而成。目的是为了共同分担负载功率。其基本原理是，在正常情况下，多台 UPS 均由逆变器输出，平分负载和电流，当一台 UPS 故障时，由剩下的 UPS 承担全部负载。

方案优点：多台 UPS 均分负载，可靠性大大提高；扩容相对以前方案方便很多；正常运行均分负载，系统寿命和可维护性大大提高。方案缺点：控制负载，成本增加，在并机输出侧依然具有单点故障。

(4) 模块并联供电方案

所谓模块并联供电方案实质上就是直接并机供电的解决方案的一种，只不过其具体的实现方式和传统的直接并机供电方案有所不同，模块化 UPS 包括机架、可并联功率模块、可并联电池模块、充电模块等。

(5) 双母线(2N)供电方案

为保证机房 UPS 供电系统可靠性，2N 或 2(N+1)的系统在中、大型数据中心中得到了规模的应用，也被称之为双总线或者双母线供电系统。正常工作时，两套母线系统共同负荷所有的双电源负载，通过 STS 的设置，各自负荷一半的关键的单电源负载。

双总线系统真正实现了系统的在线维护、在线扩容和在线升级，提供了更大的配电灵活性，满足了服务器的双电源输入要求，解决了供电回路中的"单点故障"问题，做到了点对点的冗余，极大增加了整个系统的可靠安全性，提高了输出电源供电系统的"容错"能力。

该方案建设成本相对较高，在实际建设过程中，需要注意可靠性和经济性应适当权衡。

2.4.5　二级配电系统

二级配电系统，是指 UPS 下游配电系统，主要组成为输出精密配电系统和机架配电系统。

1. 输出精密配电

数据中心对供电系统的可靠性及可管理性要求越来越高。IT 用户需要对信息设备的供电系统进行更可靠与更灵活的配电、更精细化的管理、更准确的成本消耗等。列头配电柜，如图 2-11 所示，不但能够完成传统的电源列头柜的配电功能，同时还应该具有许多强大的监控管理功能，使得数据中心的管理者可以随时了解负载机柜的加载情况、各配电分支回路的状态、各种参数以及不同机群的电量消耗等。

全面的电源管理功能，将配电系统完全纳入机房监控系统，监测内容丰富。对配电母线可以监测三相输入电压、电流、频率、总功、有功功率、功率因数、谐波百分比、负载百分比等。同时还可以监测所有回路(包括每一个输出支路)断路器电流、开关状态、运行负载率等。

列头配电产品实时侦测每一服务器机架的运营成本，精确计算及测量每一服务器机柜、每一路开关的用电功率和用电量。通过后台监控系统可以分月度、季度、年度进行报表统计。

图 2-11　列头配电柜

列头配电产品应提供 RS232/485 或简单网络管理协议(SNMP)多种智能接口通信方式，可以纳入到机房监控系统中，其所有信息通过一个接口上传，系统更加可靠，节省监控投资。

随着 IT 用户对配电可管理性的要求越来越高，列头配电产品应用的场合越来越多。列头配电产品应根据不同的场地需求，可选用单母线系统或者双母线系统。其支路断路器可以选择固定式断路器，也可以选择热插拔可调相断路器。支路断路器容量有 16A、25A、32A、63A，有单极或三极可选。当分支回路选择热插拔可调相断路器时，系统不断电即可进行检修、扩容，同时不用改变后端的电缆接线就可进行三相负载的调平衡，非常灵活方便。

为了解决机房的零地电压问题，列头配电产品还可以内置隔离变压器。

2. 机架配电

数据中心机架配电系统基本上是以 PDU(Power Distribution Unit)为主要载体。PDU，即电源分配单元，也叫电源分配管理器，如图 2-12 所示。电源的分配是指电流及电压和接口的分配，电源管理是指开关控制(包括远程控制)、电路中的各种参数监视、线路切换、承载的限制、电源插口匹配安装、线缆的整理、空间的管理及电涌防护和极性检测。

图 2-12　PDU 外形图

当前 PDU 正迅速地朝着智能化、网络化的方向发展，着重实现数据中心用电安全管理和运营管理的功能。通过对各种电气参数的个性化、精确化的计量，不但可以实现对现有用电设备的实时管理，也可以清楚地知道现有机柜电源体系的安全边界在哪里，从而可以实现对机架用电的安全管理。此外，通过侦测每台 IT 设备的实时耗电，就可以得到数据中心的基于每一个细节的电能数据，从而可以实现对于机架乃至数据中心用电的运营管理。

选择 PDU 的第一步是了解这条 PDU 后端设备的总功率，以及电流电压的情况，然后需要了解 PDU 后端设备的数量，以便确定 PDU 应该配置多少输出插孔，以及插孔的形式。正确选择插孔的输出电流值，需要注意的是机柜的总功率，这点受到总用电量的限制。

2.5　空气调节系统

通常，人们把空调制冷系统看得很简单，认为只要为 IT 设备运行创造一个符合要求符合标准的温度环境就可以了。其实不然，如何预测数据中心规模，如何解决与功率密度相关的热量问题，如何使系统达到预期的可用性，如何确定数据中心机房基础设施投资总成本，以及如何规划数据中心可持续发展能力，包括资源或能力的利用与扩充问题，如何实现系统的可扩展性、适应性和可改造性，如何兼顾系统的经济性，如何提高系统的可维护性等，同样都在数据中心空气调节系统的规划设计中反映出来。

2.5.1　空调类型

根据制冷方式不同，空调类型主要分为风冷型和水冷型两大类。

1. 风冷型空调

风冷型空调如图 2-13 所示，需要风冷机组，而风冷机组是需要安放在屋顶等开放的大气环境中的，不会占用建筑的面积，前期的投资比较少，并且能够将噪音源从室内转移到了室外。从投资上来看，相同制冷量的风冷机组要比水冷机组的造价在市场上高出 30%左右，但是如果从整体角度来看，水冷机组安装的设备比较多，因此还是风冷空调的机组更为便宜。风冷空调的自动化程度比较高，不需要专门安排操作人员。能量调节也十分方便，节能效果明显，在卫生环保上看，风冷空调不会对大气造成污染，运行所耗费的电量也要比水冷空调少，节能效果更胜一筹。

图 2-13　风冷型空调

2. 水冷型空调

水冷型空调如图 2-14 所示，由冷冻水系统及冷冻水泵、冷冻水管组成，冷却水系统包括冷却塔、冷却泵及冷却水管。水冷机组一般是安装在机房中的，多数都是在地下室或者是设备层中的，占地面积比较大，并且需要安装的设备也比较多，虽然风冷机组的单个价格要比水冷机组的单个价格贵，但是水冷空调的总造价更高一些，在日常的使用中，运行费用也比较高。设备比较复杂，需要专人进行管理和维护，并且冷却塔内的高温高湿环境极易滋生对人体有害的病菌，不仅对人体的健康造成一定的危害，而且也会污染周围的大气。

图 2-14　水冷型空调

通过上面的分析，可以了解到风冷空调和水冷空调各有优势，同时也存在劣势，用户可根据自己的使用情况来选择。总的来讲，风冷空调的优势稍微明显一些。

2.5.2　负荷计算

为了确定空调机的容量，以满足机房温度、湿度、洁净度和送风速度的要求，必须首先计算机房的热负荷。

1. 机房的热负荷主要来源

机房内部产生的热量，包括室内计算机及外部设备的发热量、机房辅助设施和机房设备的发热量(电热、蒸气水温及其他发热体)。

机房外部产生的热量，包括传导热、放射热和对流热。

(1) 传导热。通过建筑物本体侵入的热量，如从墙壁、屋顶、隔断和地面传入机房的热量。

(2) 放射热。由于太阳照射从玻璃窗直接进入房间的热量(显热)。

(3) 对流热。从门窗等缝隙侵入的高温室外空气(包含水蒸气)所产生的热量。

2. 制冷量概略计算

在机房初始设计阶段，为了较快地选定空调机的容量，可采用此方法，即根据单位面积所需制冷量进行估算。

计算机房(包括程控交换机房)：

(1) 楼层较高时　250～300kcal/(m²h)。

(2) 楼层较低时　150～250kcal/(m²h)(根据设备的密度作适当的增减)。

(3) 办公室(值班室)　90kcal/(m²h)。

3. 简易热负荷计算

计算机房空调负荷，主要来自计算机设备、外部设备及机房设备的发热量，大约占总热量的80%以上，其次是照明热、传导热、辐射热等，总热负荷量为各单项发热量总和。其中，单项发热量计算(单位为 kcal/h)，说明如下：

(1) 外部设备发热量计算

$$Q = 860N\phi \qquad (2.1)$$

式 2.1 中，N，用电量(kW)；ϕ，同时使用系数，一般取 0.2～0.5；860，功的热当量(cal/h)，即 lkW 电能全部转化为热能所产生的热量。

(2) 主机发热量计算

$$Q = 860 \times P \times h1 \times h2 \times h3 \tag{2.2}$$

式 2.2 中，P，总功率(kW)；$h1$，同时使用系数；$h2$，利用系数；$h3$，负荷工作均匀系数。机房内各种设备的总功率，应以机房内设备的最大功耗为准，一般取总系数 0.6～0.8 来修正。

(3) 照明设备热负荷计算

$$Q = C \times P \tag{2.3}$$

式 2.3 中，P，照明设备的标称额定输出功率(W)；C，每输出 1W 所散发的热量，单位为 kcal/(hW)，通常白炽灯为 0.86kcal/(hw)，日光灯 1.0kcal/(hw)。

(4) 人体发热量

人体发出的热随工作状态而异。机房中工作人员可按轻体力工作处理。当室温为 24℃ 时，其显热负荷为 56cal，潜热负荷为 46cal；当室温为 21℃ 时，其显热负荷为 65cal，潜热负荷为 37ca1。在两种情况下，其总热负荷均为 102cal。

(5) 围护结构的传导热

$$Q = KF(t1 - t2) \tag{2.4}$$

式 2.4 中，K，围护结构的导热系数(kcal/(m²h℃))；F，围护结构面积(m²)；$t1$，机房内温度(℃)；$t2$，机房外的计算温度(℃)。当计算不与室外空气直接接触的围护结构如隔断等时，室内外计算温度差应乘以修正系数，其值通常取 0.4～0.7。

(6) 从玻璃透入的太阳辐射热

$$Q = KFq \tag{2.5}$$

式 2.5 中，K，太阳辐射热的透入系数；F，玻璃窗的面积(m²)；q，透过玻璃窗进入的太阳辐射热强度(kcal/(m²h))。透入系数 K 值取决于窗户的种类，其值通常取 0.36～0.4。

(7) 换气及室外侵入的热负荷

通过门、窗缝隙和开关而侵入的室外空气量，随机房的密封程度，人的出入次数和室外的风速而改变。这种热负荷通常都很小，如需要，可将其拆算为房间的换气量来确定热负荷。

(8) 其他热负荷

此外，机房内使用大量的传输电缆，也是发热体。其计算如下：

$$Q = 860Pl \tag{2.6}$$

式 2.6 中，860，功的热当量(kca1/h)；P，每米电缆的功耗(W)；l，电缆的长度(m)。

2.5.3 设备选型

数据中心设计温度一般在 22～24℃，相对湿度在 35%～50%，保持温度和湿度设计条件对于数据机房的平稳运行至关重要。在选择机房空调时，应重点考虑以下几个问题。

1. 机房环境不适合所造成的问题

如果数据机房的环境不适合，将对数据处理和存储工作产生负面影响，可能使数据运行出错、宕机，甚至使系统故障频繁而彻底关机。

(1) 高温和低温。高温、低温或温度快速波动都有可能会破坏数据处理并关闭整个系统。温度波动可能会改变电子芯片和其他板卡元件的电子和物理特性，造成运行出错或故障。

(2) 高湿度。高湿度可能会造成磁带物理变形、磁盘划伤、机架结露、纸张粘连、MOS电路击穿等故障发生。

(3) 低湿度。低湿度不仅产生静电，同时还加大了静电的释放，此类静电释放将会导致系统运行不稳定甚至数据出错。

2. 机房专用空调与普通舒适空调的区别

数据中心机房专用空调在设计上与传统的舒适性空调有较大区别，具体表现在以下几个方面。

(1) 制冷量用途

机房内显热量占全部热量的90%以上，这些发热量产生的湿量很小，所以对空调的制冷量有着特殊需求。

机房专用空调在设计上采用严格控制蒸发器内蒸发压力，增大送风量使蒸发器表面温度高于空气露点温度而不除湿，产生的冷量全部用来降温，提高了工作效率，降低了湿量损失。

普通空调主要是针对于人员设计，送风量小，送风焓差大，降温和除湿同时进行，制冷量的 40%～60%消耗在除湿上，使得实际冷却设备的冷量减少很多，大大增加了能量的消耗。

(2) 送风除尘性能

机房专用空调送风量大，机房换气次数高，整个机房内能形成整体的气流循环，使机房内的所有设备均能平均得到冷却。同时因具有专用的空气过滤器，能及时高效地滤掉空气中的尘埃，保持机房的洁净度。

普通空调风量小，风速低，不能在机房形成整体的气流循环，机房冷却不均匀。另外，由于送风量小，换气次数少，机房内空气不能保证有足够高的流速将尘埃带回到过滤器上，而在机房设备内部产生沉积，对设备本身产生不良影响。

（3）设计寿命

数据中心机房内多数电子设备是连续运行状态。机房专用空调在设计上可大负荷常年连续运转，并要保持极高的可靠性，通常设计寿命为 10 年以上，运行要求为全年 365 天，每天 24 小时不间断运行。普通空调设计为时间段内连续运行，不能长时间不间断工作。

（4）湿度控制能力

机房专用空调一般还配备了专用加湿系统、高效率的除湿系统及电加热补偿系统，通过微处理器，根据各传感器返馈回来的数据能够精确地控制机房内的温度和湿度，而普通空调一般不配备加湿系统，只能控制温度，且精度较低、湿度则较难控制，不能满足机房设备的需要。

综上所述，机房专用空调与普通空调在产品设计方面存在显著差别，无法互换使用。数据中心机房内必须使用机房专用恒温恒湿精密空调，如图 2-15 所示。

图 2-15 恒温恒湿精密空调

2.5.4 具体实施

规划好数据中心机房气流组织，有着非常重要的意义，它能将冷热空气有效隔离，让冷空气顺利送入通信设备内部，进行热交换，将产生的热空气送回至空调机组，避免不必要的冷热交换，提高空调系统效率，减少机房运行费用。

1. 数据中心机房中的几种气流组织形式

数据中心气流组织分为以下四种形式，即机房气流组织形式、静压仓气流组织形式、机架气流组织形式以及 IT 设备气流组织形式。

（1）机房气流组织形式，取决于精密空调的送、回风方式。方式不同，整个机房的气流组织形式是截然不同的。同时，机房内部机柜的摆放形式不同，其气流组织也是不同的。

（2）数据中心的静压仓是为了保证有足够的送风压力而设计出的一个压力容器，它是精密空调送出的冷风所经过的第一道气流路径，它的压力以及精密空调的送风速度都是不可忽略的。

（3）机架是数据中心为 IT 设备提供可靠的物理运行微环境场所，机架气流组织形式显得非常关键，它是精密空调送出的冷风给 IT 设备所经历的最后一道气流路径。

（4）设备内的气流组织是关系到设备前进风、后排风，还有排风位置是在服务器的左侧还是右侧，因为设备排风的方向对气流组织的影响还是很大的。

2. 合理规划数据中心气流组织

合理规划数据中心气流组织最终目的是为了给 IT 设备快速散热，提高空调资源利用率，减少不必要的冷源浪费，提高数据中心 PUE 值。

（1）合理规划 IT 设备气流组织

合理规划 IT 设备的气流组织最重要的就是要了解我们所使用 IT 设备，了解它的用电功率及损耗、发热功率、风扇的进出风及温差情况，单台设备所需要的风量计算，等等。有了这些数据，就可以计算出整个数据中心所需要的热量，并以此数据来选择精密空调的容量。

（2）合理规划机房气流组织

与机房气流组织形式有关的主要是以下几个方面的问题：精密空调送风方式的选择、机架的摆放方式以及走线的方式，如图 2-16 所示。

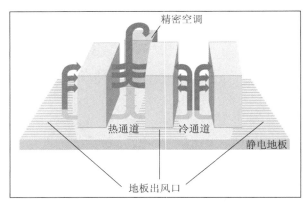

图 2-16　机房气流组织图

数据中心精密空调应采用架空地板下送风、上回风的方式；制冷量应该根据 IT 设备的总制冷量来进行计算；IT 设备应采用上走线、网格桥架的方式，改善空调回风效果。

计算机设备及机架采用"冷热通道"的布置方式。将机柜采用"背靠背、面对面"摆放，这样在两排机柜的正面面对通道中间布置冷风出口，形成一个冷空气区"冷通道"，冷空气流经设备后形成的热空气，排放到两排机柜背面中的"热通道"中，热空气回到空调系统，使整个机房气流、能量流流动通畅，提高了机房精密空调的利用率，进一步提高制冷效果。

(3) 合理规划静压仓气流组织

在规划静压仓的气流组织时，确保架空地板下的送风断面风速控制在 1.5～2.5m/s；活动地板净高度不宜小于 400mm；架空地板内不应布放通信线缆，空调管道和线缆不应阻挡空调送风。

(4) 合理规划机架气流组织

为防止气流乱窜，必须保证机架的进风与出风口是隔离的，也就是说在 IT 设备没有到位的情况下，应该用挡风板将没有用到的位置封闭起来。所有的线缆不再使用传统走在机架前部两侧的方式，而是通过埋线器从机架的后端进线。

2.6 防护处理

数据中心机房的安全无疑是整个信息系统安全的前提，如果数据中心机房存在电击、火灾、漏水以及电磁泄漏等安全隐患，从而导致数据中心机房事故，则整个信息系统的安全也就不可能实现。

2.6.1 静电防护

1. 静电危害

静电的危害集中体现在以下几个方面：

(1) 静电放电时可能产生宽带电磁脉冲干扰，可以通过多种途径耦合到通信和数据处理设备的低电平数字电路中，导致电路电平发生翻转效应，出现误动作。

(2) 人体静电造成静电泄放时，瞬时脉冲高，平均功率可达千瓦以上，足可以击穿或烧毁敏感元器件。

(3) 静电放电造成的杂波干扰，还可能造成通信设备的用户板、中继板、控制板间歇式失效，信息丢失或功能暂时性丧失，且由于有潜在损伤，在以后的工作中出现类似情况不好判断，也不好排除，最终会由于静电放电或其他原因使电子器件过载引起致命失效。

2. 静电产生的途径

计算机机房静电产生途径主要有以下四个方面：

(1) 机房地板上的地毯易产生静电积累。

(2) 工作人员穿着的毛纤类衣物，是静电产生的温床，同时穿着橡胶、绝缘性的鞋也无法放掉静电。

(3) 设备正常工作时产生的静电，如采用了 EMI 抗干扰滤波电路的开关电源，显示器等在工作过程中就会产生静电。

(4) 从线路上侵入的感应静电，如不同种类的线路合并铺设，会在线路表皮交错感应静电；机房外的电磁干扰、设备工作时的电磁干扰，也会在线路表皮感应静电。

3. 防护措施

静电可以通过以下几种方法来进行防护。

(1) 机房电磁屏蔽。机房电磁屏蔽的基本原理是依据"法拉第笼"，根据接地导体静电平衡的条件，笼体是一个等位体，电荷分布在笼体的外表面上，从而消除外界电磁感应对机房内设备的影响。根据这一原理，机房空间内应设置金属屏蔽网或金属屏蔽室，屏蔽网间电气导通，可靠接地；机房内的金属门、窗、防静电地板等，应使用金属导线(最好是绝缘包裹的导线)与室内的汇流排作等电位连接。机房宜选择在建筑物底层中心部位，其设备应远离外墙结构柱及屏蔽网等可能存在强电磁干扰的地方。

(2) 合理布线。强电线路与弱电线路分开铺设，防止强电干扰；布置信号线路的路由走向时，应尽量减少由线缆自身形成的感应环路面积。强电、弱电分开铺设，通常的机房在外部都能够做到，但是在许多机房，预留的电源、信号线缆较长，在室内空间有限的情况下，会被打卷存放。施工时要把打卷的线缆留出适当的长度后，割掉多余的部分，让线缆尽量平铺放置。进入机房的线缆屏蔽层、金属桥架、光缆的金属接头等，应在进入机房时做一次接地处理，即与机房内汇流排可靠连接。防静电地板下面的线缆，强电线缆与弱电线缆在地面平铺，距离很近，甚至相互交叉穿行，在工程中，应当把它们分开铺设，保持合理间距。

(3) 接地及等电位连接。接地是消除静电最基础的一环，接地的好坏直接关系到静电消除的效果，如图 2-17 所示。通常情况下，机房的接地采用共用接地装置，阻值一般要求不大于 4Ω；如果设备有特殊要求，应按照最小值接入。在工程中常用的做法有两种。一是机房的接地干线采用铜质材料，截面积不小于 16mm^2，并与机房内设置的局部等电位接地端子板可靠连接。机房内的其他接地线路，与该接地端子板可靠连接，主要用于消除不同接地之间的干扰和反击。二是机房内的金属机柜外壳、金属设备外壳、线缆屏蔽层、金属桥架、屏蔽网(包括静电底板)等均与局部等电位接地端子板电气导通。

(4) 保持机房适当的湿度。主要用于释放机房空气中游离的电荷，降低空气中电荷的浓度。机房的湿度应适当，以不结露为宜，以免因湿度过大损坏设备。根据机房的温度条件，在室内放置一个湿度计，过度干燥时，开启加湿器；湿度过大时，开启除湿器(有独立空调的，可以使用空调的除湿功能，而不必单独设置除湿器)，将湿度控制在合理的范围内。

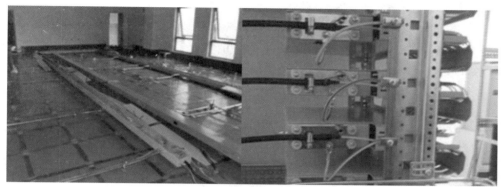

图 2-17　机房接地施工图

(5) 人员管理。一是工作人员穿戴防静电服装，配带腕带。工作人员在进入机房前，应穿戴好防静电工作服，并在接触设备前，触摸一下接地良好的金属设施，释放身上的静电。在机房内操作的人员，长时间工作时，最好戴上腕带，腕带的另一端应就近可靠接至设备机架或外壳。二是使用静电消除设备。在综合采取上述措施仍然不能满足系统运行要求时，可以使用一些静电消除设备，如离子风静电消除器、感应式静电消除器等，可以在一定程度上进一步缓解静电放电的危害。

2.6.2　防火

1. 数据中心火灾原因

数据中心火灾发生通常出于以下原因：

(1) 电缆、继电器、电路板和信号处理设备等过热引起初期火灾。

(2) 设备故障起火，如 UPS 的 AC/DC 变换环节、电池组接线端发生短路、空调设备电加热器等都会引起火灾。

(3) 环境和人为因素引起的火灾，如雷击、静电放电、接线操作时带电操作等。

2. 数据中心消防系统

(1) 数据中心消防区域的划分

数据中心各类房间的性质、用途不同，在进行消防系统设计时，从防火角度出发可将机房划分为脆弱区、危险区和一般要求区。

- 脆弱区：一旦出现火灾，将会使整个数据中心 IT 系统停止运行，业务完全中断，或者使一些重要信息受到严重破坏。该类房间人员数量极少，多为无人值守的房间，包括主机房区及基本工作房间中的运行控制室、高低压配电室、UPS 室、蓄电池室等。

- 危险区：指放置易燃物质的房间，这类房间易引起火灾，但容易被人们忽视，包括未记录的磁介质存放间、打印纸存放间、资料室、储藏室及机电油库等。

- 一般要求区：指除上述两个区域以外的房间，包括办公室、休息室、更衣间等。工作人员较多，如果有火灾发生，应能及时发现并处理，其设备的损坏对数据中心的安全影响不是最根本的。

(2) 数据中心消防系统设计

消防系统的主要作用是控制或扑灭火灾，保护建筑及设备。常见的消防系统有消火栓系统、自动喷水灭火系统、高压细水雾灭火系统和气体灭火系统等。除此之外，还会配备建筑灭火器用于扑灭初期火灾。

- 消火栓系统：属于建筑消防的常规配置，可以有效地保护建筑、设备和人员。对于数据中心建筑来说，一旦到了动用消火栓的阶段，也就意味着火势已经蔓延或扩大了。大量的水喷射到机房内部，对设备及机房的破坏就在所难免了。

- 自动喷水灭火系统：也是常规的建筑灭火系统，具有经济、高效的特点。数据中心建筑属于严禁系统误喷、严禁系统处于准工作状态时管道漏水的建筑。工程实际应用中一般采用预作用系统保护走廊等公共区域，可大大减少其误喷率，使水浸损失对数据中心机房运行的影响降低。对于行政管理区，如办公室、休息室、更衣间等，也可以采用普通湿式灭火系统。

- 高压细水雾灭火系统：是高压水经特殊喷嘴而产生的极其细小而其具有充足动量的雾状水滴，如图 2-18 所示。其灭火机理是依靠水雾化成细小的雾滴，充满整个防护空间或包裹并充满保护对象的空隙，通过冷却、窒息等方式进行灭火。灭火、控火的效率远高于普通水喷淋系统，并具有高效、环保、节水的特点。与传统的自动喷水灭火系统相比，细水雾灭火系统用水量少、水渍损失小、传递到火焰区域以外的热量少，可用于扑救带电设备火灾和可燃液体火灾。

- 气体灭火系统：根据气体灭火剂可分为化学气体灭火剂和惰性气体灭火剂，代表物分别为七氟丙烷和 IG541，如图 2-19 所示。数据中心建筑气体灭火系统设计要充分考虑安全性(人员、被灭火设备等)、灭火效率、系统运行的稳定性和可靠性、经济性以及环保洁净性等因素。

图 2-18　高压细水雾灭火系统

图 2-19　气体灭火系统

3. 防火系统的选择及标准

针对不同的防护区采取不同的灭火系统至关重要。主机房区、UPS 配电室、电池间、高低压配电室、照明配电室、电信接入间等防护区，应采用高压细水雾灭火系统或者气体灭火系统。新风机房、走廊、行政管理区等应采用喷淋系统，并宜采用预作用系统。

(1) 高压细水雾系统。水质不应低于现行《生活饮用水卫生标准》；系统需要配备必要的过滤器，过滤器的规格、材质和设置部位要保证系统安全运行；根据保护对象的火灾危险性及空间尺寸选用不同的高压细水雾喷头类型。

(2) 气体灭火系统。目前多采用 IG451 有管网全淹没组合分配系统；防护区不宜超过 8 个，最大防护区面积不宜大于 $800m^2$、容积不宜大于 $3600m^3$，机房架空地板、机房精密空调区等均为气体灭火保护区，要计入系统内；组合分配系统的灭火剂储存量，应按储存量最大的防护区确定；合理划分系统，尽量将防护区容积相近的房间划分为同一系统以降低系统规模；防护区应同时设计泄压口、灾后通风等系统；应考虑人员撤离时间，一般设计为系统延时 30s。

(3) 火灾自动报警系统。根据机房火灾的特点建议采用感烟和感温探测器交叉组合使用。

(4) 消防废水排放。数据中心建筑应设计必要的消防排水系统，以备不时之需；系统地漏应采用洁净室地漏或自闭式地漏；精密空调间、加湿器、设有架空地板的机房等房间地面应设置挡水和排水设施；电气设备下可以增设底座，电气房间门口可以加设活动门槛等以防水浸危害；设置必要的漏水检测设施，提高系统的安全性。

2.6.3 防水

1. 数据中心的水灾隐患

机房在顶层由于屋内漏水造成水灾，在底层由于上下水管道堵塞造成水灾。机房内暖气系统漏水、水冷系统设计不当而损坏漏水、机房区内水源检修阀漏水以及机房内卫生间下水管道漏水均可能造成水灾。

2. 机房建设时合理规划防水

在计算机房系统工程的选址时，要求机房要远离水源。同时，在机房的总体设计时，要考虑到机房顶面的防水问题，在机房顶面的楼层相应的地面要做好防水处理。

若机房使用暖气系统，在暖气下应设立防水槽，万一暖气漏水，也会顺利脱离危险；采用钢串片式暖气片，管道全部采用焊接，防止漏水。

与机房区无关的水管不得穿过主机房。不可避免时，应做好防结露保温，水管采用镀锌钢管螺纹连接，接缝处确保严密并经试压检验，管道阀门不应设在机房内。机房应远离有上下水的房间和卫生间。机房内必须安装水源时，应设防水沟或地漏，并加强管理，防患于未然。

3. 定期消除隐患，让数据中心远离水灾

定期检查机房空调设备专用水源的密封性能，发现有泄露处应及时修理。机房建在楼顶层的单位，应定期检查机房屋面有无渗水漏水的情况，清除屋顶排雨水装置的堵塞物，

保障雨水泄水管道的畅通无阻。

使用各种措施，防水雨水从窗户、门底进入或渗入，防止空调设备冷凝水漏在机房里。采用现代化漏水检测系统，一旦发生漏水，及时报警，及时处理以免酿成水害。

4. 机房防水处理实例

在机房空调上、下水管安装时采用铝塑管。铝塑管的特点是在安装过程中可以做到整个上下水管路中间无接头，这样解决了上下水管路的渗漏水问题。

在精密空调下方处装有防水托盘，并在防水托盘里安装漏水报警感应线，这样一旦有漏水发生，也可及时报警。

可以在空调室和主机房间地面砌 100mm 高的防水坝，并在防水坝的范围内做防水处理。在整个防水坝的范围内安装漏水报警系统，并与空调上水进水电磁阀联动，这样一旦发生漏水则可及时切断水源。

由于机房外采用水消防，故可以在机房气体保护区分界墙体安装 400mm 高的防水坝以隔断可能产生的水患。

给进入机房的所有水管做保温处理，以防止由于温差产生结露水，加上在空调室和主机房区设置排水地漏，通过以上防水处理，保证机房防水措施万无一失。

2.6.4 防雷

1. 雷电损害的主要途径

直击雷经过避雷针而直放入地，导致地网地电位上升。地电位的高电压通过设备的接地线引入电子设备造成地电位反击。

雷电流沿引下线入地时，在引下线周围产生磁场，引下线周围的各种金属管(线)上经感应而产生过电压。

进出建筑物或设备机房的电源线和通信线等在外部受直击雷或感应雷而加载的雷电压及过电流沿线路入侵电子设备，造成设备因过电压损坏。

因此，需要针对雷击浪涌入侵的三种途径采取相应的措施和防雷设备防护。

2. 综合防雷的防护原理

(1) 过电压。一切对电气设备绝缘有危害的电压升高，统称为过电压。在供电系统中，过电压按其产生的原因不同，通常分为两类：内部过电压与雷电过电压。

(2) 泄放和均衡。雷电防护的中心内容是泄放和均衡。

● 泄放是将雷电与雷电电磁脉冲的能量通过大地泄放，并且应符合层次性原则，即尽可能多、尽可能远地将多余能量在引入通信系统之前泄放入地；层次性就是按照所设立的防雷保护区分层次对雷电能量进行削弱。

- 均衡就是保持系统各部分不产生足以致损的电位差，即系统所在环境及系统本身所有金属导电体的电位在瞬态现象时保持基本相等，这实质是基于均压等电位的连接。由可靠的接地系统、等电位连接用的金属导线和等电位连接器(防雷器)组成一个电位补偿系统，通过这个完备的电位补偿系统，可以在极短时间内形成一个等电位区域，这个区域相对于远处可能存在数十千伏的电位差。重要的是在需要保护的系统所处区域内部，所有导电部件之间不存在显著的电位差。

(3) 雷电防护系统。雷电防护系统由外部防护、过渡防护、内部防护三部分组成。外部防护由接闪器、引下线、接地体组成，可将绝大部分雷电能量直接导入地下泄放；过渡防护由合理的屏蔽、接地、布线组成，可减少或阻塞通过各入侵通道引入的感应；内部防护由均压等电位连接、过电压保护组成，可均衡系统电位，限制过电压幅值。

3. 数据中心的防雷保护

(1) 机房的直击雷的防护。主要针对机房所在建筑物所做的防止直接雷击中建筑物而引起的直接损坏和间接引起的雷电电磁脉冲造成的损坏。通常的做法是，在建筑物上安装完善的避雷网、带，加装避雷针。由于通信机房有时所处位置较为空旷，所以不建议在建筑物自身上安装超过建筑物高度的避雷针，其原因在于：传统意义上的避雷针是将雷电通过避雷针进行放电入地，而没有考虑强大的雷电流在通过避雷针时所产生的具有较高能量的雷电电磁脉冲，这种由避雷针引雷直接衍生的雷电电磁脉冲是对现代计算机网络系统的最大威胁。

(2) 电源系统的感应雷防雷保护。电源采用三级防雷保护有利于雷电流的逐渐释放，把雷电过电压逐级衰减，使之降到设备能承受的范围之内。电源第一级电涌保护器主要安装在大楼总配电柜(箱)内，第二级电涌保护器主要安装在计算机中心机房的分配电柜(箱)内，第三级电涌保护器主要安装在设备电源输入的前端，使感应雷电过电压下降到设备承受的范围之内，以保护设备的安全。

(3) 通信系统的感应雷防雷保护。机房设备的系统综合防雷，单有电源的防雷保护是不够的，因为雷电流除了会从电源端入侵外还会通过通信通道入侵。对于计算机网络信号的防雷主要针对的是传输设备及终端设备的保护，根据接口的不同类型，安装相应的防雷设备，可以对馈线、串口、并口、网络接口、各种协议接口、话路配线、光纤等进行全面可靠的保护，从而实现保护机房内设备信号系统的安全。

(4) 机房内等电位连接。机房的等电位措施主要是减少各设备之间由于点位不均导致的设备间放电而造成的设备损坏。主要做法是，在机房静电地板下铺设铜箔或铜编织带。

(5) 合理布线及优化设计。机房的布线是否合理往往直接影响设备的运行安全，在机房设备间进行布线时，应注意布线的合理性以及屏蔽电磁干扰，如尽量避免强、弱电在同一个线槽内，使强、弱电系统保持独立切分开。同时在机房的设备摆放上应注意，在设备与建筑立柱及靠墙之间的距离，最小应大于 1.5m，如靠墙太近则容易造成墙内的钢筋在泄流时对设备进行闪络放电。

2.6.5 防电磁泄漏

数据中心里包含有大量的电子设备和线缆，这些部件都会产生电磁辐射，相互影响，面对电磁辐射，可以适当部署一些电磁屏蔽技术，有效消除大部分辐射。

数据中心内部的电磁辐射来源非常广泛，配电箱、大功率电动机、高频开关电源、空调设备、各种电子设备均可产生周期性脉冲式电磁辐射，各种线缆、光纤、跳线架、机柜、电源等也会产生电磁干扰信号。电磁波具有方向性，相同方向的电磁波叠加，辐射强度增加，相反方向的电磁波叠加，辐射强度减弱，多次叠加产生一些强度较大的辐射波，会对其他设备，甚至人造成伤害。

电磁屏蔽是利用屏蔽体来阻碍和减少电磁能量传输的一种技术，通过屏蔽可以防止外来的电磁能量进入某一区域，避免周围的敏感电子设备受到干扰，同时限制内部辐射的电磁能量漏出该内部区域，在内部区域及时消除，避免电磁干扰影响周围环境。在数据中心里可通过以下几个技术进行电磁屏蔽。

(1) 施工技术。数据中心的建筑物结构中含有许多金属构件，如金属屋面、金属网格、混凝土钢筋、金属门窗和护拦等。在进行数据中心设计时，将这些自然金属物件在电气上连接在一起，对建筑物构成一个立体屏蔽网。这种自然屏蔽能对外部侵入的各种辐射形成一层屏蔽网，减缓对内部设备冲击。

(2) 接地技术。电子设备必须接地，尤其是直流设备更为敏感，务必接地处理。数据中心里的屏蔽及非屏蔽系统、光缆，也均需实施保护接地。良好的接地条件，可以保证雷电和电力线上负荷切换产生的浪涌电流、各种电磁辐射在设备和缆线屏蔽层上形成的感应电流以及静电电流经过接地系统时被及时释放，就可以有效消除电磁辐射。

(3) 设备屏蔽技术。很多设备本身具有一定的抗电磁干扰的能力，设备在设计时就会考虑电磁辐射的问题。敏感器件增加封闭的金属层，形成一层保护膜，但不能给整个设备增加一个金属外壳，否则会有一些电磁辐射进入到设备内部。这就需要设备的元器件具备一定的抗辐射能力，每个设备在设计时都要做电磁辐射实验，看抗辐射能力是多大，保证在通用的数据中心环境中可以使用。

数据中心的电磁屏蔽是一项长期的维护工作，数据中心机房内部电磁环境复杂多变，需要周期性地对环境进行检查，要求数据中心运维人员每天拿着测量设备，到机房内设备区进行细致测量，发现隐患及时采取措施，快速消除，要将检查电磁辐射作为数据中心日常运维的一项重要工作来开展。

2.7 监控系统

数据中心引入监控系统，对机房内空间环境、设备运行环境和机电设备的运行状况进行实时监测，能够实现对数据中心安全防护和环境的统一监控，减轻维护人员负担，提高数据中心的安全性和系统的可靠性，实现机房的科学管理。

2.7.1 安防监控

数据中心的安全防范系统设计至关重要，是一项复杂的系统工程，需要从物理环境和人为因素等各方面来全面地考虑，一般由视频安防监控系统、出入口控制系统、入侵报警系统、电子巡更系统、安全防范综合管理系统等系统组成。

1. 设计原则

系统的防护级别与被防护对象的风险等级相适应，同时技防、物防、人防相结合，探测、延迟、反应相协调，既要满足防护的纵深性、均衡性、抗易损性要求，也要满足系统的安全性、可靠性、可维护性要求，还需兼顾系统的先进性、兼容性、可扩展性、经济性和适用性要求。

2. 安全等级定义

针对数据中心不同功能区域，可将安全保障定义为四个安全保障等级区域。数据机房楼内的模块机房及ECC区监控中心区域被定义为一级安全保障等级区；机电设备区、动力保障区被定义为二级安全保障等级区；运维办公区域被定义为三级安全保障等级区；园区周界区域被定义为四级安全保障等级区。

3. 视频安防监控系统

视频安防监控系统根据数据中心园区的使用功能和安全防范要求，对建筑物内外的主要出入口、通道、电梯厅、电梯轿厢、园区周界及园区内道路、停车场出入口、园区接待处及其他重要部位进行实时有效的视频探测、视频监视以及图像显示、记录和回放。

数据机房所有模块机房内按照设备机柜的排列方位安装摄像监控设备，设备间通道设防，如图2-20所示。

目前，工程上对网络视频监控系统的设计有两种：全数字化的网络视频监控系统和半数字化的网络视频监控系统，即前端摄像机为模拟摄像机，模拟视频信号通过编码器转换为数字信号进行传输的视频监控系统。IP 数字监控系统是发展的趋势，但是现在国内市场还处于初级阶段，IP 数字监控系统成本相对要高一些，两种方案各有利弊。

图 2-20　机房视频监控图

4. 出入口控制系统

出入口控制系统，即门禁系统作为数据中心园区安全防范系统的主要子系统，它担负两大任务。一是完成对进出数据中心园区各重要区域和各重要房间的人员进行识别、记录、控制和管理的功能；二是完成其内部公共区域的治安防范监控功能。

系统要求能满足多门互锁逻辑判断、定时自动开门、刷卡防尾随、双卡开门、卡加密码开门、门状态电子地图监测、输入/输出组合、反胁迫等功能需求。控制所有设置门禁的电锁开/关，实行授权安全管理，并实时地将每道门的状态向控制中心报告。

通过管理电脑预先编程设置，系统能对持卡人的通行卡进行有效性授权(进/出等级设置)，设置卡的有效使用时间和范围(允许进入的区域)，便于内部统一管理。设置不同的门禁区域、门禁级别。

5. 入侵报警系统

根据相关规范、标准，在数据中心园区的周界围墙、重要机房和重要办公室设置入侵报警探测器、紧急报警装置，系统采用红外和微波双鉴探测器、玻璃破碎探测器等前端设备，构成点、线、面的空间组合防护网络。

周界围墙采用电子围栏或红外对射，地下油罐周界采用电子围栏及图像跟踪相结合的防范措施，重要机房、档案库、电梯间、室外出入口等设置双鉴探测器。

对探测器进行时间段设定，在晚上下班时间，楼内工作人员休息时间及节假日设防，并与视频安防监控系统进行联动，有人出入时联动监视画面弹出，监测人员出入情况，及时发现问题防止不正常侵入，同时声光报警器报警。

6. 电子巡更系统

在园区内采用在线式电子巡查系统。在主要通道及安防巡逻路由处设置巡更点，同时利用门禁系统相关点位作为相应的巡更点。

7. 安全防范综合管理系统

利用统一的安防专网和管理软件将监控中心设备与各子系统设备联网，实现由监控中心对各子系统的自动化管理与监控。当安全管理系统发生故障时，不影响各个子系统的独立运行。

(1) 对安防各子系统的集成管理。主要针对视频监控系统、出入口控制系统及入侵报警系统，在集成管理计算机上，可实时监视视频监控系统主机的运行状态、摄像机的位置、状态与图像信号；可实时监视出入口控制系统主机、各种入侵出入口的位置和系统运行、故障、报警状态，并以报警平面图和表格等方式显示所有出入口控制的运行、故障、报警状态。

(2) 安防系统联动策略。是安保系统与门禁、照明、电梯、CCTV、紧急广播、程控交换机等系统的高效联动。安保系统与消防系统联动策略为：当大楼内某一区域发生火警时，立即打开该区所有的通道门，其他区域的门仍处于正常工作状态，并将该区域的摄像机系统启动、置预置位、进行巡视，多媒体监控计算机报警，矩阵切换该图像到控制室的视频处理设备上，并将图像信号切换到指挥中心、公安监控室、消防值班室的监视器上进行显示。

数据中心的综合安防管理，需要纵深考虑，包括人防、物防及技防，设防管理仅是技术手段，制度的管理和执行才是重要的工作。

2.7.2 环境监控

数据中心的环境监控系统通常由监控主机、计算机网络、智能模块、协议转换模块、信号处理模块、多设备驱动卡及智能设备等组成。目前的环境监控系统进一步增强了系统的报警功能，除现场的多媒体报警外，另设置了电话通知、短信通知、E-mail 通知报警等，能适应现场无人值守的实时监控模式。

1. UPS 系统监控

在数据中心的电源区，环境监控系统通过 UPS 厂家提供的智能通信接口及通信协议，实时地监视 UPS 整流器、逆变器、电池、旁路、负载等各部分的运行状态与参数，如图 2-21 所示。环境监控系统可全面诊断 UPS 状况，监视 UPS 的各种参数。一旦 UPS 报警，将自动切换到相应的 UPS 运行画面。越限参数将变色，并伴随有报警声音，有相应的处理提示。对于重要的参数，可作曲线记录，可查询一年内的参数运行曲线，并可显示选定具体时间(以天为单位)该参数的最大值、最小值，方便管理员全面了解 UPS 的运行状况，及时发现并解决 UPS 运行中出现的各种问题。

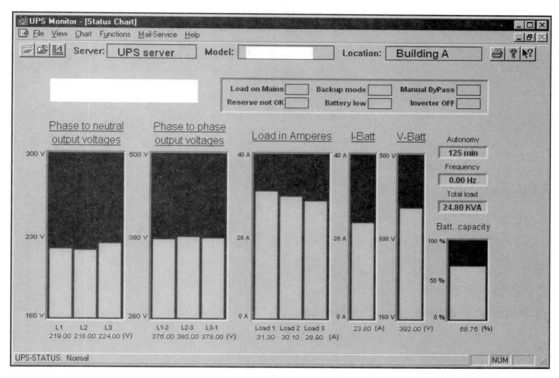

图 2-21　UPS 系统监控图

2. 精密空调系统监控

环境监控系统通过机房精密空调自带的智能通信接口，可实时、全面诊断空调状况，监控空调各部件(压缩机、风机、加热器、加湿器、去湿器、滤网等)的运行状态与参数，并可远程修改空调设置参数(温度与湿度)，实现空调的远程开关机，如图 2-22 所示。环境监控系统一旦监测到有报警或参数越限，将自动切换到相关的运行画面。越限参数将变色，并伴随有报警声音，有相应的处理提示及相关处理提示。对重要参数，可作曲线记录，用户可通过曲线记录直观地看到空调机组的运行品质。空调机组即使有微小的故障，也可以通过系统检测出来，及时采取步骤防止空调机组进一步损坏。对严重的故障，可按用户要求加设电话语音报警。

3. 供配电系统监控

(1) 配电参数检测。环境监控系统采用智能电量检测仪，对数据中心的总输入电源柜的电量进行检测。该表带有报警功能和智能通信接口，可与环境监控系统主机相连，采集所需的参数，使用户能方便读取配电的电流、电压，了解供电质量，并可查看所监测配电线路的参数及其历史曲线。通过分析有关参数的历史曲线，数据中心管理员能清楚地知道供电电源的质量是否可靠完好，为合理地管理数据中心电源提供科学的依据。

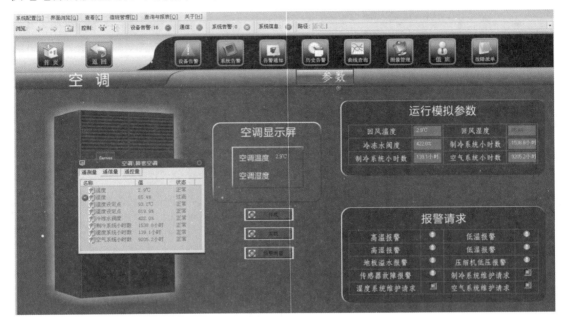

图 2-22　精密空调系统监控图

（2）开关状态检测。环境监控系统监视数据中心内各级低压配电输出开关的状态。当开关跳闸或断电时，环境监控系统自动切换到相应的运行画面，同时发出多媒体语音和电话语音报警，通知管理员尽快处理，并将事件记录到系统中。

4. 漏水监控

环境监控系统对数据中心内的漏水水源旁进行实时监测，根据数据中心场地的情况，采用绳式漏水传感器将水源包围起来，一旦漏水，可确保系统在第一时间报警，使维护人员能尽快地进行处理。这类系统有时还可用作数据中心洁净度的检测，当感应线上的尘埃集结到一定厚度，系统会报警提示管理人员派人处理。

5. 温湿度监控

通过环境监控系统采集数据中心内部各空间点位的实时温、湿度，提供各点位准确的实际温湿度值，便于管理员通过调节送风口的位置、数量，设定空调的运行温、湿度值，尽可能让数据中心各点的温、湿度趋向合理，确保设备的安全正常运行。另外，为了保证电池的使用寿命，管理员也需要了解电池间的温、湿度，并使其温、湿度值控制在合理范围内。

6. 消防监控

通过数据中心的环境监控系统接收来自消防控制箱给出的报警信号，实时监测数据中心内的火灾情况，即便无人值守，也可以确定消防工作状态。消防一旦报警，系统可根据需要联动门禁系统打开所有的门锁，让工作人员能尽快地脱离现场，同时启动相应的消防灭火措施。

第 3 章

网络子系统

　　网络子系统是数据中心的重要组成部分，是连接数据中心大规模服务器进行大型分布式计算的桥梁。随着数据中心流量从传统的以"南北流量"为主演变为以"东西流量"为主，数据中心网络的带宽量和性能面临着新的挑战，加上虚拟化技术的应用需求，这些都需要有相应的网络体系支撑。本章主要阐述了数据中心网络子系统的规划与设计，介绍了数据中心关键网络设备的工作原理，分析了主流网络设备厂商的数据中心网络解决方案以及数据中心网络新技术。

3.1 数据中心网络规划与设计

数据中心网络系统运行在布线系统和供电系统基础之上,是连接数据中心所有 IT 组件的实体。数据中心网络架构的高可用性、易扩展性、易管理性,关系着整个应用系统是否能够安全、高速、可靠地运行。数据中心基础网络设计应按照业务需求,基于开放的 IP 协议,完成对业务系统、网络资源的有效整合,通过高可用技术和良好的网络设计,实现数据中心可靠运行,保证业务系统运行的不间断性。

3.1.1 数据中心网络建设的需求分析

在对数据中心的网络进行规划设计之初,应首先明确数据中心的定位问题,如网络覆盖范围有多大?所框定的内容又是什么?这些都需要用户提前考虑清楚。其次,需要对企业网络现状进行非常详细的调研,并对数据中心内部已经制定的相关网络设计标准、采用产品和技术路线、技术规范等完全理解和掌握,并结合到相关设计中。针对数据中心网络建设,需求分析应从应用系统分析、流量模型分析、带宽分析三个方面进行。

(1) 应用系统分析。应用系统分析一般着重于生产应用系统,主要包括网站、数据库、服务器等。生产应用类服务器规模比较大,随着时代发展,要充分考虑到网络的可扩展性,并且生产应用类的服务器流量复杂,带宽占用最大,突发性强,因此要充分考虑网络的缓冲能力。各类应用系统中,所有业务均为 7×24 小时不间断运行,在网络设计中要保证高可靠性。设备和链路均采用冗余设计,并从中总结出应用系统的规模。

(2) 流量模型分析。流量模型分析是根据数据中心网络的南北向和东西向的流量,统计出不同走向、不同区域、不同时段的流量模型,从而得到数据中心各区域间的流量走向及特征。按照数据中心应用对内/对外的访问量以及并发量,考虑数据中心区域之间和出口各自的带宽。

(3) 带宽分析。带宽分析指对数据中心应用系统分析和流量分析的基础上,通过分析采用的网络架构,进而确定接入层、核心层及网络出口的网络带宽需求,规划网络设计。

3.1.2 数据中心网络的设计原则

数据中心网络是承载所有生产环境的系统,并为核心业务系统服务器和存储设备提供安全可靠的接入平台。数据中心网络建设目标为高可用、易扩展、易管理。

1. 高可用

在设计数据中心网络系统时，为了建设高可用网络，除保证网络的性能和吞吐量等指标之外，应重点保证网络的可靠性、安全性和技术先进性。

(1) 网络可靠性。数据中心网络可靠性指在充分考虑系统的应变能力、容错能力和纠错能力基础上，应采取可靠的网络设备和技术，确保整个网络基础设施运行稳定、可靠，从而向上层应用提供不间断的网络服务。数据中心网络的可靠性可通过冗余技术来实现，包括电源冗余、处理器冗余、模块冗余、设备冗余、链路冗余等技术。

(2) 网络安全性。网络基础设计的安全性，涉及整个数据中心的核心数据安全，应按照端到端访问安全，从局部安全、全局安全到智能安全，使安全理念渗透到整个数据中心网络。

(3) 技术先进性。数据中心将长期支撑相关行业的业务发展，而网络又是数据中心的基础支撑平台，因此数据中心网络的建设需要考虑后续的机会成本。应采用主流的、先进的技术和产品(如数据中心级设备、CEE、FCoE、虚拟化支持等)，保证基础支撑平台在一段时期内不会被淘汰，从而保护原有的资源建设投资。

2. 易扩展

目前数据中心所承载的业务越来越多也越来越复杂，未来的业务承载范围会变得更多更广。业务系统频繁调整与扩展在所难免，因此数据中心网络平台必须能够适应业务系统的频繁调整，同时在性能上应至少能够满足未来的业务发展。对于网络设备的选择和协议的部署，应遵循业界标准，保证良好的互通性和互操作性，支持业务的快速部署。

3. 易管理

数据中心是 IT 技术最为密集的地方，数据中心的设备繁多，各种协议和应用部署越来越复杂，对运维人员的要求也越来越高，单独依赖运维人员个人的技术能力和业务能力是无法保证业务运行的持续性的。因此数据中心需要提供完善的运维管理平台，对数据中心 IT 资源进行全局掌控，减少日常运维的人为故障。同时一旦出现故障，能够借助工具直观、快速定位。

3.1.3　数据中心网络架构设计原则

为保证数据中心网络的高可用、易扩展、易管理，在进行数据中心网络架构设计时，应遵循结构化、模块化和扁平化的设计原则。

1. 结构化

结构化的网络设计是把整个网络的层次结构化，使整个网络结构层次清晰明了。在数据中心，一般规划为两层或三层的结构化网络。结构化的网络设计便于上层协议的部署和网络的管理，提高网络的收敛速度，实现网络高可靠性，如图 3-1 所示是合理的结构化网络。采用冗余的设备和链路，数据中心网络结构化设计体现在适当的冗余性和网络的对称性两个方面。引入冗余可以消除设备和链路的单点故障，但是过度的冗余同样会使网络过于复杂，不便于运行和维护，因此采用双节点、双归属的架构设计网络结构的对称性，可以使得网络设备的配置简化、拓扑直观，有助于协议设计分析。

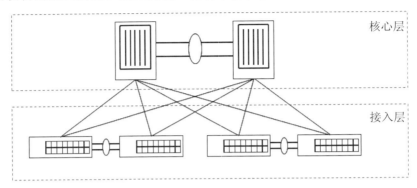

图 3-1 网络的对称性和冗余性

2. 模块化

构建数据中心基础网络采用模块化的设计方法，将数据中心内部按照业务系统的不同划分为不同的功能区域，用于实现不同的功能或部署不同的应用，使得整个数据中心的架构具备可伸缩性、灵活性和高可用性。比如，数据中心中的某个服务器将会根据服务器上部署的应用或者用户访问特性的功能不同，部署在不同的区域中。

在进行模块化设计时(如图 3-2 所示)，尽量做到各模块之间松耦合，这样可以很好地保证数据中心的业务扩展性，扩展新的业务系统或模块时不需要对核心或其他模块进行改动。同时模块化设计也可以很好地分散风险，在某一模块(除核心区外)出现故障时不会影响到其他模块，将数据中心的故障影响降到最小。

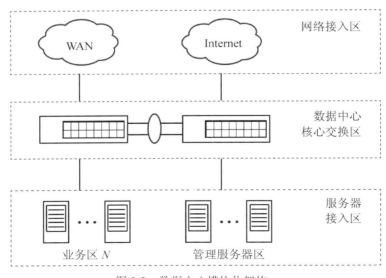

图 3-2 数据中心模块化架构

采用模块化的架构设计方法可以在数据中心清晰地区分不同的功能区域，并针对不同功能区域的安全防护要求来进行相应的网络安全设计。这样的架构设计具有很好的伸缩性，根据未来业务发展的需要，可以非常容易地增加新的区域，而不需要对整个架构进行大的修改，具备更好的可扩展性。每个区域的安全功能都是根据其特性进行定义，因此可以在不影响其他应用或者整个区域的情况下单独进行安全部署，在一次性建设投资或分阶段建设的情况，很好地进行网络安全的布局。

按照模块化的设计原则，需要对业务系统进行分区，分区优先考虑访问控制的安全性，单个应用访问尽量在一个区域内部完成，单个区域故障仅影响一类应用，尽量减少区域间的业务耦合度。区域总数量的限制：区域过多则运维管理的复杂度和设备投资增加，区域总数量一般不超过 20 个。单个区域内服务器数量的限制：受机房空间、二层域大小、接入设备容量限制，单个区域内服务器数量有限(通常不超过 200 台)。接入层设备利用率的限制：受机房布局的影响，如果每个机房都要部署多个安全区的接入交换机，会导致接入交换机资源浪费，端口利用率低，因此安全区的数量不宜过多。

3. 扁平化

传统的数据中心网络通常采用三层架构进行组网，三层架构可以保证网络具备很好的扩展性。传统三层架构一般采用核心层、汇聚层、接入层三层架构。接入层和汇聚层一般部署动态路由和 VRRP+MSTP 结构来保证网络的可靠性、可用性。但三层架构网络设备较多，不便于网络管理，运维工作量大，同时组网成本相对较高，协议部署和网络管理比较麻烦，不利于工作的开展，更不能够把网络设备的使用率提到最高。

随着网络交换技术的不断发展，交换机的端口接入密度也越来越高，网络设备虚拟化发展愈加成熟，二层组网的扩展性和密度已经能基本满足数据中心服务器接入的要求，同时在服务器虚拟化技术应用越来越广泛的趋势下，二层架构更容易实现 VLAN 的大二层互通，满足虚拟机的部署和迁移。如图 3-3 所示是数据中心网络扁平化架构，相比三层架构，

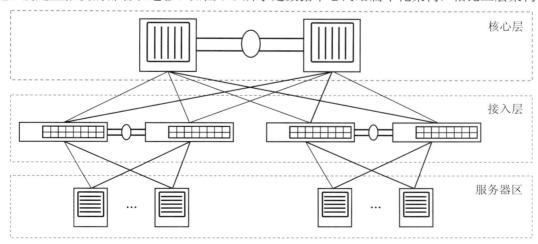

图 3-3　数据中心网络扁平化架构

二层架构可以大大简化网络的运维与管理，核心设备和接入设备都采用设备虚拟化，设备双机双活，两台设备实现链路捆绑，提高了设备的利用率，实现了链路负载分担，提高了整个网络的性能。扁平化还可以降低设备投资成本，使整个网络构架变得简单，在保证网络高可靠、高可用的前提下，减少了运维负担。

3.1.4　数据中心网络的规划和设计

1. 网络拓扑设计

整体网络拓扑采用扁平化两层组网架构，从数据中心核心区直接到服务器接入，省去了中间的汇聚层，如图 3-4 所示。扁平化的网络结构适合数据中心网络系统建设，简化网络拓扑，降低网络运维的难度。服务器区易于构建大二层网络，更适合未来的虚拟机大量部署及迁移。针对扩展服务器接入交换机，未来可直接在现有的虚拟主机组添加成员交换机，扩展方便。

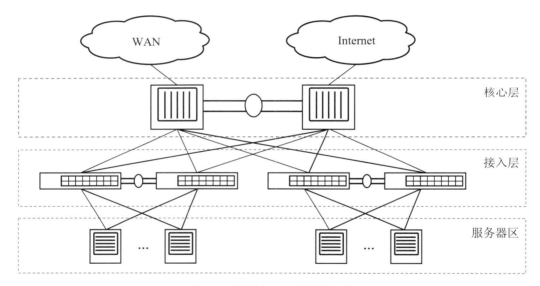

图 3-4　数据中心网络整体拓扑

2. 网络核心层设计

数据中心核心区用于承接各区域之间的数据交换，是整个数据中心的核心枢纽，因此核心交换机设备应选用可靠性高的数据中心级设备。

核心交换区的主要功能是完成各服务器功能分区及外联网、互联网之间数据流量的高速交换，是数据中心网络总架构纵向流量与服务功能分区间横向流量的交汇点。核心交换区必须具备高速转发的能力，同时还需要有很强的扩展能力，以便应对未来业务的快速增长。

核心层是整个数据中心交换平台的枢纽。因此，可靠性是衡量核心交换区设计的关键指标。否则，一旦核心层的某一模块出现异常而不能及时恢复的话，会造成整个数据中心业务的长时间中断，影响巨大。

核心交换设备应选用数据中心级核心交换机，一般情况下，设备基本配置应为：交换容量≥80Tb/s，包转发率≥20 000Mpps，业务槽位≥4 个，交换板槽位≥2 个，支持万兆传输，支持虚拟化等。配置双引擎、双电源，保证网络组件层面的稳定性。网络架构层面，采用双核心设计，两台设备进行冗余，并通过虚拟化技术进行横向整合，将两台物理设备虚拟化为一台逻辑设备，并实现跨设备的链路捆绑，各分区的交换机的堆叠相配合，实现端到端堆叠部署。两台设备工作在双活模式，保证出现单点故障时不中断业务。

数据中心核心层的网络容量应支持未来一段时期内的业务扩展，基本采用"万兆到核心，千兆接入"的思路，核心模块对外接口为全万兆接口。按照"核心-边缘架构"的设计原则，核心模块应避免部署访问控制策略(如 ACL、路由过滤等)，保证核心模块业务的单纯性与松耦合，便于下联功能模块扩展时，不影响核心业务，同时可以提高核心模块的稳定性。

3. 网络接入层设计

接入层包括服务器接入区、办公接入区等。接入层部署时要考虑到链路的高可用性，接入层部署双机，避免单点故障，并采用虚拟化，将两台物理设备虚拟化为一台逻辑设备，实现跨设备链路捆绑，与核心交换机配合实现端到端虚拟化配置。此外，服务器双网关配置成双活模式(Active-Active)。接入层交换机实现数据中心的高密度千兆接入，基本设备要求为，交换容量≥1.2Tb/s，包转发率≥100Mpb/s，10GE 端口≥2 个，10/100/1000Mb/s Base-T 端口≥24 个，支持虚拟化等。

4. 网络安全出口设计

一个合理的网络出口设计在建设数据中心网络的过程中是很重要的一部分，一个安全可靠的网络出口保证了一个数据中心在互联网中不会成为信息孤岛。随着信息技术的发展，数据中心的规模越来越大，网络出口不能成为数据中心未来发展的瓶颈。目前，数据中心网络出口一般采用多链路、多出口的模式，如图 3-5 所示。

出口设备一般采用两台万兆出口路由器与运营商网络互联，在出口的位置可以实现设备冗余、出口链路冗余和多出口选择，保证了网络出口的可靠、可用性。出口路由器和核心交换设备之间采用至少两台万兆防火墙或者其他安全设备进行互联。两台万兆防火墙进行堆叠，保证设备、链路冗余以及出口智能选路和链路负载分担，在防火墙设备上可配置相应的 NAT 策略、策略路由、访问控制、阻断策略等一系列安全策略，其他安全设备包括 IDS、IPS、WAF 等的部署，以保证整个数据中心网络的安全可靠。

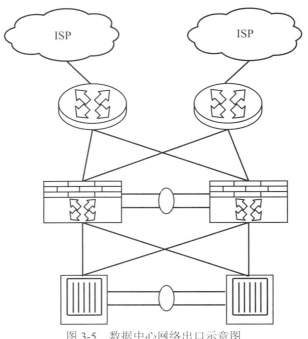

图 3-5　数据中心网络出口示意图

3.2 数据中心网络核心设备

3.2.1　交换机工作原理

在一个数据中心网络中，最重要的设备是核心路由交换机，也称为三层交换机。

交换机在网络中是使用最普遍的一种设备，传统以太网交换机是根据数据包的帧头信息进行对应的转发，因此交换机工作在 OSI 参考模型的第二层——数据链路层。交换机的每一个端口都是分别隔离出来一个单独的广播域，交换机所连接的所有设备都在同一个广播域内。交换机内部有一个地址表，地址表记录了与其相连设备的 MAC 地址和端口的对应关系。当交换机从某个端口接收到一个数据包时，交换机首先读取数据帧的源 MAC 地址，并将该 MAC 地址与所传数据包端口建立映射关系，记录到自己的 MAC 地址表中，然后交换机将数据帧的目的 MAC 地址与已建立的 MAC 地址表进行比较，并将数据包从对应的对口进行转发。如果数据帧的目的 MAC 地址不在已建立的 MAC 地址表中，交换机则向所有端口转发该数据包，这一现象称为泛洪(flood)。如果交换机收到的是广播帧或者组播帧，交换机向所有端口转发该数据包。

三层交换机就是具有部分路由器功能的交换机，但它是二者的有机结合，并不是简单地把路由器设备的硬件及软件叠加在局域网交换机上。三层交换技术在 OSI 参考模型的第三层网络层实现了数据包的高速转发，应用第三层交换技术既可以实现网络的路由目的，又可以使不同的网络状况达到最优。三层交换机内部构件主要是由 ASIC 芯片和 CPU 组成。ASIC 芯片的主要作用是完成二层和三层的转发，内部包含基于二层转发的 MAC 地址表和基于 IP 地址转发的三层转发表；CPU 主要作用是对数据转发的控制，维护一些软件表项，包括路由表和 ARP 表，并根据软件表项的转发信息来配置 ASIC 的三层转发表。决定三层交换机的高速转发正是体现在 ASIC 芯片上。三层交换机的最重要目的是加快大型局域网内部的数据交换，所具有的路由功能也是为此服务的，能够做到一次路由，多次转发。对于数据包转发等规律性的过程由硬件高速实现，而路由信息更新、路由表维护、路由计算、路由确定等功能，由软件实现。

路由器和三层交换机工作过程的区别主要在于，路由器转发主要依靠 CPU，三层交换机主要依靠 ASIC 三层交换芯片来完成，三层交换机一般通过划分 VALN 实现二层网络的数据交换，同时又可以实现不同 VLAN、不同网段的三层 IP 互访。

通过一个三层交换机相连的某些主机通信时，当源主机发起一个通信之前，首先将目的主机的 IP 地址与自己的 IP 地址进行比较，如果两者处在同一个网段，那么源主机会直接向目的主机发送 ARP 请求，目的主机会回答 ARP 请求并告诉源主机自己的 MAC 地址，然后，源主机用对方的 MAC 地址作为报文的 MAC 地址进行报文发送，这种情况是位于同一个网段中的主机互访，这时三层交换机用作二层转发。当源主机判断到自己的 IP 地址与目的主机的 IP 地址不在同一个网段时，则会通过网关来递交报文，即发送 ARP 请求来获取网关 IP 地址对应的 MAC 地址，源主机得到网关的 ARP 的应答后，用网关的 MAC 地址作为报文的"目的 MAC 地址"，以源主机的 IP 地址作为报文的"源 IP 地址"，以目的主机的 IP 地址作为"目的 IP 地址"，先把发送给目的主机的数据发给网关。网关在收到源主机发送给目的主机的数据后，由于查看得知源主机和目的主机的 IP 地址不在同一网段，于是把数据报上传到三层交换引擎(ASIC 芯片)，查看有无目的主机的三层转发表，如果在三层硬件转发表中没有找到目的主机的对应表项，则向 CPU 请求查看软件路由表，如果有目的主机所在网段的路由表项，则还需要得到目的主机的 MAC 地址，因为数据包在链路层是要经过帧封装的。于是三层交换机 CPU 向目的主机所在网段发送一个 ARP 广播请求包，以获得目的主机 MAC 地址。交换机获得目的主机 MAC 地址后，向 ARP 表中添加对应的表项，并转发由源主机到达目的主机的数据包。同时，三层交换机三层引擎会结合路由表生成目的主机的三层硬件转发表。以后到达目的主机的数据包就可以直接利用三层硬件转发表中的转发表项进行数据交换，不用再查看 CPU 中的路由表了，大大提高了转发速度。如图 3-6 所示是三层交换机工作过程。从三层交换机的结构和工作原理可以看出，真正决定高速交换转发的是 ASIC 中的二、三层硬件表项，而 ASIC 的硬件表项来源于 CPU 维护的软件表项。

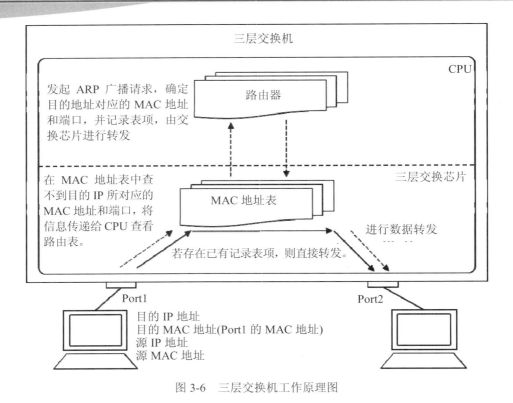

图 3-6　三层交换机工作原理图

3.2.2　三层交换机在数据中心中的优势

　　三层交换机采用可编程、可扩展的 ASIC 芯片，拥有丰富路由交换性能，因此可针对所有网络接口进行无阻塞线速路由和交换，具有极高的吞吐量，数据包的转发速度可以比同级别的路由器高百倍。三层交换机拥有多种协议的路由选择，如 IP(RIPv1/v2、OSPF)、IP Multicast(DVMRP、PIM)和 IPX 等。支持根据不同端口、协议等不同类型 VLAN 划分。具有带宽预留(RSVP)及具有服务类别(CoS)和服务质量(QoS)的业务量优先级处理，支持 IEEE 802.1p 和业务分类。可设定访问列表控制 ACL(Access List Control)的过滤规则以及基于防火墙的安全策略。三层交换机在对第一个数据流进行路由后，会产生一个 MAC 地址与 IP 地址的映射表，当同样的数据流再次通过时，将根据此表直接从二层通过而不是再次路由，从而消除了路由器进行路由选择而造成网络的延迟，提高了数据包转发的效率。同时，三层交换机的路由查找针对的是数据流，它借助缓存技术，能够很容易利用 ASIC 技术来实现查找，因此，可以节约成本，并实现快速转发。

　　首先，传统的路由器主要功能是实现路由选择与网络互联，即通过一定途径获得子网的拓扑信息与各物理线路的网络特性，并通过一定的路由算法获得达到各子网的最佳路径，建立相应路由表，从而将每个 IP 包按跳到跳(hop to hop)的方式传到目的地；其次，它必须处理不同的链路协议。IP 包途经每个路由器时，需经过排队、协议处理和寻址选择路由等软件处理环节，造成的延时加大。同时路由器采用共享总线方式，总吞吐量受到限制，当用户数量增加时，每个用户的接入速率降低。路由器更注重对多种介质类型和多种传输速度的支持。

随着数据中心的规模越来越大，在网络路由和交换层面的数据流量也随之增加，所以现在对数据中心网络设备要求也是越来越高。三层交换机在现在数据中心的建设中起着越来越重要的作用，它不需要将广播封包扩散，而是直接利用动态建立的 MAC 地址来通信，如 IP 地址、ARP 等，具有多路广播和虚拟网间基于 IP 和 IPX 等协议的路由功能。这主要依靠专用的 ASIC 把传统的路由软件处理的指令改为 ASIC 芯片的嵌入式指令，从而加速了对 IP 包的转发和过滤，使得高速下的线性路由和服务质量都有了可靠的保证。

3.2.3 数据中心中网络的高可用技术

系统可用性(Availability)一般通过平均无故障时间来评估，具体计算公式如式 3.1 所示。

$$\text{Availability}=\text{MTBF}/(\text{MTBF}+\text{MTTR})\times100\%\text{MTBF} \qquad (3.1)$$

平均无故障时间，同样也是描述整个系统可靠性(reliability)的指标，对于一个网络系统来说，MTBF(Mean Time Between Failure)是指整个网络的各组件(链路、节点)不间断无故障连续运行的平均时间；MTTR(Mean Time to Repair)，即系统平均恢复时间，是描述整个系统容错能力(fault-tolerant capability)的指标；MTTR 是指当网络中的组件出现故障时，网络从故障状态恢复到正常状态所需的平均时间。从公式 3.1 可看出，提高 MTBF 或降低 MTTR 都能提高网络可用性。

导致网络不可用，即网络故障的原因主要有两类：第一类是不可控因素，如自然灾害、战争、大停电、人为破坏等；第二类是可控因素，如设备故障、链路故障、网络拥塞、维护误操作、恶意攻击等。针对这些因素采取措施，如提高软硬件质量、减少链路故障、避免网络拥塞丢包、避免用户误操作等，使网络尽量不出故障、提高网络 MTBF 指标，也就提升了整网的可用性水平。然而，网络中的故障总是不可避免的，所以设计和部署从故障中快速回复的技术、缩小 MTTR 指标，同样是提升网络可用性水平的手段。

3.2.4 数据中心中网络可靠性保障

为保证数据中心的高可靠性，可以通过多种技术手段来避免故障的发生。

1. 备份技术

对安全级别高的数据中心，通过建设生产中心、本地数据备份中心和异地容灾中心，即"两地三中心"的备份方案，借助良好的整体规划设计，可保证不可控因素影响下数据中心的高可用性。

2. 冗余技术

通过在物理设备、链路层、IP 层、传输层和应用层上应用冗余技术，可有效保证可控因素影响下数据中心的高可用。如硬件设备冗余、设备双主控、单板热插拔、冗余电源、冗余风扇等；物理链路冗余，如以太网链路聚合等；二层路径冗余，如 MSTP、SmartLink 等；三层路径冗余，如 VRRP、ECMP、动态路由快速收敛等。

3. 网络虚拟化技术

目前数据中心采用网络设备虚拟化技术保证数据中心网络的高可靠性。网络虚拟化技术，是将多台物理设备连接在一起，堆叠形成一台逻辑的"虚拟设备"，实现 $N:1$ 的网络虚拟化，保证网络的高可靠性，也可将一台物理设备虚拟成多台逻辑的"虚拟设备"。堆叠后，主设备和从设备保持配置和运行状态同步，实现 $1:N$ 的网络虚拟化，从而实现多台虚拟设备协同工作、统一管理及不间断维护。

在进行数据中心高可用的网络规划时，不能只将上述技术进行简单叠加和无限制冗余，否则，一方面会增加网络建设整体成本，另一方面还会增加管理维护的复杂度，反而给网络引入了潜在的故障隐患。因此，在进行规划时，应该根据网络结构、网络类型和网络层次，分析网络业务模型，确定数据中心基础网络拓扑，明确对网络可用性最佳的关键节点和链路，合理规划和部署各种网络高可用技术。

3.3 数据中心网络主流产品

3.3.1 华为公司解决方案

为了适应未来云计算业务的不断发展，华为公司推出了面向下一代云计算数据中心的 CloudFabric 解决方案，旨在为客户构筑弹性、虚拟、开放的云数据中心网络，支撑企业云业务长期发展。华为 CloudFabric 方案支持业界多个主流云平台，能够承载各种云业务和云应用，适用于互联网、金融、政府、能源、企业、运营商等行业。

1. 弹性云网络(Scalable Fabric)

华为 CloudFabric 解决方案里指出，伴随着 CloudFabric 解决方案推出的 CloudEngine 系列数据中心交换机可以承载未来十年的弹性网络，CloudEngine 系列交换机可提供高达 360Tb/s 的无阻塞交换网络，满足从 GE/10GE 到 40GE/100GE 的 4 代服务器演进需求，网络架构长期稳定，可以适应 10GE 服务器发展到数据中心的特点。

CloudEngine 系列数据中心交换机，基于华为最新推出的 VRP8 操作系统，支持丰富的数据中心业务特性。CloudController 是华为云数据中心网络控制器，可实现对 ICT 资源的统一控制和动态调度，快速部署云业务。CloudEngine 系列包括较高高配置的核心交换机 CloudEngine12800 系列，以及高性能的盒式交换机 CloudEngine6800/5800(10GE/GE 接入)系列，如图 3-7 所示。

图 3-7　华为 CloudEngine 系列

CloudEngine 系列交换机可提供 360Tb/s 的无阻塞交换网络，可以满足从 GE/10GE 到 40GE/100GE 的第 4 代服务器演进需求。无阻塞 CLOS 交换架构：CE 12800 核心交换机采用无阻塞 CLOS 交换架构，配合动态的分布式大缓存技术(100ms/port)，可以应对云计算应用(如搜索、协同计算)引起的突发流量问题，保障业务交换零丢包。CloudEngine 系列核心交换机 CE 12800 单槽位支持 2Tb/s 带宽(可平滑升级至 4Tb/s)，整机最大支持 64Tb/s 的交换能力；同时支持 $8 \times 100GE$，$24 \times 40GE$ 及 $96 \times 10GE$ 等超高性能板卡，整机最大可支持 128 个 100GE、384 个 40GE 或 1536 个 10GE 全线速接口；全系列 TOR 支持 40GE：CE 6800 和 CE 5800 提供超高密度的 10GE 和 GE 服务器接入能力，全系列支持 40GE 上行接口，转发性能业界领先；采用典型的"核心+TOR 接入"扁平化组网架构，CE 12800 系列可与 CE 6800/5800 系列通过全 40GE 接口联合组网。CloudEngine 系列硬件设施具有高可靠性，保障业务无间断运行。CE 12800 关键部件，如主控板、交换板、监控板、电源和风扇等，都采用了硬件设备冗余配置，CE 6800/5800 支持电源和风扇冗余，都可支持热插拔能力，并具有前后风道的设计，采用了适合数据中心机房的前后风道设计，冷热风道严格隔离。

2. 虚拟云网络(Virtualized Fabric)

CloudEngine 系列通过 VS(Virtual System)实现资源弹性共享，CE 12800 通过 VS 技术

提供最高 1：8 设备虚拟化能力，将一台物理设备虚拟成多台独立的逻辑设备，满足多业务区或多租户共享核心交换机的需求。在保证最佳安全性的同时，提升了设备利用率，有效降低网络投资。CloudEngine 全系列支持 CSS/iStack(Cluster Switch System / intelligent Stack) 能力，可以把多台物理设备虚拟成一台逻辑交换机，简化网络管理且提高可靠性。CloudEngine 12800 系列交换机通过业界领先的 CSS 技术可以把多达 4 台物理核心交换机虚拟成一台逻辑交换机。CloudEngine 6800/5800 最高支持 16 台设备堆叠。CloudEngine 12800 支持 CSS 和 VS 技术很好地协同工作，将网络整合成按需调度的大型虚拟资源池，网络资源实现"云计算"服务模式。

3. 融合云网络(Converged Fabric)

超大路由桥支撑业务灵活部署，CloudEngine 全系列交换机支持 IETF 标准协议 TRILL，支持 10GE/GE 服务器的混合接入组网，最大可构建超过 500 个节点的超大规模二层网络，支持用户业务的大范围灵活部署和虚拟机灵活迁移，不再受限于物理位置。

3.3.2 思科公司解决方案

思科公司方案的核心是数据中心虚拟化，它可以使数据中心网络降低总体拥有成本，提高资产利用率，降低对基础设施、电力和冷却设施的需求，提高永续性、灵活性和响应能力，能够充分地发挥服务器虚拟化、统一数据中心矩阵和云计算技术潜力的网络基础设施优势。这里主要介绍思科数据中心 Nexus 系列和思科数据中心 Cisco UCS 系列。

1. 思科数据中心 Nexus 系列

思科数据中心交换机产品系列可以提升数据中心网络基础设施的容量、能力，保持统一的部署、管理和运营方式。不间断运营，硬件冗余特性、不间断软件升级的无缝结合有助于最大限度地提高网络的可用性。运营管理能力，集成化管理工具可以简化运营，加快解决问题的速度。转型具有灵活性，多种类型的交换机有助于向新技术转型。Cisco Nexus 系列交换机采用独特的设计，可以满足下一代数据中心的严格要求，如图 3-8 所示。这些交换机的特点并不仅是容量更加庞大或者速度更快，在基础设施方面，可以经济有效地进行扩展，帮助用户提高能源、预算和资源的使用效率，在传输方面，不仅支持万兆以太网和统一交换架构，还适应虚拟化、Web 2.0 应用和云计算等技术对网络架构的改变，在运营连续性方面，可以确保系统可用性，且尽量减少维修时间。

Cisco Nexus 9000 系列提供具有 1/10/25/50/40/100 千兆位以太网交换机配置的模块化 9500 交换机以及固定的 9300 和 9200 交换机。9200 交换机经过优化，可在 NX-OS 模式操作中实现高性能和高密度。9500 和 9300 经过优化，可以提供增强的操作灵活性。

在 NX-OS 模式下，数据在 Nexus 交换机中保持传统架构和一致性，或者在 ACI 模式下，可充分利用 ACI 的策略驱动式服务和基础设施自动化特性。

图 3-8　思科 Nexus 系列

　　Cisco Nexus 系列交换机架构灵活，可以在节能的三层或分支-主干架构中部署；提供灵活且可扩展的虚拟可扩展局域网(VXLAN)多租户；为 ACI 提供基础、自动化的应用部署提供简便性、敏捷性和灵活性；支持 Nexus Fabric Manager 自动化交换矩阵配置和管理；具有很强的可编程性，可以为调配第二、三层功能提供开放对象 API 可编程模型，通过路由处理器模块应用软件包、Linux 容器以及 Broadcom 和 Linux Shell 为访问提供可扩展性，用户使用思科 NX-OSAPI 实现易于使用的基于 Web 的编程访问，也可以通过与 DevOps 自动化工具相集成，简化基础设施管理。

　　Cisco Nexus 系列交换机具有实时可视性和遥感勘测，Cisco Tetration Analytics 支持内置硬件传感器，可实现丰富的流量流遥感勘测和线速数据收集，Cisco Nexus Data Broker 支持网络流量监控和分析，可以清楚地掌握每个端口和每个队列的实时缓冲区使用情况，用于监控流量微爆发和应用流量模式。

　　Cisco Nexus 系列交换机具有很强的可扩展性，提供高达 60Tb/s 的无阻塞性能，且延迟时间少于 5μs，具有线速、高密度 10/25/40/50/100Gb/s 第二层和第三层以太网端口，提供线速网关、桥接、路由和用于 VXLAN 的思科边界网关协议控制平面(BGP EVPN VXLAN)，包含网段路由，以提高网络可扩展性和虚拟化程度。

　　Cisco Nexus 系列交换机的高可用性，支持在线软件升级(ISSU)和补丁操作，不会造成操作中断(Nexus 9500 和 9300)，完全冗余和可热插拔组件可以通过组合第三方和思科 ASIC 的性能，提高其可靠性和性能。

　　Cisco Nexus 系列交换机允许将现有 10GE 布线设备重新用于具有 40Gb/s 双向收发器的 40GE，可在 NX-OS 和 ACI 模式下支持 Cisco Nexus 2000 系列交换矩阵扩展器(9300 和 9500 系列)，为从 NX-OS 模式到 ACI 模式的迁移提供便利。FCoE 为局域网和 SAN 提供交换矩阵融合，降低了数据中心的总拥有成本。

Cisco Nexus 系列交换机的创新性，Cisco Tetration Analytics 可以获得全面的实时应用可视性、分析和对数据中心基础设施的切实可行的见解，新 Nexus 9300 交换机 Nexus 93180 YC-EX 和 93108 TC-EX 提供具有可混合配置的端口的高密度 10/25/40/50/100GE，以实现灵活访问部署和迁移。新 Nexus 9200 交换机：四种新交换机经过优化，可用于 NX-OS 模式和高密度 10/25/40/50/100Gb/s 部署；新 Nexus 9500 100Gb 模块：获取高密度 100Gb/s 连接和灵活的 NX-OS 模式或 ACI 部署。Cisco Nexus Fabric Manager 可以通过简单的即点即到网络界面，获取全面的交换矩阵生命周期管理。

2. 思科数据中心 Cisco UCS 简述

Cisco UCS(Unified Computing System)系统是将网络、服务器以及存储集成为一个统一的虚拟化平台，简化了 IT 的管理并提高了灵活性。

在整合了数据中心基础构架之后，新的数据中心有了更少的交换机、服务器、管理模块等，所以就有了更少的协同管理对象，简化了运维成本和难度，提高了数据中心的运营效率，也更加使数据中心减少能耗，绿色环保。Cisco UCS 系统把整个数据中心统一成一个整体的管理模型，使网络、服务器、存储在同一个区域内进行统一访问，以减少设备的部署时间和复杂度。

Cisco UCS 系统主要包含六大组件：UCS 6100 系列互联阵列(Fabric Interconnect)；UCS 管理程序(Manager)；UCS 2100 系列扩展模块；Cisco 5100 系列刀片服务器机箱；CiscoB 系列刀片服务器；UCS 网络适配器(Network Adaptor)。

从网络角度来看，UCS 6100 系列互联阵列是思科统一计算系统的核心组成部分，为系统提供了网络连接与管理能力，也提供了线速、低延时、无丢包万兆以太网和以太光纤通道 FCoE。UCS 6100 系列互联阵列使用了一种直通构架，无论数据的大小和服务种类，都能够在所有端口上提供低延时线速万兆以太网连接，并可以提高以太网的高可靠性和可扩展性，UCS 6100 系列互联阵列针对 FCoE 与服务器的连接做了优化，可以降低投资成本，并且该互联阵列把网络接口卡、主机总线适配器、线缆和交换机整合在了一起，提高了 UCS 整体的性能。

Cisco UCS 系统的网络互联阵列以一个低延时无丢包的万兆统一交换阵列为基础，Cisco UCS 刀片服务器通过扩展卡访问阵列，每个刀片的吞吐量达到 40Gbps，Cisco UCS 系统网络互联阵列采用"一次布线"部署模式，在机箱内只通过线缆连接到互联阵列一次，I/O 配置的改变只需要对管理系统进行配置。无须安装主机适配器与服务器或交换机重新布线，并且互联阵列不需要在每个服务器中部署冗余或者独立的以太网交换机和光纤交换机，因而简化了机架的布线。结合 Cisco VN-link 技术，支持每个虚拟机和互联阵列的虚拟网络连接，简化了虚拟机和网络的管理，可以方便地迁移虚拟机，进而确定了系统网络的高可用、高安全等特性。

3.4 数据中心网络新技术

3.4.1 网络虚拟化

随着网络新技术的发展和数据中心业务规模的扩大，网络虚拟化目前在数据中心已经广泛应用开来，目前比较成熟的网络虚拟化可以分为网络设备虚拟化、网络链路虚拟化和虚拟网络。

1. 网络设备虚拟化

网络设备虚拟化(Network Device Virualization)，是指将物理上独立的多台设备整合成一台单一逻辑上的虚拟设备，或者将一台设备虚拟化成多台逻辑上独立的虚拟设备，前者是多虚一技术，后者是一虚多技术。通过将多台设备虚拟化成单台网络设备，可以使设备可用的端口数量、转发能力、性能规格都倍增。同时实现了网络设备的简易管理，提高了运营效率，管理维护时只需要登录虚拟化设备，就可以直接管理虚拟化为一体的所有设备，简化了网络管理。当部署一虚多技术时，可以将设备的网络功能物理上分离为几个独立的单元，以供不同的用户使用。不同用户的不同业务虽然都由这一台设备完成，但是网络之间是完全隔离，业务完全不能互访，保证了用户数据的安全。网络设备虚拟化技术在数据中心已经开始广泛应用，逐渐成为数据中心网络的标准配置，替代了传统网络中两个主设备的备份业务设计，大大提升了设备的利用率，虚拟化的设备同时运行，可以最大限度地提供网络服务，同时提高了网络运行的可靠性。网络设备虚拟化主要分为网卡虚拟化和硬件设备虚拟化。

(1) 网卡虚拟化。网卡虚拟化包括软件网卡虚拟化和硬件网卡虚拟化。软件网卡虚拟化主要通过软件控制各个虚拟机共享同一块物理网卡实现。软件虚拟出来的网卡可以有自己的 MAC 地址和 IP 地址。所有虚拟机的虚拟网卡通过虚拟交换机以及物理网卡连接至物理交换机。虚拟交换机负责将虚拟机上的数据报文从物理网口转发出去。

(2) 硬件设备虚拟化。硬件设备虚拟化主要用到的技术是单根 I/O 虚拟化(SR-IOV, Single Root I/O Virtulization)。所有针对虚拟化服务器的技术都要通过软件模拟虚拟化网卡的一个端口，以满足虚拟机的 I/O 需求，因此在虚拟化环境中，软件性能很容易成为 I/O 性能的瓶颈。SR-IOV 是一项不需要软件模拟就可以共享 I/O 设备、I/O 端口的物理功能的技术。SR-IOV 创造了一系列 I/O 设备物理端口的虚拟功能(VF, Virtual Function)，每个 VF 都被直接分配到一个虚拟机。SR-IOV 将网络外设连接功能分配到多个虚拟接口以便在虚拟化环境中共享一个 PCI 设备的资源。SR-IOV 能够让网络传输绕过软件模拟层，直接分配到虚拟机，这样就降低了软件模拟层中的 I/O 开销。

2. 网络链路虚拟化

链路虚拟化是日常使用最多的网络虚拟化技术之一。常见的链路虚拟化技术有链路聚合和隧道协议，这些虚拟化技术增强了网络的可靠性与便利性。

(1) 链路聚合。链路聚合是最常见的二层虚拟化技术。链路聚合将多个物理端口捆绑在一起，虚拟成为一个逻辑端口。当交换机检测到其中一个物理端口链路发生故障时，就停止在此端口上发送报文，根据负载分担策略在余下的物理链路中选择报文发送的端口。链路聚合可以增加链路带宽，实现链路层的高可用性。在网络拓扑设计中，要实现网络的冗余，一般都会使用双链路上连的方式。如果想用链路聚合方式将双链路上连到两台不同的设备，传统的链路聚合功能不支持跨设备的聚合，在这种背景下出现了虚链路聚合(VPC, Virtual Port Channel)的技术。VPC很好地解决了传统聚合端口不能跨设备的问题，既保障了网络冗余又增加了网络可用带宽。

(2) 隧道协议(Tunneling Protocol)。隧道协议是两个或多个子网穿过另外一个网络实现子网互联的一种技术，使用隧道传递的数据可以是不同协议的数据帧或包。隧道协议将其他协议的数据帧或包重新封装然后通过隧道发送。新的帧头提供路由信息，以便通过网络传递被封装的负载数据。隧道可以将数据流强制送到特定的地址，并隐藏中间节点的网络地址，还可根据需要提供对数据加密的功能。一些典型的使用到隧道的协议包括GRE(Generic Routing Encapsulation)和IPsec(Internet Protocol Security)。

3. 虚拟网络

虚拟网络是由虚拟链路组成的网络。虚拟网络节点之间的连接并不使用物理线缆连接，而是依靠特定的虚拟化链路相连。典型的虚拟网络包括VPN网络和在数据中心使用较多的虚拟二层延伸网络。

(1) 虚拟专用网(VPN)。VPN是一种常用于连接中、大型企业或团体与团体间的私人网络的通信方法。虚拟专用网通过公用的网络架构比如互联网来传送内联网的信息。利用已加密的隧道协议来达到保密、终端认证、信息准确性等安全效果。这种技术可以在不安全的网络上传送可靠的、安全的信息。需要注意的是，信息加密与否是可以控制的，没有加密的信息依然有被窃取的危险。

(2) 虚拟二层延伸网络(Virtual L2 Extended Network)。虚拟化从根本上改变了数据中心网络架构的需求。虚拟化引入了虚拟机动态迁移技术，要求网络支持大范围的二层域。一般情况下，多数据中心之间的连接是通过三层路由连通的。而要实现通过三层网络连接的两个二层网络互通，就要使用到虚拟二层延伸网络。VPLS即MPLS L2 VPN技术，以及新兴的Cisco OTV、H3C EVI技术，都是借助隧道的方式，将二层数据报文封装在三层报文中，跨越中间的三层网络，实现两地二层数据的互通。也有虚拟化软件厂商提出了软件的虚拟二层延伸网络解决方案，例如VXLAN、NVGRE，在虚拟化层的vSwitch中将二层数据封装在UDP、GRE报文中，在物理网络拓扑上构建一层虚拟化网络层，从而摆脱对底层网络的限制。

3.4.2 SDN

SDN(Software Defined Network)软件定义网络,是由美国斯坦福大学 Clean Slate 研究组提出的一种新型网络创新架构,是网络虚拟化的一种实现方式,SDN 是通过将网络控制与网络转发解耦合,来构建开放可编程的网络体系结构。SDN 认为不应无限制地增加网络的复杂度,而应对网络进行抽象以屏蔽底层复杂度,为上层提供简单的、高效的配置与管理。SDN 目的是实现网络互联、网络行为的定义和开放式的接口,从而支持未来各种新型网络体系结构和新型业务的创新。SDN 不是一种具体的技术,而是一种思想,一种理念。SDN 让软件应用参与到网络控制中并起到主导作用,而不是让各种固定模式的协议来控制网络。在架构角度上,SDN 控制平面与数据平面分离,逻辑集中利用控制器进行集中管理;从业务角度考虑,SDN 通过控制器使底层网络中被抽象出来的网络资源抽象成服务,实现应用程序与网络设备的操作系统的解耦合;从运营角度看,网络可以通过编程的方式来访问,从而实现应用程序对网络的直接影响和控制,一些新型的接口可以实现传统网络管理不能做到的网络优化。核心技术 OpenFlow 等通过将网络设备控制面与数据面分离开来,从而实现网络流量的灵活控制,为核心网络及应用的创新提供良好的平台,使网络作为管道变得更加智能。

1. SDN 发展历程

SDN 最开始是由 2006 年斯坦福大学的 Clean Slate 项目所提议。2009 年,首次提出 SDN 的概念,并发布 OpenFlow 1.0 规范协议。2011 年开放网络基金会 ONF 组织成立,致力于推动 SDN 构架、技术标准化和发展工作,其中核心会员有:Google、Facebook、NTT、微软、雅虎、德国电信等。2012 年,ONF 发布了 SDN 三层架构模型,并得到了业界的广泛认可。2012 年,美国 INRENET2 覆盖美国上百所高校部署了 SDN。同年,谷歌宣布其骨干网络已经全面运行在 OpenFlow 上,并且通过 10GE 网络连接分布在全球各地的 12 个数据中心,从而证明 OpenFlow 不仅仅是停留在学术界的一个研究模型,而是完全具备了可以在产品环境中应用的成熟技术。2012 年,国家 863 项目"未来网络体系结构和创新环境"获得科技部批准。2013 年 4 月,思科和 IBM 联合微软、BigSwitch、博科、戴尔、微软、NEC、惠普、红帽和 VMware 等发起并成立了 Open Daylight 项目,与 LINUX 基金会合作,开发 SDN 控制器、南北向 API 等软件,旨在打破大厂商对网络硬件的垄断,驱动网络技术创新,使网络管理更容易、更廉价。目前,Open Daylight 项目的范围包括 SDN 控制器、API 专有扩展等,并宣布要推出工业级的开源 SDN 控制器。2013 年 4 月底,中国首个大型 SDN 会议——中国 SDN 大会在京召开,三大运营商唱起主角。中国电信提出在现有网络(NGN)中引入 SDN 的需求和架构研究,并已成功立项 S-NICE 标准,S-NICE 是在目前的智能管道中使用 SDN 技术的一种智能管道应用的特定形式。中国移动则提出了"SDN

在 WLAN 网络上的应用"等课题。

2．SDN 架构

根据 ONF 组织提出的标准，SDN 构架主要分为应用层、控制层、转发层三个层面，如图 3-9 所示。

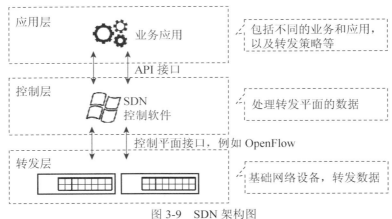

图 3-9　SDN 架构图

应用层通过控制层提供的编程接口对底层设备进行编程，把网络的控制权开放给用户，基于次开发各种业务应用，可以管理和控制应用的转发及处理策略，支持对网络属性的配置提升网络的利用率，也能够保证特定应用的安全和服务质量。

控制层一般指控制器(Controller)，控制器集中管理网络中所有设备，虚拟整个网络为资源池，根据用户不同的需求以及全局网络拓扑，灵活动态地分配资源，具有网络的全局视图，支持网络拓扑、状态信息的汇总和维护，并基于应用的控制来调用不同转发面资源，负责管理整个网络；对上层，通过开放 API 接口向应用层提供对网络资源的控制能力，使得业务应用能够便利地调用底层的网络资源和能力，直接为业务应用服务，设计需要密切联系业务应用需求，具有多样化的特征；对下层，通过标准的协议与基础网络进行通信，比如 ONF 提出的 OpenFlow 协议，它是物理设备与控制器信号传输的通道，相关的设备状态、数据流表项和控制指令都需要经由 SDN 接口传达，实现对设备的管控。

转发层主要是硬件设备，专注于单纯的数据、业务物理转发，关注的是与控制层之间的安全通信，要求其处理性能一定要优异，以实现高速数据转发。

3．OpenFlow 技术

OpenFlow 的核心是将原本完全由交换机、路由器控制的数据包转发，转化为由支持 OpenFlow 特性的交换机和控制服务器分别完成的独立过程。OpenFlow 交换机是整个 OpenFlow 网络的核心部件，主要管理数据层的转发。OpenFlow 交换机至少由三部分组成：流转发表(Flow Table)，告诉交换机如何处理流；安全通道(Secure Channel)，连接交换机和控制器；OpenFlow 协议，一个公开的、标准的供 OpenFlow 交换机和控制器通信的协议。

OpenFlow 交换机接收到数据包后,首先在本地的流表上查找转发目标端口,如果没有匹配,则把数据包转发给 Controller,由控制层决定转发端口,如图 3-10 所示。

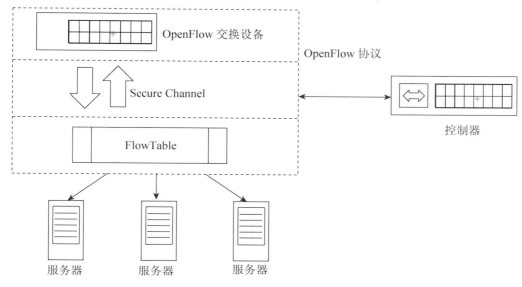

图 3-10　OpenFlow 架构图

(1) 流转发表(Flow Table)。流转发表由很多个流表项组成,每个流表项就是一个转发规则。进入交换机的数据包通过查询流表项来获得转发的目的端口。流表项由头域、计数器和操作组成:其中头域是个十元组,是流表项的标识;计数器用来计数流表项的统计数据;操作标明了与该流表项匹配的数据包应该执行的操作。

(2) 安全通道。安全通道是连接 OpenFlow 交换机到控制器的接口。控制器通过这个接口控制和管理交换机,同时控制器接收来自交换机的事件并向交换机发送数据包。交换机和控制器通过安全通道进行通信,而且所有的信息必须按照 OpenFlow 协议规定的格式来执行。

(3) OpenFlow 协议。OpenFlow 协议用来描述控制器和交换机之间交互所用信息的标准以及控制器和交换机的接口标准。协议的核心部分是用于 OpenFlow 协议信息结构的集合。

3.4.3　大二层网络

作为云计算的核心技术之一,虚拟化在数据中心中已经被广泛应用,服务器虚拟化有效地提高了服务器的利用率,降低能耗,降低运维成本。服务器虚拟化之后,随之产生了新的技术性难题,那就是虚拟机动态迁移,这就给传统的数据中心网络带来了很大的麻烦。为了更大幅度地增大数据中心内业务可靠性,降低 IT 成本,提高业务部署灵活性,降低运维成本,需要虚拟机能够在整个数据中心范围内进行动态迁移。为了解决数据中心的虚拟机动态迁移这一需求，大二层网络技术被提出来应用在数据中心。

所谓虚拟机动态迁移，就是在保证虚拟机上服务正常运行的同时，将一个虚拟机系统从一个物理服务器移动到另一个物理服务器的过程。该过程对于最终用户来说是无感知的，从而使得管理员能够在不影响用户正常使用的情况下，灵活调配服务器资源，或者对物理服务器进行维修和升级。在二层网络下，一旦服务器迁移到其他二层域，就需要变更IP地址，TCP连接等运行状态也会中断，那么这台服务器原来所承载的业务就会中断，而且牵一发动全身，与迁移的虚拟机相连的其他服务器、虚拟机也要变更相应的配置，影响巨大。所以，为了打破这种限制，实现虚拟机的大范围甚至跨地域的动态迁移，就要求把虚拟机迁移可能涉及的所有服务器都纳入同一个二层网络域，这样才能实现虚拟机的大范围无障碍迁移。基于VLAN+STP技术的二层网络，由于技术性的制约条件，可容纳的主机数量受到很大范围的限制。

通过在二层报文前插入额外的帧头，并且采用路由计算的方式控制整网数据的转发，不仅可以在冗余链路下防止广播风暴，而且可以做等价路由。这样可以将二层网络的规模扩展到整张网络，而不会受核心交换机数量的限制。当然这需要交换机改变传统的、基于MAC的二层转发行为，而采用新的协议机制来进行二层报文的转发。通过路由计算方式进行二层报文的转发，需要定义新的协议机制。这些新的协议主要包括TRILL、FCoE、VXLAN，具体介绍如下。

1. TRILL

TRILL(Transparent Interconnection of Lots of Links)是IETF标准组织制定的一项标准技术，通过扩展IS-IS路由协议实现二层路由，它具有以下特点。

(1) 高效转发。TRILL网络中每台设备都以自身节点作为源节点，基于最短路径算法计算到达其他所有节点的最短路径，如果存在多条等价链路，能够在生成单播路由表项时形成负载分担，数据中心"胖树"组网等存在多路径转发时候，能够充分利用网络带宽。相比通过STP进行破坏的传统二层网络，TRILL相当于是数据转发的"多车道"，传统二层网络只是"单车道"。由于TRILL网络中数据报文转发可以实现ECMP和最短路径，因此采用TRILL组网方式可以极大地提高数据中心数据转发效率，提高数据中心网络吞吐量。

(2) 有效环路避免。TRILL协议能够自动选举出分发树的树根节点，每个RB(Router Bridge)节点以分发树树根为源节点，计算到达所有其他RB节点的最短路径，从而能够自动构建整网共享的组播分发树，基于该共享树将整网所有节点连接起来，承载二层未知单播、广播或组播数据报文，避免形成环路。在网络拓扑变化的情况下，节点之间路由收敛有可能不一致，通过RPF检查可以丢弃从错误端口收到的数据报文，避免环路。由于TRILL头部有Hop-Count字段，能够进一步减少临时环路的影响，从而能够进一步有效避免环路风暴，从这个角度来讲，有效环路避免也是TRILL支持大二层网络的原因之一。

(3) 快速收敛。由于传统二层网络 ETH 头部没有 TTL 字段，xSTP 协议收敛机制设计得比较保守，在网络拓扑变化的情况下，收敛速度比较慢，有的情况下甚至需要几十秒时间才能收敛，不能满足数据中心业务的高可靠性要求。TRILL 采用路由协议生成转发表项，并且 TRILL 头部有 Hop-Count 字段能够允许短暂的临时环路，在网络出现节点和链路故障情况下收敛时间比较快。

(4) 部署方便。TRILL 网络部署自动化程度比较高，首先 TRILL 协议配置比较简单，很多配置参数比如 Nickname、System ID 等都可以自动生成，多数协议参数采用默认配置即可；其次，单播、组播统一控制协议时，用户只需要维护一套路由协议，而不是像三层组网中单播和组播需要维护 IGP、PIM 等多套路由协议；最后，TRILL 网络是二层网络，具备传统二层网络即插即用、方便易用的特点。

(5) 容易支持多租户。目前 TRILL 标准采用 VLAN ID 作为租户标识，通过 VLAN 对不同租户流量进行隔离。云计算产业和大二层组网运营处于起步阶段，VLAN ID 的 4K 限制不会形成瓶颈。随着云计算产业的发展，租户标识需要突破 4K 限制，TRILL 后续会演进，通过 Fine Label 来进行租户标识。

(6) 平滑演进。采用 MSTP 传统二层 ETH 技术的网络，可以无缝接入 TRILL 大二层网络，MSTP 网络下挂接的服务器可以和 TRILL 网络下挂接的服务器彼此进行二层通信，VM 可以在整个大二层网络内迁移。

总体上来说，由于 TRILL 具有高效转发、有效环路避免、快速收敛、部署方便、容易支持多租户等特点，基于 TRILL 技术构建的网络架构能够很好地满足云计算时代下数据中心的业务需求。

2. FCoE(FC over Ethernet)

FCoE 采用增强型以太网作为物理网络传输架构，能够提供标准光纤通道的有效内容载荷，避免了 TCP/IP 协议开销，而且 FCoE 能够像标准的光纤通道那样为包括操作系统、应用程序和管理工具等在内的上层软件层服务。

FCoE 可以提供多种光纤通道服务，比如发现、全局名称命名、分区等，而且这些服务都可以像标准的光纤通道那样运作。不过，由于 FCoE 不使用 TCP/IP 协议，因此 FCoE 数据传输不能使用 IP 网络。FCoE 是专门为低延迟、高性能的二层数据中心网络所设计的网络协议。

和标准的光纤通道 FC(Fibre Channel)一样，FCoE 协议也要求底层的物理传输是无损失的。因此，国际标准化组织已经开发了针对以太网标准的扩展协议族，尤其是针对无损 10G 以太网的速度和数据中心架构，这些扩展协议族可以进行所有类型的传输。这些针对以太网标准的扩展协议族被国际标准组织称为"融合型增强以太网(CEE)"。数据中心 FCoE 技术实现在以太网架构上映射 FC 帧，使得 FC 可以运行在一个无损的数据中心以太网络上(需要无损的以太网(CEE/DCE/DCB)，以保证不丢包)。FCoE 技术有以下的一些优点：光纤存储和以太网共享同一个端口；更少的线缆和适配器；软件配置 I/O；与现有的 SAN 环境可以互操作。

3. VXLAN(Virtual Extensible LAN)

普通的 VLAN 数量只有 4096 个，无法满足大规模云计算 IDC 的需求，因为目前大部分 IDC 内部结构主要分为 L2、L3 两种。L2 结构中，所有的服务器都在一个大的局域网里，TOR 透明，L2 不同交换机上的服务器互通依赖 MAC 地址，通信隔离和广播隔离依赖 VLAN，网关在内网核心上。而 L3 结构是从 TOR 级别上就开始用协议进行互联，网关在 TOR 上，不同交换机之间的 IP 地址互通依赖。

在云计算数据中心里，要求服务器做到虚拟化，原来这个服务器挂在 TORA 上，可以随意把它迁移到 TORB 上，而不需要改变 IP 地址，这是 L2 网络的特长。因为这个虚拟服务器和外界(网关之外)通信还靠 L3，但是网关内部互访是走 L2 的，这个在 L3 里是无法做到的。因为 L3 里每个 IP 都是唯一的，地址也是固定的，除非整网段物理搬迁。要在 L3 网络里传输 L2 数据，就需要借助 overlay 技术，因此 VXLAN 诞生了。基于 IP 网络之上，采用 MAC in UDP 技术，本来 OSI 七层模型里就是层次结构，这种和 GRE/IPSEC 等 Tunnel 技术类似，这种封装技术对中间网络没有特殊要求，只要能识别 IP 报文即可进行传送。虚拟机规模受到网络规格的限制，在大 L2 网络里，报文通过查询 MAC 地址转发，MAC 表容量限制了虚拟机的数量。由于网络隔离的限制，普通的 VLAN 和 VPN 配置无法满足动态网络调整的需求，同时配置复杂。虚拟器搬迁受到限制，虚拟机启动后假如在业务不中断的基础上将该虚拟机迁移到另外一台物理机上去，需要保持虚拟机的 IP 地址和 MAC 地址等参数保持不变，这就要求业务网络是一个二层的网络。VXLAN 可以很好地解决这样一个问题。

3.4.4 数据中心网络发展趋势

目前，数据中心的业务和数据部署从分散走向大集中，采用结构化、模块化、层次化的规划设计方法，实现数据中心的功能分区设计，实现数据中心高可靠、高可用、易管理、易扩展的建设目标。具体的网络子系统未来发展趋势，体现在以下几个方面。

1. 自动化网络管理

网络能够自动感知虚拟服务器，并且随着虚拟服务器的迁移和调度，网络位置发生改变，能够自动进行网络重新配置的集中管理和控制。传统网络是静态的，一般只需对单个网络实体进行配置维护。在云计算时代，网络是动态的，需要对多个网络实体一起协调和调度。所以，需要集中地管理和控制平台，以整网粒度而不是以设备粒度进行网络的管理。

2. 扁平化易扩展的网络架构

云计算业务的快速发展，促使数据中心在网络架构上发生巨大变革。随着 IT 用户对高性能计算、数据挖掘、数据存储的需求不断增长，云数据中心的规模变得越来越大。"大数据"需要新处理模式才能具有更强决策力、洞察发现力和流程优化能力的海量、高增长率和多样化的信息资产。大数据具有海量、多样、高速、价值等4个显著的特征，其典型业务架构有分布式架构、服务器集群、并行计算和社交媒体应用。大数据的发展极为迅猛：据 IDC 分析，2015 年全球 Internet 总流量将达到当前的4倍，高达 966EB；Gartner 预计未来5年的企业平均流量将会增长到目前的 800%；全球数据中心 IP 流量年均增长率为 33%，到 2016 年数据总量将增长到 4.8ZB。

由于大数据带来的指数级流量增长，数据中心中 10GE 服务器已经成为主流，数据中心网络互联接口则在向 40GE/100GE 演进。同时，数据中心内部流量占据了绝对主导地位，需要扁平化、易扩展的网络架构，提供无阻塞的高速转发能力。

虚拟化实现了 ICT 资源的逻辑抽象和统一表示，在大规模数据中心建设方面发挥着巨大的作用，是支撑云计算伟大构想的重要技术基石。

3. 可编程网络

在云计算时代，企业要求数据中心具有更强大的虚拟化资源整合能力，以提高资源利用率和协同效率。数据中心虚拟化架构包含了服务器虚拟化、存储虚拟化、网络虚拟化以及网络增值业务虚拟化，而数据中心网络作为所有 ICT 资源的载体，需要整合数据中心内的各种计算、存储和网络资源，做到 ICT 资源按需使用，按需调度。

在云计算时代，IT 业务创新对 CT 网络提出了全新要求。比如，Google 对数据中心之间的网络转发路径进行定制开发，将带宽利用率从 30%提高到近 100%。

传统数据中心网络义，演进速度慢，新业务和新功能往往需要更换设备，面对互联网的快速创新需求，已暴露出业务适应缓慢和部署低效的问题，网络商用速度远远落后于业务需要。为了实现企业 ICT 系统领先对手一步，快速引入新业务和新功能，网络管理员更多地关注用户体验和业务创新，而不被复杂和烦琐的设备问题束缚，网络可编程技术是很好的解决方案。

第 4 章

计算子系统

  计算子系统是数据中心的重要组成部分，随着计算机硬件技术的快速发展以及计算机体系结构的不断创新，计算机硬件系统综合处理能力不断增强。然而，计算能力的快速增长并未带来计算资源利用效率和灵活性的相应提升，反而使计算系统日趋复杂，软件支撑环境类型多、版本多、管理配置困难，这给数据中心计算技术的发展带来了巨大挑战。所以需要有效地组织现有的、不断发展的计算设施及资源，在快速发展的硬件系统、多种类型和版本的软件环境以及多样化的应用需求之间寻找新的平衡点，探索新型计算架构是数据中心计算技术发展的重点。本章从云计算和高性能计算两个方面讨论数据中心计算子系统的架构，并对作为数据中心主要计算载体的服务器进行了详细介绍，最后介绍了计算虚拟化相关技术。

4.1 数据中心计算架构

物理 CPU 处理能力所遵循的摩尔定律在稳定高速地发展，然而人类对计算能力的要求往往超过摩尔定律的发展速度，与此同时，如何提高计算资源使用效率是成为技术关注的重点，这些都离不开软件的协助，离不开不断发展的计算架构。云计算和高性能计算作为主流计算架构，代表着两个不同的发展方向，其中，云计算将计算分布于大量廉价的不同计算机之上，而高性能计算则将多台计算机整合成一台逻辑上的高性能虚拟计算机来使用。

4.1.1 云计算

1. 云计算的概念

2006 年 3 月，亚马逊推出了弹性计算云服务。2006 年 8 月，Google 首席执行官埃里克·施密特在搜索引擎大会上首次提出了"云计算"的概念。

云计算可理解为是一种基于互联网的计算方式，通过这种方式，共享的软硬件资源和信息可以按需提供给计算机和其他设备。云计算并没有一个统一的定义，云计算的领导厂商，依据不同的研究视角给出了对于云计算的不同定义和理解。其中，狭义云计算是指 IT 基础设施的交付和使用模式，通过网络以按需、易扩展的方式获得所需的资源(硬件、平台和软件)。广义云计算是指服务器的交付和使用模式，通过网络以按需、易扩展的方式获得所需的服务，这种服务可以是和软件、互联网相关的，也可以是其他任意的服务。

2. 云计算的逻辑架构

云计算的基本原理是将计算分布在大量不同的计算服务器上，而非本地计算机或者远程服务器中，用户通过互联网访问和管理数据中心，能够将资源切换到需要的系统上，根据需求访问相关资源，云计算的逻辑结构如图 4-1 所示。

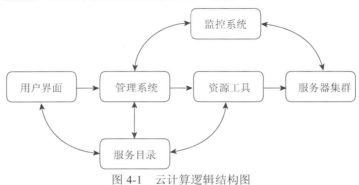

图 4-1　云计算逻辑结构图

(1) 用户界面。作为用户使用云的入口，为用户提供请求服务的交互界面，一般通过 Web 浏览器的方式进行用户注册、登录、配置及管理。

(2) 服务目录。云计算用户在登录认证之后，可以选择的服务列表，包括退订已有服务，一般在用户界面通过图表或者列表的形式进行展现。

(3) 管理系统和资源工具。提供管理和服务，能够管理云平台用户的行为，包括授权、认证、登录等，同时对可用资源和服务进行管理，接受并转发用户需求，只能调度资源部署和回收应用。

(4) 监控系统。监控云计算系统的资源使用，进行负载均衡、节点同步等任务，确保资源被用户合理有效地利用。

(5) 服务器集群。包括物理和虚拟的服务器，是核心的计算资源，能运行云计算系统的应用，处理用户计算请求。

3. 云主算的体系架构

云计算体系架构如图 4-2 所示，共分四层：物理资源层、虚拟池层、管理中间件层和 SOA 构建层。

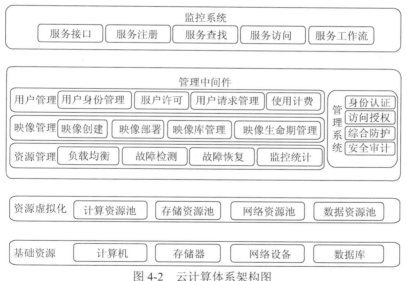

图 4-2　云计算体系架构图

(1) 物理资源层。包括服务器、网络设备、存储设备、数据库软件等。

(2) 资源池层。将大量物理资源同构并池化，形成计算资源池、存储资源池、网络资源池等，关键在于资源的集成和管理工作。

(3) 管理中间件层。主要进行资源和任务的调度，便于更加高效地利用资源并提供服务。同时负责监控、故障检测、安全管理等。

(4) SOA 构建层。用于将计算封装成标准的 Web Service 服务，同时纳入 SOA 管理体系，包括服务注册、查找、访问等。

4. 云计算的关键技术

云计算是通过廉价物理资源的横向扩展，以较低的成本来提供高可靠、高可用、动态可伸缩的个性化服务。云计算的支撑技术主要包括虚拟化、分布式计算、分布式存储技术、服务管理层技术等。

(1) 虚拟化技术

数据中心为云计算提供了大规模的资源。为了实现基础设施服务(IaaS)的按需分配，需要虚拟化技术的支撑。虚拟化技术包括存储虚拟化、计算虚拟化及网络虚拟化等。

在虚拟化技术的众多定义中，虚拟化领导厂商 VMware 指出："虚拟化是一个抽象层，它将物理硬件与操作系统分开，从而提供更高 IT 资源利用率和灵活性。虚拟化允许具有不同操作系统的多个虚拟机在同一物理机上独立并行运行。每个虚拟机都有自己的一套虚拟硬件(例如 RAM、CPU、网卡等)，可以在这些硬件中加载操作系统和应用程序。无论实际采用了什么物理硬件组件，操作系统都将它们视为一组一致的、标准化的硬件。"

计算虚拟化指通过虚拟化技术实现底层物理设备与上层操作系统、软件的分离、去耦合，达到针对个性化需求来高效组织计算资源的目的，并可隔离具体的硬件体系结构和软件系统之间的紧密依赖关系，在动态环境中按需构建计算系统虚拟映像，构造可以适应用户需求的协同普适化任务的执行环境，从而实现透明的可伸缩计算系统架构，以提高计算资源的使用效率，并发挥计算资源的聚合效能。如图 4-3 所示为计算虚拟化的示意图。

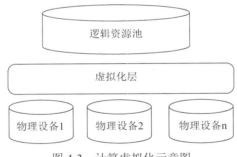

图 4-3　计算虚拟化示意图

(2) 分布式计算技术

分布式计算是为了能够高效地利用计算机的性能，一般采用低成本的硬件资源，把庞大的计算工程进行分割，分配给不同的计算机进行处理，然后把这些计算机单独运算的结果整合起来，得到最终结果。

Google 提出 MapReduce 作为处理或生成大型数据集的编程模型，它是分布式计算的代表。在规范模型中，Map 函数处理键值对，得出键值对的中间集，然后 Reduce 函数会处理这些中间键值对，并合并相关键的值。输入数据使用特定方法进行分区，即在并行处理的计算机集群中分区的方法。使用相同的方法，已生成的中间数据将被并行处理，这是处理大量数据的理想方式。MapReduce 工作原理如图 4-4 所示。

(3) 分布式存储技术

云计算架构中，会产生海量的存储数据，因此需要考虑如何保证存储系统的 I/O 性能，以及文件系统的可靠性和可用性，分布式存储技术应运而生。

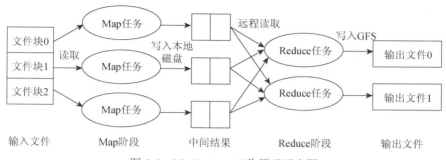

图 4-4　MapReduce 工作原理示意图

与目前常见的集中式存储技术不同，分布式存储技术并不是将数据存储在某个或多个特定的节点上，而是通过网络使用企业中每台机器上的磁盘空间，并将这些分散的存储资源构成一个虚拟的存储设备，数据分散存储在企业的各个角落。

GFS(Google File System)是一个典型的分布式存储技术的应用实例，是 Google 公司为了存储海量搜索数据而设计的专用文件系统。GFS 的新颖之处在于它采用廉价的商用计算机集群构建分布式文件系统，在降低成本的同时经受了实际应用的考验。如图 4-5 所示，一个 GFS 包括一个主服务器(Master)和多个块服务器(Chunk server)，这样一个 GFS 能够同时为多个客户端应用程序(Application)提供文件服务。文件被划分为固定的块，由主服务器安排存放到块服务器的本地硬盘上。主服务器会记录存放位置等数据，并负责维护和管理文件系统，包括块的租用、垃圾块的回收以及块在不同块服务器之间的迁移。此外，主服务器还周期性地与每个块服务器通过消息交互，以监视运行状态或下达命令。应用

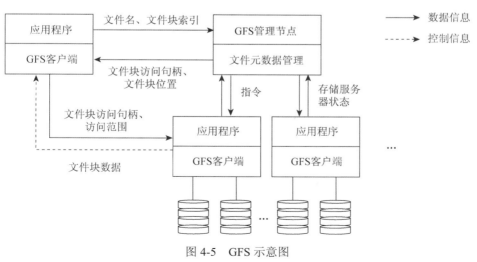

图 4-5　GFS 示意图

程序通过与主服务器和块服务器的交互来实现对应用数据的读/写，应用与主服务器之间的交互仅限于元数据，也就是一些控制数据，其他的数据操作都是直接与块服务器交互的。

(4) 服务管理层技术

为了使云计算核心服务高效、安全地运行，需要相关服务管理技术提供支撑。服务管理技术主要包括：QoS 保证机制、安全与隐私保护技术、资源监控技术、服务计费模型。

- QoS 保证机制。在云计算的构建中，需要考虑云用户的适合度，根据云用户需求确定 QoS 属性集的方法，构建面向云用户请求的服务质量模型和相应实现过程。

- 安全与隐私保护技术。云计算数据的生命周期包括数据生成、数据迁移、数据使用、数据共享、数据存储和数据销毁等阶段，对于不同的数据类型在不同的阶段需要划分不同的隐私等级，提供适当的保护。

- 资源监控技术。全面监控云计算的运行主要涉及三个层面：物理资源层，虚拟资源层和应用层。物理资源层主要监控物理资源的运行状况，比如 CPU 使用率、内存利用率和网络带宽利用率等；虚拟资源层主要监控虚拟机的 CPU 使用率和内存利用率等；应用层主要记录应用每次请求的响应时间(Response Time)和吞吐量(Throughput)，以判断它们是否满足预先设定的 SLA(Service Level Agreement，服务级别协议)。

- 服务计费模型。利用底层监控系统所采集的数据来对每个用户所使用的资源(如所消耗 CPU 的时间和网络带宽等)和服务(如调用某个付费 API 的次数)进行统计，来准确地向用户索取费用，并提供完善和详细的报表。

5. 云计算发展现状及案例

Amazon、Google、IBM、微软等国际大公司是云计算的先行者。在国内，阿里、腾讯、百度、新浪等互联网公司也在云计算方向取得了成功。

(1) Amazon

Amazon 使用弹性计算云(EC2)和简单存储服务(S3)为企业提供计算和存储服务。收费的服务项目包括存储服务器、带宽、CPU 资源以及月租费。月租费与电话月租费类似，存储服务器、带宽按容量收费，CPU 根据时长(小时)运算量收费。

(2) Google

Google 毫无疑问是当前最大的云计算使用者。Google 搜索引擎就建立在分布在 200 多个地点的超过 100 万台服务器的基础之上，这些设施的数量仍在迅猛增长。Google 地球、地图、G-mail、Docs 等服务就部署在这些基础设施之上。目前，Google 已经允许第三方在 Google 的云计算中通过 Google App Engine 运行大型并行应用程序。Google 作为云计算技术的先行者，推动了学术领域的研究。早在 2004 年，Google 以发表学术论文的形式公开了其早期的云计算三大法宝：GFS、MapReduce 和 BigTable。

(3) IBM

IBM 在 2007 年 11 月推出了"改变游戏规则"的"蓝云"计算平台，为客户带来即买即用的云计算平台。它包括一系列的自动化、自我管理和自我修复的虚拟化云计算软件，使来自全球的应用可以访问分布式的大型服务器池，使得数据中心可以在类似于互联网的环境下运行计算。IBM 正在与 17 个欧洲组织合作开展云计算项目——RESERVOIR，该计划以"无障碍的资源和服务虚拟化"为口号，目前欧盟已提供了超过 1 亿欧元的资金支持。

(4) 微软

微软紧跟云计算步伐，于 2008 年 10 月推出了 Windows Azure 操作系统。Azure(译为"蓝天")是继 Windows 取代 DOS 之后，微软的又一次颠覆性转型，其通过在互联网架构上打造新云计算平台，让 Windows 真正由 PC 延伸到"蓝天"上。微软拥有全世界数以亿计的 Windows 用户桌面和浏览器，现在它将它们连接到"蓝天"上。Azure 的底层是微软全球基础服务系统，由遍布全球的第四代数据中心构成。

(5) 百度云

对于大数据的规模大、类型多、价值密度低等特征，百度云平台提供的百度应用引擎(BAE，Baidu App Engine)提供高并发的处理能力，满足处理速度快的要求。

BAE 是百度推出的应用引擎，开发者能够方便地在这个平台上开发网络应用程序。另外它作为平台，将原本单机的 LAMP 架构，变成分布式架构。开发者可以基于 BAE 平台进行 PHP、JAVA 应用的开发、编辑、发布及调试。

(6) 阿里云

弹性计算平台是最为接近传统用户需求的云计算产品，产品包括云服务器(虚拟化服务)和辅助的云负载均衡。阿里云提供云服务器租赁服务，同时支持用户以 API 的方式来灵活构建一个具备伸缩性的服务器架构。阿里云推出弹性计算服务，其弹性云计算平台的五大基本功能基本上可以满足以前 IDC 服务的基本的功能。

相比弹性计算平台，阿里云 ACE 开发者平台进一步为用户简化了网络应用的构建和维护过程。ACE 平台系统基于云计算基础架构的网络应用程序托管环境，可根据应用访问量和数据存储的增长自动扩展。ACE 支持 PHP、Node.js 等语言编写的应用程序，支持在线创建 MySQL 远程数据库应用。

(7) 新浪云

新浪云(SAE，Sina App Engine)从架构上采用分层设计，从上往下分别为反向代理层、路由逻辑层、Web 计算服务池。从 Web 计算服务层延伸出 SAE 附属的分布式计算型服务和分布式存储型服务，具体又分成同步计算型服务、异步计算型服务、持久化存储服务、非持久化存储服务，各种服务统一向日志和统计中心汇报。

SAE 的基本目标用户有两种：一种是 Web 开发者，另一种是普通互联网上网人群。主要提供简单高效的分布式 Web 服务开发平台及运行平台的服务。

(8) 腾讯云

腾讯云是腾讯公司面向企业和个人的公有云平台，主要提供云服务器、云数据库、CDN 和域名注册等基础云计算服务，还提供游戏、视频和移动应用等行业解决方案。

4.1.2　高性能计算

1. 高性能计算概念

高性能计算(HPC，High Performance Computing)指使用多个处理器或者某一集群中的多台计算机的计算系统和环境。HPC 系统类型多种多样，其范围从标准计算机的大型集群到高度专用的硬件。大多数基于集群的 HPC 系统使用高性能网络互连，比如那些来自 InfiniBand 或 Myrinet 的网络互连。基本的网络拓扑和组织可以使用一个简单的总线拓扑，在性能很高的环境中，网状网络系统在主机之间提供较短的潜伏期，所以可改善总体网络性能和传输速率。

2. 高性能计算架构

高性能计算架构的发展经历了 PVP、SMP、NUMA、MPP、Cluster 等几个阶段。

(1) PVP

20 世纪 70 年代出现了第一代高性能计算机——向量计算机，其原理是通过在计算机中加入向量流水部件，从而提高科学计算中向量运算的速度。20 世纪 80 年代，出现的向量多处理机(PVP)通过并行处理进一步提升了运算速度。向量机是当时高性能计算的主流产品，占据高性能计算机 90%以上的市场份额。

(2) SMP

随后对称多处理结构(SMP)出现，它是指服务器中多个 CPU 对称工作，无主次或从属关系。各 CPU 共享相同的物理内存，每个 CPU 访问内存中的任何地址所需时间是相同的，因此 SMP 也被称为一致存储器访问结构(UMA，Uniform Memory Access)。

SMP 最主要的特征是共享，系统中所有资源(CPU、内存、I/O 等)都是共享的，也正是由于这种特征，导致了 SMP 服务器的主要问题，那就是它的扩展能力非常有限。对于 SMP 服务器而言，每一个共享的环节都可能造成 SMP 服务器扩展时的瓶颈，而最受限制的则是内存。由于每个 CPU 必须通过相同的内存总线访问相同的内存资源，因此随着 CPU 数量的增加，内存访问冲突将迅速增加，最终会造成 CPU 资源的浪费，使 CPU 性能的有效性大大降低。实验证明，SMP 服务器 CPU 利用率最好的情况是使用 2～4 个 CPU。如图 4-6 所示是 SMP 架构的示意图。

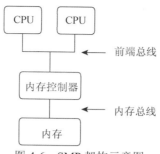

图 4-6　SMP 架构示意图

(3) NUMA

　　由于 SMP 在扩展能力上的限制，人们开始探究如何有效地进行扩展，从而构建大型系统的技术，NUMA 就是这种努力下的结果之一。利用 NUMA 技术，可以把几十个 CPU(甚至上百个 CPU)组合在一个服务器内。NUMA 服务器的基本特征是具有多个 CPU 模块，每个 CPU 模块由多个 CPU(如四个)组成，并且具有独立的本地内存、I/O 槽口等。由于其节点之间可以通过互联模块进行连接和信息交互，因此每个 CPU 可以访问整个系统的内存。显然，访问本地内存的速度将远远高于访问远地内存(系统内其他节点的内存)的速度，这也是非一致存储访问 NUMA 的由来。由于这个特点，为了更好地发挥系统性能，开发应用程序时需要尽量减少不同 CPU 模块之间的信息交互。利用 NUMA 技术，可以较好地解决原来 SMP 系统的扩展问题，在一个物理服务器内可以支持上百个 CPU。

　　但 NUMA 的节点互联机制是在同一个物理服务器内部兼容性非常好，当某个 CPU 需要进行远程内存访问时，它必须等待，这也是 NUMA 服务器无法实现 CPU 增加时性能线性扩展的主要原因。NUMA 架构如图 4-7 所示。

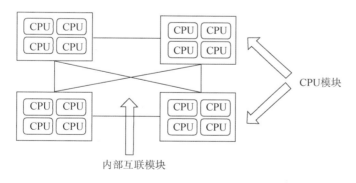

图 4-7　NUMA 架构示意图

(4) MPP

20 世纪 90 年代初，大规模并行处理(MPP)系统开始成为高性能计算机发展的主流。MPP 模式是一种分布式存储器模式，能够将更多的处理器纳入一个系统的存储器。MPP

体系结构对硬件开发商很有吸引力，因为它们出现的问题比较容易解决，开发成本低。由于没有硬件支持内存共享或高速缓存一致性的问题，所以比较容易实现大量处理器的连接。

和 NUMA 不同，MPP 提供了另外一种进行系统扩展的方式，它由多个 SMP 服务器通过一定的节点互联网络进行连接，协同工作，完成相同的任务，从用户的角度来看是一个服务器系统。其基本特征是由多个 SMP 服务器(每个 SMP 服务器称节点)通过节点互联网络连接而成，每个节点只访问自己的本地资源(内存、存储等)，是一种完全无共享(Share Nothing)结构，因而扩展能力最好，理论上其扩展无限制。目前的技术可实现 512 个节点的互联，数千个 CPU 可参与其中。节点互联网仅供 MPP 服务器内部使用，对用户而言是透明的。

在 MPP 系统中，每个 SMP 节点也可以运行自己的操作系统、数据库等，但和 NUMA 不同的是，它不存在异地内存访问的问题。换言之，每个节点内的 CPU 不能访问另一个节点的内存。节点之间的信息交互是通过节点互联网络实现的，这个过程一般称为数据重分配(Data Redistribution)。MPP 架构如图 4-8 所示。

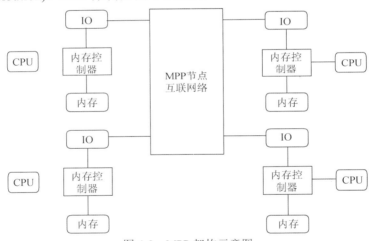

图 4-8　MPP 架构示意图

(5) Cluster

在 MPP 发展的同时，集群系统(Cluster)也迅速发展起来，类似 MPP 结构，集群系统是由多个微处理器构成的计算机节点，通过高速网络互连而成，节点一般是可以单独运行的商品化计算机。由于规模经济成本低，同时继承了 MPP 编程模型，Cluster 发展有后来居上的趋势。Cluster 架构如图 4-9 所示。

3. 高性能计算的互连技术

在多计算机和多处理机中，节点间的消息传递和远程内存访问都需要通过专用的互连网络完成。互连网络的拓扑结构、链路带宽和通信延迟对于并行计算机的性能和并行程序的开发粒度影响非常大。高性能计算机的互连技术分为商用互连和专业互连。

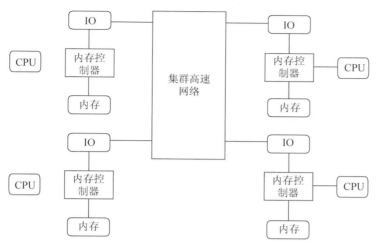

图 4-9　Cluster 架构示意图

Cluster 架构的机器一般采用商用标准互连，商用互连以 InfiniBand 为主。InfiniBand 架构是一种支持多并发连接的"转换线缆"技术，在这种技术中，每种连接都可以达到 2.5Gb/s 的运行速度，其主要设计目的就是修复服务器端的连接问题。因此，InfiniBand 技术将会被应用于服务器与服务器(如复制、分布式工作等)，服务器和存储设备(如 SAN 和直接存储附件)以及服务器和网络之间(比如 LAN，WANs 和 the Internet)的通信。MPP 结构则一般采用各个厂商的专用互连技术。

4. 高性能计算发展现状

当前，国内外的高性能计算机采用的主要是 MPP 架构、Cluster 架构或者两者融合的架构。

全球 TOP500 已经成为衡量高性能计算领域技术实力的一个重要标准。2016 年 6 月份，第 47 届全球顶级高性能计算机 TOP500 榜单出炉，由中国国家并行计算机工程和技术研究中心(NRCPC)研发的神威·太湖之光占据榜首，它是一款新的系统，完全采用中国设计和制造的处理器研制，LINPACK 基准测试测得其运行速度达到每秒 93 千万亿次(93petaflop/s)浮点运算。名列前 10 的高性能计算机如表 4-1 所示。

5. 高性能计算的应用

高性能计算主要用于特定的科学和技术领域以及专业的用户，其在工业、气象、环境等领域得到广泛应用，随着人工智能技术的发展，高性能计算的应用已推广到更多领域。

表 4-1　全球 Top10 高性能计算机排名

排名	名称	架构	来源	性能/petaflop·S^{-1}
1	神威·太湖之光	Sunway MPP	中国无锡	93.01
2	天河二号	TH-IVB-FEP Cluster	中国广州	33.86
3	泰坦	Cray XK7 系统	美国橡树岭实验室	17.59
4	红杉	IBM Blue Gene/Q 系统	美国劳伦斯利弗莫尔国家实验室	16.32
5	Cori	Cray XC40	美国伯克利实验室	14
6	Oakforest-PACS	富士通 Primergy CX1640 M1 Cluster	日本先进高性能计算联合中心	13.6
7	KComputer	SPARC64 系统	日本计算科学高级研究所	10.5
8	PizDaint	Cray XC30	瑞士国家计算中心	9.8
9	Mira	IBM Blue Gene/Q 系统	美国 DOE/SC 国家实验室	8.6
10	Trinity	Cray CX40	美国 DOE/NNSA/LANL/SNL	8.1

(1) 地震、石油勘测

高性能计算机对地震的模拟，使得我们可以更好地对地震进行预测，而其在地球物理学中的应用，则可带来巨大的经济效益。以高性能计算机为平台对石油勘探地震数据进行处理，为提高我国油气资源的保障能力、解决对外依存等问题提供了有力保障。

石油资源是关乎国计民生的重要资源，地震勘探是钻探前勘测石油和天然气资源的重要手段。要把石油、天然气资源尽量多地开采出来，需要利用高性能计算机对数据进行精确处理。地震数据处理的质量和地震成像的准确度与清晰度，直接决定油气资源发现的成败和勘探成功率。

(2) 天气预报、航空航天

气象数值预报一直是高性能计算机的重要应用领域之一，无论是短期天气预报还是长期气候预测，都离不开强大的高性能计算机的支持。

借助高性能计算机预测气候变化，可以减轻极端天气给人类带来的伤害。当前世界，极端气象事件的影响日趋严重，高性能计算机将提供有关发生可能性低但破坏性大的气象事件的预警，对气候变化做出重要研究。

同样，对天气情况的准确预报也需要计算机具备迅速完成大量运算的能力。我国自行设计生产的银河Ⅱ型大型机就曾经被使用于天气预报领域。在 2008 年北京奥运会中，北京气象局也采用了高性能计算机来为北京及周边地区提供精确到小时的天气预报。

(3) 人工智能

如今，高性能计算机的应用触角已延伸到生命科学、人工智能研究等领域。

计算子系统 **04**
借助高性能计算机强大的计算能力，人类研制新药的周期将大大缩短，其应用也将为疾病的治疗提供革命性的方法。目前，军事医学科学院利用高性能计算机进行了以胰岛素受体为靶点的糖尿病新型治疗药物的研发。

高性能计算最后累计了海量经验与技术，从而发展到人工智能这个最贴近人类，又最复杂的难题上，并尝试大规模应用生活各类应用与工作中。尤其是 AlphaGo 围棋人工智能程序，让大家见识了人工智能惊人的威力。而早在很多年前，人类就已不是高性能计算机下象棋的对手了。

具有高性能计算的强大运算能力的人工智能，不但能够对于更多复杂的数据进行分析与判断，在很多领域甚至可以比人做得更好、更省事，甚至带来意想不到的变革。

4.2 服务器

4.2.1 服务器简介

服务器又称 Server，指的是在网络环境中为客户机(Client)提供各种服务的、特殊的专用计算机。在网络中，服务器承担着数据的存储、转发、发布等关键任务，是各类基于客户机/服务器(C/S)模式网络中不可或缺的重要组成部分。服务器是数据中心的主要计算载体。

对于服务器硬件并没有硬性的规定，在中、小型企业，它们的服务器可能就是一台性能较好的 PC 机，不同的只是其中安装了专门的服务器操作系统，俗称 PC 服务器，由它来完成各种所需的服务器任务。由于 PC 机与专门的服务器在性能方面差距较远，所以由 PC 机担当的服务器无论是在网络连接性能，还是在稳定性等其他各方面都不能承担高负荷任务，只适用于小型且任务简单的网络。

服务器是由 PC 机发展过来的，随着网络技术发展，特别是局域网的发展和普及，"服务器"这个中间层次的计算机开始被业界接受，并随着网络的普及和进步不断发展。

服务器的性能往往通过可用性、可利用性、可扩展性和可管理性四个指标来衡量，被称为服务器的 SUMA(即可扩展性——Scalbility、可用性——Usability、可管理性——Manageability、可利用性——Availability)。

1．可用性

作为一台服务器首先要求的是它必须可靠，即"可用性"。因为服务器所面对的是整个网络的用户，而不是本机登录用户，只要网络中有用户，服务器就不能中断。在一些特殊应用领域，服务器需要不间断地工作，它必须持续地为用户提供连接服务，这就是为什么服务器首先必须要求具备极高稳定性能的根本原因。一般来说，企业级的服务器都需要7×24 小时不间断工作。

97

2．可利用性

服务器要为多用户提供服务，没有高速的连接和强大的运算性能是无法运行的，这指的就是服务器"可利用性"。服务器在性能和速度方面也是与普通 PC 机有很大区别的。为了实现高速，一般服务器采用对称多处理器安装、插入大量的高速内存等手段，这就决定服务器在硬件配置方面与普通的计算机有着本质的区别。它的主板上可以同时安装几个甚至几十个、上百个服务器专用 CPU。

3．可扩展性

服务器硬件都是经过专门开发的，不同厂商的服务器具有不同的专项技术，因此服务器的成本和售价也远远高于普通 PC，从数千元到百万或千万级。企业网络也不是一成不变，企业业务要增长，对于服务器的性能需求也会随之增长，因此，服务器应具有良好的扩展性，来满足未来一段时间企业业务扩展的需求。

另一方面来说，服务器的部件和整体系统都针对长时间的持续运行进行了专门设计，良好的扩展性也能让服务器物尽其用，充分发挥作用。服务器的扩展性一般体现在处理器、内存、硬盘以及 I/O 等部分，如处理器插槽数目、内存插槽数目、硬盘托架数目和 I/O 插槽数目等。不过服务器的扩展性也会受到服务器机箱类型的限制，如塔式服务器具备较大的机箱，扩展性一般要优于为密集型部署设计的机架服务器。当然服务器内部的扩展能力终归有限，比如内部存储容量，可以通过连接外置存储的方案解决。

4．可管理性

服务器必须具备一定的自动报警功能，并配有相应的冗余、备份、在线诊断和恢复系统，以便出现故障时及时恢复服务器的运作，即"可管理性"。服务器需要不间断持续工作，但硬件设备都可能有出现故障的情况，因此，需要特定的故障告警能力。服务器生产厂商为了解决这一难题提出了许多新的技术，如冗余技术、系统备份、在线诊断技术、故障预报警技术、内存查纠错技术、热插拔技术和远程诊断技术等，使绝大多数故障能够在不停机的情况得到及时修复。

4.2.2　服务器分类

服务器有多种分类方式，主要包括按照体系架构划分、按照应用层次划分以及按照外观进行划分。

1．按应用层次划分

这是服务器最为普遍的一种划分方法，它主要根据服务器在网络中应用的层次来划分，依据整个服务器的综合性能以及所采用的一些服务器专用技术，可分为入门级服务器、工作组级服务器、部门级服务器和企业级服务器。

(1) 入门级服务器

这类服务器是最基础的一类服务器，这类服务器所包含的服务器特性并不是很多，通常只具备以下几方面特性：

- 有一些基本硬件的冗余，如硬盘、电源、风扇等，但不是必须的。
- 通常采用 SCSI 接口硬盘，现在也有采用 SATA 串行接口的。
- 部分部件支持热插拔，如硬盘和内存等，这些也不是必须的。
- 通常只有一个 CPU，但也有支持到两个处理器的。
- 内存容量不会很大，一般在 1GB 以内，但通常会采用带 ECC 纠错技术的服务器专用内存。

这类服务器主要采用 Windows 或者 NetWare 网络操作系统，可以充分满足办公室中的中小型网络用户的文件共享、数据处理、Internet 接入及简单数据库应用的需求。这种服务器与一般的 PC 机很相似，有很多小型公司干脆就用一台高性能的品牌 PC 机作为服务器，所以这种服务器无论在性能上，还是价格上都与一台高性能 PC 品牌机相差无几。

入门级服务器所连的终端比较有限(通常为 20 台左右)，而且稳定性、可扩展性以及容错冗余性能较差，仅适用于没有大型数据库数据交换，日常工作网络流量不大，无须长期不间断开机的小型企业。

(2) 工作组服务器

工作组服务器是一个比入门级高一个层次的服务器，但仍属于低档服务器。从这个名字也可以看出，它只能连接一个工作组(50 台左右)的用户，网络规模较小，服务器的稳定性要求也不像下面我们要讲的企业级服务器那样高，当然在其他性能方面的要求也相应要低一些。工作组服务器具有以下几方面的主要特点：

- 通常仅支持单或双 CPU 结构，有的能支持到 4 个处理器。
- 可支持大容量的 ECC 内存和增强服务器管理功能的 SM 总线。
- 功能较全面，可管理性强，且易于维护。
- 采用 Intel 的 CPU 和 Windows / NetWare 网络操作系统，但也有一部分是采用 UNIX 系列操作系统的。
- 可以满足中小型网络用户的数据处理、文件共享、Internet 接入及简单数据库应用的需求。

工作组服务器较入门级服务器来说，性能有所提高，功能有所增强，有一定的可扩展性，但容错和冗余性能仍不完善，也不能满足大型数据库系统的应用，价格也比前者贵许多，一般相当于 2~3 台高性能的 PC 品牌机总价。该系列服务器针对小型企业的计算需求和预算而设计，性能和可扩展性使其可以随着应用，如文件和打印电子邮件，订单处理和电子贸易等的需要而扩展。

(3) 部门级服务器

这类服务器是属于中档服务器之列，一般都支持双 CPU 以上的对称处理器结构，具备比较完全的硬件配置，如磁盘阵列、存储托架等。部门级服务器的最大特点就是，除了具有工作组的全部服务器特点外，还集成了大量的监测及管理电路，具有全面的服务器管理能力，可监测如温度、电压、风扇、机箱等状态参数，结合标准服务器管理软件，使管理人员能够及时了解服务器的工作状况。同时，大多数部门级服务器具有优良的系统扩展性，能够满足用户在业务量迅速增大时及时在线升级系统，充分保护用户的投资。它是企业网络中分散的各基层数据采集单位与最高层的数据中心保持顺利连通的必要环节，一般为中型企业的首选，也可用于金融、邮电等行业。

部门级服务器一般采用 IBM、SUN 和 HP 各自开发的 CPU 芯片，这类芯片一般是 RISC 结构，所采用的操作系统一般是 UNIX 系列操作系统，现在的 Linux 也在部门级服务器中得到了广泛应用。以前能生产部门级服务器的厂商通常只有 IBM、HP、SUN 等几家，不过随着其他服务器厂商开发技术的提高，现在能开发、生产部门级服务器的厂商比以前多了许多。国内也有好几家厂商具备这个实力，如联想、华为等。当然因为并没有一个行业标准来规定什么样的服务器配置才能算得上部门级服务器，所以现在也有许多实力并不雄厚的企业也声称其拥有部门级服务器，但其产品配置基本上与入门级服务器没什么差别。

部门级服务器可连接 100 个左右的计算机用户，适用于处理速度和系统可靠性高一些的中小型企业网络，其硬件配置相对较高，可靠性比工作组服务器要高一些，当然其价格也较高(通常为 5 台左右高性能 PC 机价格总和)。由于这类服务器需要安装比较多的部件，所以机箱通常较大，多采用机柜式机箱。

(4) 企业级服务器

企业级服务器是属于高档服务器行列，正因如此，能生产这种服务器的企业也不是很多，但同样因没有行业标准硬件规定企业级服务器需达到什么水平，所以现在也看到了许多本不具备开发、生产企业级服务器水平的企业声称自己有了企业级服务器。企业级服务器最起码是采用 4 个以上 CPU 的对称处理器结构，有的高达几十个。另外一般还具有独立的双 PCI 通道和内存扩展板设计，具有高内存带宽、大容量热插拔硬盘和热插拔电源、超强的数据处理能力和群集性能等。这种企业级服务器的机箱就更大了，一般为机柜式的，有的还由几个机柜来组成，像大型机一样。

企业级服务器产品除了具有部门级服务器全部服务器特性外，最大的特点就是它还具有高度的容错能力、优良的扩展性能、故障预报警功能、在线诊断和 RAM、PCI、CPU 等具有热插拔性能。有的企业级服务器还引入了大型计算机的许多优良特性。这类服务器所采用的芯片也都是几大服务器开发、生产厂商自己开发的独有 CPU 芯片，所采用的操作系统一般也是 UNIX(Solaris)或 Linux。企业级服务器适合运行在需要处理大量数据、高处理速度和对可靠性要求极高的金融、证券、交通、邮电、通信或大型企业。

企业级服务器用于联网计算机在数百台以上、对处理速度和数据安全要求非常高的大型网络。企业级服务器的硬件配置最高，系统可靠性也最强。

2．按外观划分

服务器按照外观一般分为机架式、塔式、刀片式以及机柜式服务器四种。

(1) 机架式服务器

机架式服务器的外形看来不像计算机，而像交换机，有 1U(1U=1.75 英寸=4.445 厘米)、2U、4U 等规格。机架式服务器安装在标准的 19 英寸机柜里面，这种结构的多为功能型服务器。如图 4-10 所示是一台标准 2U 的机架式服务器。

图 4-10　机架服务器外观图

对于信息服务企业(如 ISP/ICP/ISV/IDC)而言，选择服务器时首先要考虑服务器的体积、功耗、发热量等物理参数，因为信息服务企业通常使用大型专用机房来统一部署和管理大量服务器资源，机房通常设有严密的保安措施、良好的冷却系统以及多重备份的供电系统，其机房的造价相当昂贵。如何在有限的空间内部署更多的服务器直接关系到企业的服务成本，通常选用机械尺寸符合 19 英寸工业标准的机架式服务器。显然 1U 的机架式服务器最节省空间，但性能和可扩展性较差，适合一些业务相对固定的使用领域。4U 以上的产品性能较高，可扩展性好，一般支持 4 个以上的高性能处理器和大量的标准热插拔部件。管理也十分方便，厂商通常提供相应的管理和监控工具，适合大访问量的关键应用，但其体积较大，空间利用率不高。

(2) 刀片式服务器

所谓刀片服务器(准确地说，应叫做刀片式服务器)是指在标准高度的机架式机箱内可插装多个卡式的服务器单元，实现高可用和高密度。每一块"刀片"实际上就是一块系统主板。它们可以通过"板载"硬盘启动自己的操作系统，如 Windows NT/2000、Linux 等，类似于一个个独立的服务器。在这种模式下，每一块母板运行自己的系统，服务于指定的不同用户群，相互之间没有关联，因此相较于机架式服务器和机柜式服务器，单片母板的性能较低。不过，管理员可以使用系统软件将这些母板集合成一个服务器集群。在集群模式下，所有的母板可以连接起来，以提供高速的网络环境，并同时共享资源，为相同的用户群服务。在集群中插入新的"刀片"，就可以提高整体性能。而由于每块"刀片"都是热插拔的，所以，系统可以轻松地进行替换，并且将维护时间减少到最小。如图 4-11 所示是一台刀片服务器，最多可插入 10 个刀片。

图 4-11　刀片服务器外观图

(3) 塔式服务器

塔式服务器应该是大家见得最多，也最容易理解的一种服务器结构类型。它的外形以及结构跟我们平时使用的立式 PC 差不多，当然，由于服务器的主板扩展性较强，插槽也多出很多，所以个头比普通主板大一些，因此塔式服务器的主机机箱也比标准的 ATX 机箱要大，一般都会预留足够的内部空间以便日后进行硬盘和电源的冗余扩展。如图 4-12 所示是一台塔式服务器，外观与家用台式机非常类似。

由于塔式服务器的机箱比较大，服务器的配置也可以很高，冗余扩展更可以很齐备，所以它的应用范围非常广，应该说使用率最高的一种服务器就是塔式服务器。我们平时常说的通用服务器一般都是塔式服务器。它可以集多种常见的服务应用于一身，不管是速度型应用还是存储型应用都可以使用塔式服务器来解决。

(4) 机柜式服务器

一些高档企业服务器内部结构复杂，设备较多，有的还具有许多不同的设备单元或几个服务器都放在一个机柜中，这种服务器就是机柜式服务器。机柜式服务器通常由机架式、刀片式服务器再加上其他设备组合而成。如图 4-13 是一组机柜式服务器。

图 4-12　台式服务器外观图　　　　　图 4-13　机柜服务器外观图

机柜式服务器主要应用在证券、银行、邮电等企业，采用具有完备的故障自修复能力的系统，关键部件采用冗余措施，关键业务使用的服务器也可以采用双机热备份高可用系统或者是高性能计算机，从而保证系统的高可用性。

3．按体系架构划分

(1) 非 x86 服务器。非 x86 服务器包括大型机、小型机和UNIX服务器，它们是使用RISC(精简指令集)或EPIC(并行指令代码)处理器，并且主要采用 UNIX 和其他专用操作系统的服务器，精简指令集处理器主要有 IBM 公司的 Power 和 PowerPC 处理器、SUN 与富士通公司合作研发的SPARC 处理器、EPIC 处理器(主要是 Intel 研发的安腾处理器)等。这种服务器价格昂贵，体系封闭，但是稳定性好，且性能强，主要用在金融、电信等大型企业的核心系统中。

(2) x86 服务器。x86 服务器又称 CISC(复杂指令集)架构服务器，即通常所讲的 PC 服务器，它是基于 PC 机体系结构，使用 Intel 或其他兼容 x86 指令集的处理器芯片和Windows操作系统的服务器。价格便宜，兼容性好，稳定性较差，且安全性不算太高，主要用在中小企业和非关键业务中。

4.2.3　服务器组件

1．CPU

服务器 CPU 主要分为两种：CISC 型 CPU 和 RISC 型 CPU。

(1) CISC 型 CPU

CISC 是 Complex Instruction Set Computing 的缩写，即"复杂指令集"，它指的是英特尔生产的 x86 系列 CPU 及其兼容CPU(如 AMD 等品牌的 CPU)，它基于PC 机体系结构。这种CPU 包含 32 位和 64 位两种结构。CISC 型 CPU 目前主要有 Intel 的服务器 CPU 和AMD 的服务器 CPU 两类。

(2) RISC 型 CPU

RISC 是 Reduced Instruction Set Computing 的缩写，即"精简指令集"。RISC 是在 CISC (Complex Instruction Set Computing)指令系统的基础上发展而来的，复杂的指令系统增加了微处理器的复杂性，处理器的研发周期长。正是由于这些原因，20 世纪 80 年代 RISC 型 CPU 诞生了，与 CISC 型 CPU 相比，RISC 型 CPU 精简了指令系统，增加了并行处理能力。目前市场上的中高档服务器多采用这一指令系统的 CPU。RISC 指令系统的服务器一般采用 UNIX 系统，现在 Linux 也属于类 UNIX 的操作系统。RISC 型 CPU 与 Intel 和 AMD 的CPU 在软件和硬件上都不兼容。

目前，RISC 指令的 CPU 主要有以下几类：

* PowerPC 处理器

- SPARC 处理器
- PA-RISC 处理器
- MIPS 处理器
- Alpha 处理器

x86 架构的处理器由于成本低廉，兼容性好，性能足够，逐渐成为了主流的服务器 CPU 架构，目前市场上最多的也是 x86 架构的服务器。这里详细举例介绍一下 x86 架构的 CPU。

前文提到，x86 架构 CPU 主要有 Intel 和 AMD 两种。AMD 的服务器 CPU 主要是 Opteron(皓龙)系列的，市场占有率与 Intel 相比有较大差距。Intel 主要有 E3、E5、E7 共 3 个不同档次的 Xeon(至强)系列服务器 CPU，Xeon "E 系列"的这种命名方式有些类似桌面上的 Core i3、i5、i7，性能和价格依次递增，Intel 的 E 系列 CPU 命名规则如图 4-14 所示。

这里以 Intel 的 E5—2640v3 为例详细介绍一下 CPU 的一些基本概念及命名规则。首先，E5 对应 Xeon 的 E5 系列 CPU，连字符后边第 1 个数字 2 代表处理器最多支持的并行路数，一般有 1、2、4、8 等规格，分别对应单路、双路、四路、八路，很明显，E5—2640v3 是一款双路 CPU，只能用于双路服务器主板上。连字符后边的第 2 个数字 6，代表处理器的封装接口形式，有 2、4、6、8 等规格，其中 2 对应 Socket H2(LGA 1155)、4 对应 Socket B2(LGA 1356)、6 对应 Socket R(LGA 2011)、8 对应 Socket LS(LGA 1567)，可以看出现在列举的这款 E5—2640v3 的 CPU 使用的是 Socket R(LGA 2011)的封装形式。连字符后第 3 和第 4 位代表编号序列，一般是数字越大，产品性能越高，价格也更贵。至于最后的 v3 代表修订的版本号。

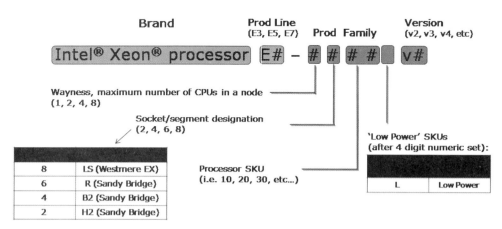

图 4-14　IntelCPU 命名图

CPU 主要有以下几个关键参数。

(1) 主频

主频也叫时钟频率，单位是兆赫(MHz)或千兆赫(GHz)，用来表示 CPU 的运算、处理数据的速度。通常，主频越高，CPU 处理数据的速度就越快。

CPU 的主频=外频×倍频系数。主频和实际的运算速度存在一定的关系，但并不是一个简单的线性关系。所以，CPU 的主频与 CPU 实际的运算能力是没有直接关系的，主频表示在 CPU 内数字脉冲信号震荡的速度。

(2) 外频

外频是 CPU 的基准频率，单位是 MHz。CPU 的外频决定着整块主板的运行速度。对于 PC 机来说，所谓的超频，都是超 CPU 的外频(当然一般情况下，CPU 的倍频都是被锁住的)。对于服务器 CPU 来讲，超频是绝对不允许的。前面说到 CPU 决定着主板的运行速度，两者是同步运行的，如果把服务器 CPU 超频了，改变了外频，会产生异步运行(服务器主板一般不支持异步运行)，这样会造成整个服务器系统的不稳定。

绝大部分电脑系统中外频与主板前端总线不是同步速度的，而外频与前端总线(FSB)频率又很容易被混为一谈。

(3) 总线频率

前端总线(FSB)是将 CPU 连接到北桥芯片的总线。前端总线频率(即总线频率)直接影响 CPU 与内存。直接数据交换速度可以用一个公式计算，即数据带宽=(总线频率×数据位宽)÷8，数据传输最大带宽取决于所有同时传输的数据的宽度和传输频率。比如，支持 64 位的至强 Nocona，前端总线是 800MHz，按照公式，它的数据传输最大带宽是 6.4GB/s。

外频与前端总线频率的区别：前端总线的速度指的是数据传输的速度，外频是 CPU 与主板之间同步运行的速度。也就是说，100MHz 外频特指数字脉冲信号在每秒钟震荡一亿次；而 100MHz 前端总线指的是 CPU 每秒钟可接受的数据传输量是 100MHz×64bit÷8bit/Byte=800MB/s。

(4) 倍频系数

倍频系数是指 CPU 主频与外频之间的相对比例关系。在相同的外频下，倍频越高，CPU 的频率也越高。但实际上，在相同外频的前提下，高倍频的 CPU 本身意义并不大。这是因为 CPU 与系统之间数据传输速度是有限的，一味追求高主频而得到高倍频的 CPU 就会出现明显的"瓶颈"效应——CPU 从系统中得到数据的极限速度不能够满足 CPU 运算的速度。

(5) 缓存

缓存大小也是 CPU 的重要指标之一，而且缓存的结构和大小对 CPU 速度的影响非常大，CPU 内缓存的运行频率极高，一般是和处理器同频运作，工作效率远远大于系统内存和硬盘。实际工作时，CPU 往往需要重复读取同样的数据块，而缓存容量的增大，可以大幅度提升 CPU 内部读取数据的命中率，而不用再到内存或者硬盘上寻找，以此提高系统性能。但是从 CPU 芯片面积和成本的因素来考虑，其缓存都很小。

- L1 Cache(一级缓存)：是 CPU 第一层高速缓存，分为数据缓存和指令缓存。内置的 L1 高速缓存的容量和结构对 CPU 的性能影响较大，不过高速缓冲存储器均由静态 RAM 组成，结构较复杂，在 CPU 管芯面积不能太大的情况下，L1 级高速缓存的容量不可能做得太大。一般服务器 CPU 的 L1 缓存的容量通常在 32～256KB。

- L2 Cache(二级缓存)：是 CPU 的第二层高速缓存，分内部和外部两种芯片。内部的芯片二级缓存运行速度与主频相同，而外部的二级缓存则只有主频的一半。L2 高速缓存容量也会影响 CPU 的性能，原则是越大越好，以前家庭用 CPU 容量最大的是 512KB，笔记本电脑中可以达到 2MB，而服务器和工作站用 CPU 的 L2 高速缓存更高，可以达到 8MB 以上。

- L3 Cache(三级缓存)：分为两种，早期的是外置，降低内存延迟，同时提升大数据量计算时处理器的性能。而在服务器领域增加 L3 缓存，在性能方面仍然有显著的提升。比如具有较大 L3 缓存的配置利用物理内存会更有效，故它可以比慢的磁盘 I/O 子系统处理更多的数据请求。具有较大 L3 缓存的处理器提供更有效的文件系统缓存行为及较短消息和处理器队列长度。

2. 内存

服务器内存与普通 PC 机内存在外观和结构上没有什么明显实质性的区别，主要是在内存上引入了一些新的特有的技术，如 ECC、ChipKill、热插拔技术等，从而具有极高的稳定性和纠错性能。

内存的发展经历了从 EDO 内存，到 SDRAM 内存，再到目前主流的 DDR 内存几个阶段。DDR 是 Double Data Rate 的缩写，与传统的单数据速率相比，DDR 技术可在一个时钟周期内进行两次读/写操作，即在时钟的上升沿和下降沿分别执行一次读/写操作。DDR 主要有 4 代内存，如图 4-15 所示。

- DDR 内存：工作频率 266MHz，最高 400MHz。
- DDR2 内存：工作频率 400MHz，最高 800MHz。
- DDR3 内存：工作频率 1333MHz，最高可达到 1866MHz。
- DDR4 内存：工作频率 2133MHz，最高可达到 4266MHz。

目前服务器常用的内存，基本是 DDR4 的，根据所采用的技术主要分为 3 种：

(1) ECC(Error Checking and Correcting，错误检查和纠正)内存。一般 Intel 3XXX 系列主板使用此内存条。

(2) Reg-DIMM(带寄存器 Register 芯片)和 unbuffered ECC(不带缓存)。带有 Register 的内存一定带 Buffer(缓冲)，并且能见到的 Register 内存也都具有 ECC 功能，其主要应用在中高端服务器及图形工作站上。

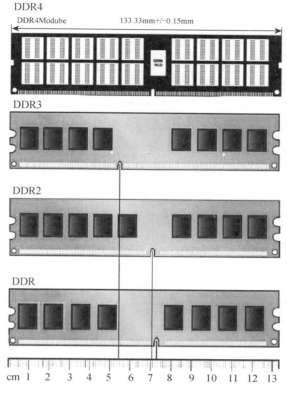

图 4-15　4 代 DDR 内存对比图

(3) FB-DIMM(Fully Buffered-DIMM，全缓冲内存模组内存)FB-DIMM 另一特点是增加了一块称为 AMB(Advanced Memory Buffer)的缓冲芯片。这款 AMB 芯片可实现数据传输控制、并-串数据互换，FB-DIMM 实行串行通信呈多路并行主要靠 AMB 芯片来实现。如 Intel 5XXX 系列主板使用此内存条。

3．硬盘

对于用户来说，服务器上的数据价值最高，而硬盘作为数据存储的媒介，可靠性非常重要。目前服务器硬盘按照接口分为 7 种。

(1) SAS。SAS 硬盘协议有两类，即 SAS 1.0 及 SAS 2.0 接口，SAS 1.0 接口传输带宽为 3.0GB/S，转速有 7.2krpm、10krpm 和 15krpm 之分，盘尺寸有 2.5 寸及 3.5 寸两种。目前该接口类型硬盘逐渐被 SAS2.0 接口硬盘取代。SAS2.0 接口硬盘传输带宽为 6.0Gb/s，转速为 10krpm 和 15krpm，常见容量包括 300GB、600GB、900GB。

(2) SCSI。传统服务器老传输接口，转速为 10krpm、15krpm。但是由于受到线缆及其阵列卡和传输协议的限制，该盘片有固定的插法，例如要顺着末端接口开始插第一块硬盘，没有插硬盘的地方要插硬盘终结器等。该盘只有 3.5 寸版，现已经完全停止发售，常见转速为 10krpm。

(3) NLSAS。NLSAS 硬盘片专业翻译为近线 SAS。由于 SAS 盘价格高昂，容量大小有限，LSI 等厂家就采用通过二类最高级别检测的 SATA 盘片进行改装，采用 SAS 的传输协议，形成市场上一种高容量、低价格的硬盘。市场上现在单盘最大容量为 3TB，尺寸分为 2.5 寸和 3.5 寸两种。

(4) FDE/SDE。FDE/SDE 硬盘体前者为 IBM 研发的 SAS 硬件加密硬盘，该盘体性能等同于 SAS 硬盘，但是由于本身有硬件加密系统，可以保证涉密单位数据不外泄，该盘主要用于高端 2.5 寸存储及 2.5 寸硬盘接口的机器上。SDE 盘雷同，只是厂家不一样。

(5) SSD。SSD 硬盘为固态硬盘，与 PC 不同的是，该盘采用一类固态硬盘检测系统检测出场，并采用 SAS2.0 协议进行传输，该盘的性能将近是个人零售 SSD 硬盘的数倍以上。服务器业内主要供货的产品均在 300GB 单盘以下。

(6) FC 硬盘。FC 硬盘主要用于以光纤为主要传输协议的外部 SAN 上，由于盘体双通道，又是 FC 传输，传输带宽为 2Gb/s、4Gb/s、8Gb/s 共 3 种，传输速度快。SAN 上的 FC 磁盘数量越多，IOPS(同写同读并发连接数)越高。

(7) SATA 硬盘。用 SATA 接口的硬盘又叫串口硬盘，是 PC 机硬盘的主流发展方向，因为其有较强的纠错能力，错误一经发现能自动纠正，这样就大大提高了数据传输的安全性。新的 SATA 使用了差动信号系统(Differential Signal Amplified System)。这种系统能有效地将噪声从正常信号中滤除，良好的噪声滤除能力使得 SATA 只要使用低电压操作即可，和 ParallelATA 高达 5V 的传输电压相比，SATA 只要 0.5V(500mV)的峰值电压即可操作。常见转速为 7200rpm。

硬盘的关键参数有以下 6 种。

(1) 容量。机械硬盘内部往往有多个叠起来的磁盘片，硬盘容量关系到存储数据的多少，硬盘容量=单碟容量×碟片数，单碟容量对硬盘的性能也有一定的影响，单碟容量越大，硬盘的密度越高，磁头在相同时间内可以读取到更多的信息，这就意味着读取速度得以提高。目前容量较大的硬盘一般采用 SATA 或者 NLSAS 接口，其单盘存储容量可达 8TB 以上。

(2) 转速。机械硬盘转速对硬盘的数据传输率有直接的影响，从理论上说，转速越快越好，因为较高的转速可缩短硬盘的平均寻道时间和实际读写时间，从而提高在硬盘上的读写速度。可任何事物都有两面性，在转速提高的同时，硬盘的发热量也会增加，它的稳定性就会有一定程度的降低。所以说我们应该在技术成熟的情况下，尽量选用高转速的硬盘。目前转速比较高的硬盘一般是 SAS 接口的硬盘，有 10krpm、15krpm 等规格。

(3) IOPS。硬盘的 IOPS 指的是每秒可以进行的 I/O 次数，IOPS 随着上层应用的不同会有比较大的变化，但它仍然可以作为衡量硬盘性能的一个关键指标。

(4) 传输速率。硬盘的传输速率包括外部传输速率和内部传输速率，内部传输速率指硬盘实际最大读/写速率，外部传输速率指的是硬盘外部的接口速率，一般硬盘的外部接口速率大于内部读/写速率，所以硬盘性能的瓶颈在于内部传输速率。

(5) 尺寸。分为 2.5 寸和 3.5 寸两种规格。

(6) 是否支持热插拔。指是否可以在设备加电的情况下插拔硬盘。

4．RAID 卡

RAID(Redundant Arrays of Independent Disks)，字面意思是"独立磁盘构成的具有冗余能力的阵列"。简单地说，RAID 能一种把多块独立的物理硬盘按不同方式组合起来形成一个逻辑硬盘，从而使单个硬盘有着更高的性能，并可提供数据冗余。

RAID 技术的实现就依赖于 RAID 卡，目前主流服务器一般会在主板上集成 RAID 卡，或者配备独立的 RAID 卡，不同的 RAID 卡支持的 RAID 级别也不同，主流的 RAID 级别包括 RAID 0、RAID 1、RAID 5、RAID 10 等。

5．网卡

服务器依赖于网络提供服务，所以网卡是服务器必不可少的组成部分，常见的服务器网卡单块网卡一般会有多个网口，例如双口网卡、四口网卡等。按照带宽不同可分为 100Mb/s、1000Mb/s、10GMb/s 网卡等几种，100Mb/s 网卡多用于 PC 机，1GMb/s 网卡和 10GMb/s 网卡多用于服务器。

6．风扇及电源模块

服务器电源模块用于支持服务器的电力负载，一般会配备冗余电源模块，防止电源故障，市场上常见的服务器电源包括 300W、400W、550W、750W 等；而风扇用于服务器散热，同样配备有冗余。

4.2.4　服务器与 PC 机的区别

服务器和 PC 机的差别表现在各个方面，两者 CPU、多处理器、主板、总线系统、网络性能、磁盘存储性能、内存系统、散热系统和操作系统等都有很大不同。

(1) 外观。服务器与台式机有较大差异。

(2) CPU。与台式机相比较，服务器的 CPU 主频较低，Cache 较大，更稳定。采用多 CPU 并行处理结构，即一台服务器/工作站中安装 2、4、8 等多个 CPU(必须是偶数个)；对于服务器而言，多处理器可用于数据库处理等高负荷、高速度的应用。

(3) 内存。为适应长时间、大流量的高速数据处理任务，在内存方面，服务器/工作站主板能支持高达十几 GB 甚至几十 GB 的内存容量，而且大多兼容支持 ECC 等纠错技术的内存以提高可靠性。

(4) 主板。服务器的主板具有较多的插槽，有较强的扩展性，以避免企业服务器很快被淘汰。

(5) 总线系统。通常来说，服务器的总线速度较快，并且对于磁盘、存储系统有更高的要求。

(6) 磁盘存储系统。服务器的磁盘存储系统支持多种接口的硬盘，使用 RAID 卡组成阵列。

(7) 网络性能。服务器的网卡稳定性、吞吐能力及多系统的负载均衡能力更优异。

(8) 散热系统。服务器机箱空间大，便于扩展，有更大的扩充余地。

(9) 电源模块。服务器一般配备有冗余电源。

(10) 操作系统。服务器有专用的操作系统。

(11) 可管理性。从软、硬件的设计上，服务器具备较完善的管理能力。多数服务器在主板上集成了各种传感器，用于检测服务器上的各种硬件设备，同时配合相应管理软件，可以远程监测服务器，从而使网络管理员对服务器系统进行及时有效的管理。有的管理软件可以远程检测服务器主板上的传感器记录的信号，对服务器进行远程的监测和资源分配。

4.2.5　服务器主流厂商

受益于信息化渗透率的不断提升以及互联网行业的快速发展，中国服务器市场保持稳步增长。国内云计算市场的进一步发展与成熟以及公有云、私有云建设规模的快速增长，有力促进服务器需求的不断增多。在移动支付、OTO 应用、社交网络等移动互联浪潮的推动下，互联网应用呈现爆发式增长，也为服务器市场带来更多机遇。在国家"自主可控"发展战略下，国产服务器市场规模有着突飞猛进的发展。在此选取国内及国外的 3 个主流服务器厂商进行介绍。

1．联想

2014 年 1 月，联想集团发布公告称，已与 IBM 签订协议，以 23 亿美元收购 IBM X86 服务器硬件及相关服务维护业务。2014 年 1 月 23 日下午，联想集团发布公告称，已与 IBM 签订协议，以 23 亿美元收购 IBM X86 服务器硬件及相关服务维护业务。2005 年，联想以 12.5 亿美元收购了 IBM 的 PC 业务。联想是开展国际化业务的中国企业代表，IBM 两次出售硬件业务的行为也宣示着 IT 业的变革。

联想的主要产品包括以下 3 类。

(1) 塔式服务器。包括 ThinkServer TD 系列(如 TD350)、ThinkServer TS 系列(如 TS550)、SystemX 系列(如 X3500)。

(2) 机架式服务器。包括 ThinkServer RD 系列(如 RD650)、ThinkServer RQ 系列(如 RQ940)、ThinkServer RS 系列(如 RS240)。

(3) 刀片式服务器。包括 FlexSystem X 系列(如 X240)等。

如图 4-16 所示是联想机架服务器 ThinkServer RD650 打开机箱的实物图，它的详细配置如下：

- 机箱形态：ThinkServer RD6508×2.5＋2×2.5 系列 2U 机架式。

- 处理器：英特尔®至强®处理器四核 E5—2609 v3，主频为 1.9GHz。
- Cache：15MB。
- 内存：1×4GB，DDR4 2133 内存，最大可拓展 768GB。
- RAID：标配 R510i 阵列控制器，支持 SATA/SAS Raid0/1/10，可选用 Raid5/50 升级密钥。
- 硬盘：1×300GB，热插拔，SAS2.5 寸硬盘(10 000pm)，最大可拓展到 31.2TB 存储空间。
- 网卡：板载 4 口 1Gb/s AnyFabric 网络适配器，可选双口 10Gb/s 网络适配器或双口 16Gb/s 光纤通道卡。

图 4-16　联想服务器实物图

- 光驱：超薄 DVD-ROM。
- 上架导轨：标配高承重滑动导轨。
- 电源：标配 550W 铂金单电源，可选 1＋1 冗余。

2．戴尔

戴尔在中国服务器市场的根基不错，主要因为戴尔在产品的质量、做工以及性价比方面的优势。

Dell 服务器产品主要有以下 3 类。

(1) 塔式服务器。包括 PowerEdge T 系列(如 T630)。

(2) 机架式服务器。包括 PowerEdge R 系列(如 R730)、PowerEdge C 系列(如 C8220)。

(3) 刀片式服务器。包括 PowerEdge M 系列(如 M830)。

这里选取 Dell 的 PowerEdge R730 进行介绍，如图 4-17 所示是 R730 的实物图，具体配置如下。

- 机箱形态：Dell PowerEdge R730 系列 2U 机架。
- 处理器：英特尔®至强®处理器四核 E5—2600 v4 系列。
- Cache：15MB。

- 内存: 最高可配 1.5TB(24 个 DIMM 插槽), 4GB/8GB/16GB/32GB/64GB DDR4。
- RAID: 内部 PERC S130、PERC H330、PERC H730、PERC H730P, 外部 PERC H830。
- 硬盘: 16 个 2.5 寸硬盘——最高可配 29TB(配 1.8TB 热插拔 SAS 硬盘), 8 个 3.5 寸硬盘–最高可配 64TB(配 8TB 热插拔近线 SAS 硬盘)。
- 网卡: 4 个 1Gbps 端口, 2 个 1Gb/s+2 个 10Gb/s 端口, 4 个 10Gb/s 端口。
- 光驱: 无光驱。
- 上架导轨: 标配高承重滑动导轨。
- 电源: 750W 交流电源, 86mm(白金认证)。

图 4-17 戴尔服务器实物图

3. 华为

华为的实力不容小看, 其进入市场后基本上处于"碾压"发展。服务器市场不太明显, 但在存储市场表现尤其明显, 短短几年时间, 华为依靠价格战等方式, 跃升中国市场第二。华为的优势在于, 研发投入大。市场运作较强以及不错的渠道生态建设。

华为服务器主要产品有以下 3 类。

(1) 小型机。包括 KunLun 系列开放架构小型机(如 Kunlun 9008)。

(2) 机架式服务器。包括 FusionServer RH 系列(如 RH5885H)。

(3) 刀片式服务器。包括 FusionServer CH 系列(如 CH242)。

华为 Fusion Server RH5885H 的实物图如图 4-18 所示, 详细配置如下。

图 4-18 华为服务器实物图

- 形态: 4U 4 路机架服务器。
- 处理器: 英特尔®至强®E7—4800 v3/v4 和 E7—8800 v3/v4 系列处理器。

- 内存：96 个 DIMM 插槽。
- 本地存储：8 个或者 23 个 2.5 英寸 SAS/SATA/SSD 硬盘，或者 8 个 2.5 英寸 SAS/SATA/SSD 硬盘＋4 个 2.5 英寸 NVMe 盘。
- RAID：支持 RAID 0、1、5、6、10、50、60 等，可选配超级电容或者 BBU 电池保护模块。
- 板载网络：可选配 2 个 GE、4 个 GE 或 2 个 10GE 接口。
- PCI-E 扩展：最多支持 17 个 PCI-E 扩展插槽(含 1 个 RAID 专用)。
- 风扇：5 个热插拔对旋风扇，支持 N＋1 冗余。
- 电源：热插拔电源模块，支持 1＋1 或 2＋2 冗余。
- 管理：独立接口，支持 SNMP、IPMI，提供 GUI 用户管理界面、虚拟 KVM、虚拟媒体、SOL、远程控制、硬件监控、智能电源等管理特性，支持华为 eSight 管理软件，支持被 VMwarev Center、微软 System Center、Nagios 等第三方管理系统集成。

4.3 计算虚拟化

4.3.1 计算虚拟化概述

计算虚拟化将服务器物理资源抽象成逻辑资源，让一台服务器变成多台相互隔离的虚拟服务器，不再受限于物理上的界限，通过虚拟机监视器 Hypervisor 使 CPU、内存、磁盘、I/O 等硬件变成可以动态管理的"资源池"，从而提高资源的利用率，简化系统管理，实现服务器整合，让 IT 对业务的变化更具适应力。如图 4-19 所示是服务器虚拟化的示意图。

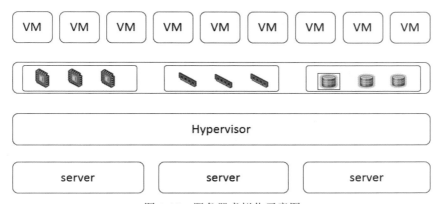

图 4-19　服务器虚拟化示意图

目前主流 x86 服务器的设计存在局限性，每次只能运行一个操作系统和应用，这为 IT 部门带来了很大的麻烦。因为此局限性，即使是小型数据中心也需要部署大量的服务器，而每台服务器的资源利用率只有不到 15%，总的来说效率非常低。服务器虚拟化使用软件来模拟硬件并创建虚拟的计算机系统。这样一来，企业便可以在单台服务器上运行多个相互独立的虚拟操作系统，从而提高资源利用率以及经济效益。

虚拟计算机系统被称为"虚拟机"(VM，Virtual Machine)，它是一种严密隔离的软件容器，内含操作系统和应用，每个功能完备的虚拟机都是完全独立的。通过将多台虚拟机放置在一台计算机上，可在单台物理服务器或"主机"上运行多个操作系统和应用。虚拟机具有分区、隔离、封装、独立于硬件的特性。

(1) 分区。指可在一台物理机上运行多个操作系统，可在虚拟机之间分配系统资源。

(2) 隔离。指可在硬件级别进行故障和安全隔离，可利用高级资源控制功能保持性能。

(3) 封装。指将虚拟机的完整状态保存到文件中，可像移动和复制文件一样轻松移动和复制虚拟机。

(4) 独立于硬件。指可将任意虚拟机调配或迁移到任意物理服务器。

4.3.2 计算虚拟化体系结构

系统级虚拟化通过在计算机硬件和操作系统之间增加虚拟机管理器(VMM，Virtual Machine Monitor)来解除二者间的直接依赖。提供虚拟化能力的最直接方法是修改操作系统，将原来指令集中不能虚拟化的部分替换成容易虚拟化的和更高效的等价物，这种方法通常被称为部分虚拟化(Para-Virtualization)。英国剑桥大学开发的 Xen 虚拟机采用的就是这种方法。为了提供快速、兼容的 x86 体系结构的虚拟化，虚拟机构件(VMware)采用了全虚拟化(Full-Virtualization)的技术路线，将传统的直接执行和快速的动态二进制翻译技术相结合，使二进制翻译器可以运行那些不能虚拟化的特权模式，从而补偿无法虚拟化的 x86 指令。德国卡尔斯鲁厄(Karlsruhe)大学、澳大利亚新南威尔士大学和 IBM 的研究人员共同提出了预虚拟化(Pre-Virtualization)概念，将操作系统中的特权指令静态替换为虚拟层的接口调用，实现了无须修改源代码即可使客户操作系统支持虚拟化的功能。随着硬件技术的发展，硬件本身也为虚拟化提供了支持。

国际主流微处理器厂商也积极开展虚拟化相关研究，并推出了支持硬件辅助虚拟化的产品和系统。例如，英特尔(Intel)推出了 VT 虚拟化技术，包含了支持指令集虚拟化的 VT-x 和 VT-i 技术以及支持 I/O 设备虚拟化的 VT-d 技术。硬件辅助虚拟化的支持简化了虚拟机管理器的设计和实现，有利于最终提高虚拟机的性能。AMD 公司也推出类似的硬件辅助虚拟技术——Pacific。

半虚拟化、全虚拟化、系统虚拟化和硬件辅助虚拟化等各有优势和不足，如何融合各种虚拟化方法的优势，按照应用任务的需求，将资源进行共享和动态划分，使计算系统具备动态构建能力，是需要深入研究的问题。

4.3.3 计算虚拟化的优势

传统的物理设备在资源利用率方面遵循"991 原则"，这是指 90%的物理设备在 90% 的在线时间内，一般只有 10%左右的资源利用率。然而我们并不能把这 90%的物理设备关机或者撤离，因为还有 10%的峰值时间系统的资源利用率会达到甚至超过 90%。

如此不规律的资源利用率会对数据中心的运营管理产生非常大的影响，通过人工的方式去调度这些硬件资源是不可行的，必须通过自动化的方式进行操作。将所有的资源抽象到资源池，通过虚拟化管理完成统一、安全、自动的管理行为是有效的解决方案。云数据中心即依靠标准化的虚拟平台来完成虚拟化的统一管理，虚拟技术的应用为云数据中心带来了很多现实、明显的优势，具体体现在 7 个方面。

(1) 负载的合理利用。

(2) 效率的有效提升。

(3) 异构平台的支持。

(4) 购置成本、能耗成本和管理成本进一步优化。

(5) 按需应用，资本成本和 IT 成本中心向运营中心转变。

(6) 高安全，高可靠，高可用，从而催生更强的业务连续性，减少应用中断。

(7) 高整合度，高灾难恢复机制，动态负责均衡，资源统一分配，集中化、自动化管理，让数据中心运营更进一层。

4.3.4 计算虚拟化平台

在计算虚拟化平台方面，VMware、Citrix、微软三巨头基本垄断了行业 75%的资源。

1. Vmware vSphere

VMware 可说是虚拟化界的微软，更是世界第三大软件公司，Fortune 100 的企业中 100%都使用 VMware 产品，而 Fortune 500 大企业中有 98%都使用 VMware，可见其影响力之大。2009 年 4 月 21 日，VMware 推出了新一代的 vSphere 解决专案，Vmware vSphere 是一个云端操作系统，并且对硬件的支持更加完整，目前 vSphere 已经推出了 6.0 版本。

vSphere 以原生架构的 ESX/ESXi Server 为基础，让多台 ESXi Server 能并发负担更多个虚拟机，ESX/ESXi 直接安装在为虚拟基础架构提供资源的各个主机服务器的硬件或裸机上。ESX/ESXi 提供了一个稳固的虚拟化层，从而使每个服务器能够容纳多个安全、可移植的虚拟机，这些虚拟机可在同一物理服务器上并行运行。裸机结构使 ESX/ESXi 能够完全控制分配给各个虚拟机的服务器资源，并可提供接近本机水平的虚拟机性能以及企业级的可扩展性。

vSphere 不只是一个多台 ESX/ESXi 的群集，还加上了管理软件 Virtual Center、配合数据库软件来管理多台 ESX 及虚拟机。vCenter Server 可以集中管理数百个 ESXi 主机以及数千个虚拟机，使 IT 环境具备了操作自动化、资源优化以及高可用性等优势。vCenter 提供了单个 Windows 管理客户端来管理所有任务，该客户端称为 vSphere Client。通过 vSphere Client 可置备、配置、启动、停止、删除、重新定位和远程访问虚拟机。vSphere Client 也可以与 Web 浏览器结合使用，以便通过任一联网设备访问虚拟机。浏览器形式的客户端使用户可以像发送书签 URL 一样轻松地访问虚拟机。

vCenter 的主要功能包括以下方面：

(1) 集中管理功能。使管理员能够通过单一界面来组织、监控和配置整个环境，从而降低运营成本。vCenter 提供了多个组织结构分层视图以及拓扑图，清楚地表明了主机与虚拟机的关系。

(2) 性能监控功能。包括 CPU、内存、磁盘 I/O 和网络 I/O 的利用率图表，可提供必要的详细信息，用于分析主机服务器和虚拟机的性能。

(3) 操作自动化。通过任务调度和警报等功能提高了对业务需求的响应能力，并确保优先执行最紧急的操作。

利用部署向导和虚拟机模板进行的快速置备，大幅缩减了创建和部署虚拟机所需的时间和精力，只需点击几下鼠标就可以完成操作。

安全的访问控制机制、强大的权限管理机制以及与 Microsoft Active Directory 的集成，可确保只能对 Vmware vSphere 及其虚拟机进行经过授权的访问。通过为经过授权的管理员和最终用户指派可自定义的角色和权限，可以安全地限制对虚拟机的访问。无论数据中心的访问控制策略多么详尽，也能完全遵守。

编程接口，Vmware vSphere SDK 提供了 Web Services API，以便可以通过图形用户界面访问提供的功能和数据，并可以集成第三方系统管理产品以及对核心功能进行自定义扩展。

2. 微软的 Hyper-V

微软在 21 世纪初就察觉到虚拟机的重要性，因此也收购了当时唯一能和 VMware 抗衡的 Virtual PC。在工作站级虚拟机逐渐成熟，再加上竞争对手 VMware 在企业领域屡有佳作，微软意识到虚拟机将无可避免地走入企业，因此在 2005 年即开始计划原生架构的产品。

微软的策略很简单，用最大占有率的 Windows 操作系统的优势来推广自己的虚拟化产品。在 2008 年，推出了最新的虚拟化产品：Hyper-V。Hyper-V 是一个 Hypervisor(系统管理程序)，它的主要作用就是管理、调度虚拟机的创建和运行，并提供硬件资源的虚拟化。Hyper-V 是微软伴随 Windows Server 2008 最新推出的服务器虚拟化解决方案，在 Windows Server 2008 发布的时候，集成在其中。

Hyper-V 是 Windows Server 2008 R2 中的一个角色，在将 Windows Server 2008 R2 提升成 Hyper-VR2 之后，引导的 Windows Server 2008 R2 就不再是一个独立的操作系统，

而是在 Hyper-VR2 上的一个客户端操作系统，但资源的分配还是可以由该操作系统来统一的。

Hyper-VR2 主要的功能和任何一个虚拟机产品一样，希望能将微软的服务器服务单个化，并且充分利用物理机的资源。即便 VMware 的 vSphere 上市，微软当前也没有遇到真正能与其抗衡的产品。伴随着 Hyper-V 和早期的 Virtual Server，微软也推出了集成 Service Console 的 Virtual Machine Manager(SCVMM)，当前不但能管理微软的虚拟机，更可以管理 VMware 或是 ESX 下的虚拟机。

目前，微软发布了最新的操作系统 Windows Server 2012，集成在操作系统内的虚拟化软件也升级到了 Hyper-V3.0。

Hyper-V 提供先进的裸金属虚拟化技术，优点如下：

(1) 64 位高性能体系结构支持。全新的 64 位微内核 Hypervisor 架构使 Hyper-V 可以提供更广泛的设备支持方法，如对大容量内存的支持等，还可增强性能和提升安全性，并能够承载更多的虚拟机运行实例。

(2) 广泛的操作系统支持。为了更好地满足企业的 IT 现有环境及未来的 IT 发展趋势，Hyper-V 广泛支持在虚拟化环境中同时运行同类型的操作系统，包括 32 位和 64 位的多种不同服务器平台操作系统，例如 Windows、Linux 等操作系统。

(3) 对称多处理器(SMP)支持。面对当今以对称多处理器为主流的服务器，Hyper-V 可在一个虚拟机环境中最多支持 4 个虚拟处理器，使用户可以在虚拟机中感受到多线程应用程序的性能优势。

(4) 虚拟 VLAN 的支持。为了更好地满足企业环境中的网络环境的定制，保证虚拟机间信息的相互隔离，确保信息安全，在 Hyper-V 中，管理员可以通过虚拟机设置对虚拟化环境中的虚拟机划分 VLAN，以保证虚拟机间信息的相互隔离，确保信息安全。

(5) 网络负载均衡。Hyper-V 中包含了全新的虚拟交换功能，这意味着虚拟机可用简单的方法配置运行 Windows 网络负载均衡(NLB)服务，以对不同服务器上的多个虚拟机的负载进行均衡。Hyper-V 可在 NLB 群集中跨多个服务器，为网络客户端服务器应用分配负载。NLB 对确保无状态应用(如在 Internet 信息服务(IIS)上运行的基于 Web 的应用)在工作负载增加时通过添加额外的服务器对其扩展尤为有用。在负载增加时，NLB 允许添加额外的服务器来实现可扩展性。此外，NLB 还允许用户轻松替换故障服务器来实现可靠性。

(6) 丰富的性能监控指标。为了更好地监控虚拟化平台中的宿主服务器和其上运行的虚拟机实例的性能状态，通过 Hyper-V 与 SCOM 相结合，管理员不仅可以对宿主服务器进行全方位的性能监控，并且可以同样高效、细致地监控虚拟机各方面的性能。在减少管理员工作量的同时，高效地监控系统运行状况。

(7) 完整、开放的虚拟化扩展架构。为了企业未来的发展，Hyper-V 提供了良好的扩展开发框架和 API，以便企业能够将自行特有的硬件设备融入到虚拟化平台中，为虚拟机提供虚拟化服务。Hyper-V 中包含的基于标准的 Windows 管理架构(WMI)接口以及 API 接口使得软件供应商和开发人员可以快速创建自定义的工具、程序，从而对虚拟化的平台进行改善。

微软通过 Microsoft System Center 来对虚拟机进行管理，包括三大组件。

(1) Operations Manager

- 针对 IT 环境提供全面的监控。
- 涉及诸多操作系统和应用程序，以及数以千计的事件跟踪和性能监视——端到端的服务管理。

(2) Configuration Manager

- 使得操作系统和应用程序部署更加安全、可靠——配置管理，使得系统更加安全。
- 针对服务器、桌面、移动设备的全面资产管理。

(3) Data Protection Manager

- 提供一致的数据保护。
- 使用针对分公司的中央备份时，提供连续的数据保护——针对数据中心备份的改进。
- 报告及监控功能。

此外，通过 SCVMM(System Center Virtual Machine Manager)可以实现以下功能：

- 物理机到虚拟机转换(P2V)。
- 虚拟机到虚拟机转换(V2V)。
- PowerShell 脚本。
- 可扩展控制台。
- 支持虚拟机资源库。
- Hyper-V 服务器场管理。
- 模板/克隆。

Hyper-V 的先天的优势是可以兼容大量的驱动程序，而不必为虚拟机开发专用的驱动程序，只要设备能在 Windows Server 2008 下工作，那么 Hyper-V 虚拟机就能使用这些设备资源，再加上 Windows 驱动天生就比其他操作系统(如 Linux)的驱动丰富，因此在硬件支持上 Hyper-V 具有着无可比拟的优势。所以 Hyper-V 最合适的应用场合就是单纯的微软服务器环境以及微软相关的服务，如 Active Directory、Exchange、SQL Server、SharePoint 等。这些微软本身的产品在 Hyper-V 下不但性能比其他的虚拟机产品更好，在兼容性和微软群集服务的设定以及管理维护上来说，也更具有优势。

但 Hyper-V 在 CPU 方面要求处理器必须支持 AMD-V 或者 IntelVT 技术，也就是说，处理器必须具备硬件辅助虚拟化技术。对于 VMware 的产品来说，这也只是一个可选的特性，不像 Hyper-V 那样，是一个硬性的要求。处理器不支持 VT/AMD-V，Hyper-V 就无法运行。

在磁盘方面也有一定的限制：Hyper-V 虽然增加了 SCSI 控制器的支持，但是 Windows Server 2003 的虚机无法支持在 SCSI 磁盘上进行引导和安装。也就是说初次部署 Windows Server 2003 系统在 Hyper-V 虚机中不能只挂载使用 SCSI 虚机磁盘，而且只能用 IDE 虚机磁盘安装。

3. Citrix Xen

Xen 是一个 OpenSource 的项目，提供一个强大的 Hypervisor。支持 x86、x86.64、IA64、PowerPC 和其他的 CPU 架构，支持 Windows、Linux、Solaris 和其他多种版本的 BSD 变种 GuestOS。2007 年 8 月 Citrix 收购 XenSource，推出 XenServer。此外，Novell 的 SUSE Linux Enterprise Server 10 是第一个带有集成式虚拟化技术的操作系统产品，基于 Xen。Red Hat Enterprise Linux 5 在 2006 年底也提供集成的 XenSource 技术。2007 年 11 月，Oracle 也推出了基于 Xen 的虚拟化产品 Oracle VM。

作为最优秀的开源虚拟化软件，Xen 收到了广泛关注，近几年，也先后受到 Red Hat、SUSE 等 Linux 领袖乃至 IBM 和微软等业界巨头的青睐。

Xen 的成功在很大程度上是由于其先进的结构。和传统的"微内核"结构不同，Xen 是一个半虚拟化(Para-Virtualization)的产品，这一类产品最明显的特色就是在其上运行的 OS 必须经过修改。当然这么做的目的就是希望客户端的 OS 可以和 Hypervisor 的沟通更良好，并且不会占用太多的资源。但在支持虚拟指令的 CPU 上市之后，Xen 也随之推出了能和这些指令配合的 3.0 版，这使得完全不需要修改的 Windows 系统也可以在 DomU 上运行，而在 3.0 之后，Xen 也从"半虚拟化"的虚拟机产品正式成为完全虚拟化的产品，而在加入了 Windows 成为客户端之后，现在也成为跨平台的虚拟机产品了。

Xen 分成多个层级(Layer)执行。它将 Linux 的核心修改后，再使用修改过的核心开机，而开机后先载入 Xen 的监控器(Hypervisor)，并且启动第一个操作系统，称为 domain-0。在 Xen 上面所谓的一个 domain 就是指一个虚拟机。

XenServer 是思杰公司(Citrix)推出的一款服务器虚拟化系统，它是服务器"虚拟化系统"而不是"软件"。与传统虚拟机类软件不同的是，它无须底层原生操作系统的支持，也就是说 XenServer 本身就具备了操作系统的功能，是能直接安装在服务器上引导启动并运行的。XenServer 目前最新版本为 6.2.0-SP1，国内 VPS 管理软件 XenSystem 就是基于 XenServer 5.6 开发的，并一直沿用着这个虚拟平台，稳定性也较 Hyper-V 高，支持多达 128GB 内存，对 2008R2 及 Linux Server 都提供了良好的支持，XenServer 本身没有图形界面，为了方便 Windows 用户的使用，Citrix 提供了 XenCenter。通过图形化的控制界面，用户可以非常直观地管理和监控 XenServer 服务器的工作。

Xen 的优势如下：

(1) 虚拟机的性能更接近真实硬件环境。

(2) 在真实物理环境的平台和虚拟平台间自由切换。

(3) 在每个客户虚拟机支持到 32 个虚拟 CPU，支持 VCPU 热插拔。

(4) 支持 PAE 指令集的 x86/32、x86/64 平台。

(5) 通过 Intel 虚拟支持 VT 的支持来用虚拟原始操作系统(未经修改的)支持(包括 Microsoft Windows)。

(6) 优秀的硬件支持，它支持几乎所有的 Linux 设备驱动。

第 5 章

存储子系统

在数据中心的各个子系统中，存储子系统承担着数据存储的重要工作。本章通过存储的概念、发展历程和发展趋势对存储进行了概述，然后围绕存储的载体磁盘，介绍了磁盘的结构和工作原理，磁盘的接口协议等；接着介绍了作为存储关键技术之一的 RAID 技术，以及最常见的三类存储产品：DAS、NAS 和 SAN；最后简要介绍了数据备份和异地灾备技术。

5.1 存储概述

5.1.1 存储的基本概念

计算机程序和业务应用产生的数据需要存储,以便进一步的处理或之后的访问。在一个计算环境下,用来存储数据的设备称为存储设备(Storage Device),或简称存储(Storage)。存储设备的类型和待存储的数据类型与数据创建和使用的方式相关,常见的存储介质,包括硬盘、磁盘阵列、磁带等。随着存储技术的发展,存储架构也在由以服务器为中心的存储架构,发展为以信息为中心的存储架构。在以服务器为中心的存储架构中,以服务器为单位拥有一定数量的存储设备,其信息的访问易受到影响,且分散的存储方式不利于信息的集中保护和管理。在以信息为中心的存储架构中,存储设备集中管理,不再依附单个服务器,多个服务器可共享存储设备,共享存储的容量可通过添加新设备的方式动态增加而不影响信息的可用性。

5.1.2 存储设备的发展历程

存储设备的发展是一个存储设备由简单到复杂,体积由大到小,容量由低到高的发展过程。现如今,4TB 硬盘已随处可见,而随着科技的不断发展,单个硬盘的上限仍会有所提升。下面简单介绍存储技术的发展历史。

1. 穿孔卡

穿孔卡由一张薄薄的纸板制作而成,通过孔洞的位置和孔洞组合来表示信息的设备,大约于 1890 年,由美国的统计专家赫曼·霍列瑞斯(Herman Hollerith)发明。在没有数据处理机器的时代,每次人口统计都是一项艰难的任务,为了解决这个问题,霍列瑞斯发明了利用穿孔卡进行收集和整理数据的系统,极大地简化了人口分析的工作,该系统被大多数历史学家认为是现代数据处理的开端,在 20 世纪七八十年代时得到广泛使用,现在已基本上被淘汰。穿孔卡如图 5-1 所示。

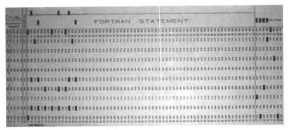

图 5-1　穿孔卡

2. 穿孔纸带

穿孔纸带如图 5-2 所示，是早期的计算机输入和输出设备，有孔为 0，无孔为 1，这样一行纸带可以通过二进制表示出一个字符，较早期的穿孔卡有很大进步。如今在数控领域仍被使用，并逐渐形成国际标准。

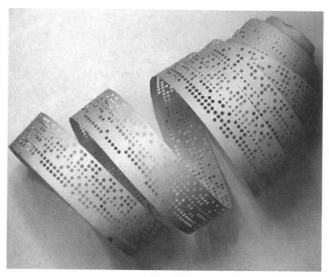

图 5-2　穿孔纸带

3. 磁带

磁带如图 5-3 所示，用载有磁性材料的带状材料组成。相信很多人对磁带都不陌生，录音带、录像带都属于磁带。但在 20 世纪六七十年代的时候，磁带的容量还是很小的，只有几 KB，如今磁带的容量已经大大提高，并在存储领域有不小的市场。

图 5-3　磁带机和磁带

4. 磁鼓存储器

如图 5-4 所示，磁鼓存储器于 1932 年创造于奥地利，在 20 世纪五六十年代时被广泛应用。磁鼓为这套机制的工作储存单元，在当时，许多计算机都采用这种存储器，容量大约只有 10KB，现在已被淘汰。

图 5-4　磁鼓存储器

5. 选数管

选数管是在 20 世纪中期(约 1946 年)出现的存储设备，选数管的容量从 256～4096B 不等，当时开发团队没有开发出商业上适用的选数管，后因其体积造型大、成本高而被淘汰，直到今天，仍然不为大多数人所了解，如图 5-5 所示。

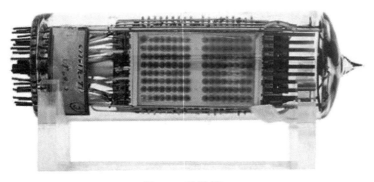

图 5-5　选数管

6. 硬盘

第一块硬盘 IBM Model 350 Disk File 是由 IBM 于 1956 年制造。它是由 50 张 24 英寸的盘片组成，而总容量大约只有 5MB。随着科技水平越来越高，磁盘的容量也越来越大，现在仍被广泛地用于各个领域。硬盘外形图如图 5-6 所示。

7. 软盘

软盘是个人 PC 机上使用最早的可移动介质，如图 5-7 所示。它由原先的 IBM 推出的 32 英寸大小发展到 8 英寸，最后小到 3.5 英寸。软盘被广泛应用于 20 世纪 70 年代到 90

年代，现在已不再被使用，面临淘汰。

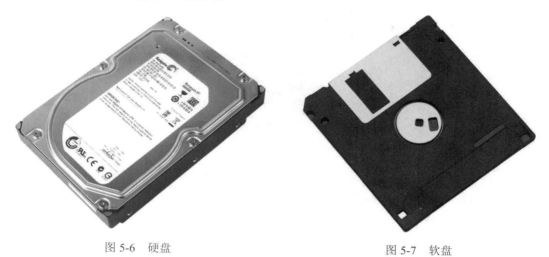

图 5-6　硬盘　　　　　　　　　　　　　　　图 5-7　软盘

8. 光盘

在 1958 年光盘技术出现，可是直到 1972 年第一张视频光盘才被发明，到 1987 年才正式进入市场。如今，光盘技术发展迅猛，得到广泛使用，已经出现了 CD-ROM、DVD-RW、DVD-RAM、蓝光技术等，如图 5-8 所示。

图 5-8　光盘

9. Flash 芯片

Flash 芯片是随着集成电路的飞速发展而出现的新兴产品，平常使用的 U 盘、存储卡都是由 Flash 芯片集成的。Flash 芯片有个好处就是在使用过程中突然断电不会造成数据的丢失。如今使用非常广泛，随处可见，如图 5-9 所示。

10. 固态硬盘

1970 年，StorageTek 公司开发了第一个固态硬盘驱动器，但到 1989 年世界上第一块固态硬盘才面世。

图 5-9　U 盘

固态硬盘(Solid State Disk 或者 Solid State Drive，SSD)按照存储介质可分为两种，一种以闪存为存储介质，一种以 DRAM 作为存储介质。由于不同于传统机械硬盘的结构，SSD 的读/写速度远超机械硬盘。但由于其成本高、写入次数有限、损坏时无法恢复等缺点并未被广泛地使用于商业场景，在个人领域有不小的市场。SSD 外形如图 5-10 所示。

图 5-10　固态硬盘

5.1.3　存储技术发展趋势

存储领域一直在不断地发展和创新，"软件定义存储(SDS)""超融合""全闪存阵列""云存储"等都是近年不断涌现的新技术。

(1) 软件定义存储。顾名思义就是通过软件对存储进行重新定义和规划，使得存储资源能够根据用户的需求进行分配。软件定义存储是存储发展的一个必然趋势，它能够大幅度地降低成本和管理的复杂性，提供给用户高效、简洁以及灵活的优势。但是软件定义存储仍处在摸索阶段，技术尚未成熟。

(2) 超融合。将数据中心所有的资源融合成为一个大的资源池，用户需要资源时，从这个大的资源池中创建即可。超融合的架构彻底消灭了信息的孤岛，使得存储变得更加高效、管理更加简单。超融合不单单用在存储领域，在计算和网络领域同样适用。

(3) 全闪存阵列。随着闪存技术的不断发展以及闪存设备可靠性的不断提升，在未来，机械磁盘可能会被闪存磁盘取代。

(4) 云存储。云计算概念的提出衍生出了云存储网络存储技术。云存储的出现解决了一些企业缺少专业技术人才的问题，被授权的使用者可以在任何时间和地点通过可联网的设备进行存储数据。

5.2 磁盘的工作原理

5.2.1 磁盘结构与工作原理

广义的磁盘是指早期曾经使用过的各类软盘，狭义的磁盘则指机械硬盘。在机械硬盘被发明之后，由于其存取速度快，并且适合用于大容量的存储设备而得到广泛的应用，这也加快了软盘的淘汰速度。而随着软盘的淘汰，现在磁盘专指机械硬盘。现在各类服务器、存储等设备采用的大都是机械硬盘，了解磁盘的结构和工作原理有助于技术人员对数据存取过程和 RAID 技术的理解。

1. 磁盘的结构

磁盘是由盘片、主轴、读/写头、电机、控制器等组成，如图 5-11 所示。

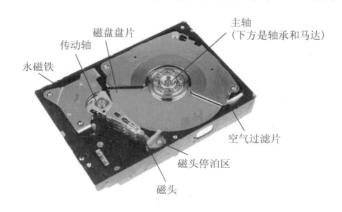

图 5-11　磁盘物理结构图

(1) 盘片

盘片的基础材料是由金属或者玻璃材质制成，必须满足密度高、稳定性好的要求，因此要求盘片的表面必须是非常光滑的，不能有任何瑕疵。所以制作磁盘在无尘密闭的空间。机械磁盘利用磁性物质作为存储材料，机械磁盘的盘片是通过磁粉均匀地溅渡到基础材质上，从而形成盘片。一个磁盘设备里有一个或者多个盘片，盘片越多，磁盘容量越大。

磁头漂浮在盘片上，通过改变盘片上磁粉的磁极属性读取数据，并且磁头与盘片的距离非常小，因此要求盘片不能有任何瑕疵，否则会磨损盘片表面，对盘片造成永久性的损坏，造成数据的丢失。

(2) 主轴

在进行读/写的时候，盘片需要快速地转动，而主轴的作用就是带动盘片转动。一个磁盘设备里的主轴固定了所有的盘片。主轴的转速由磁盘内部的马达控制，马达以一个恒定的速度旋转。因此市场上的磁盘有按照转速分类，有 5400rpm、7200rpm、10krpm 和 15krpm 这几种，转速越快，磁头在盘片上飞行的时间就越快。因此，读/写速度也非常高。

(3) 磁头

磁盘拆开来看，每个盘面都有一个读/写头，即一个盘片的上下两面都可以存储数据。当进行写操作时，磁头通过改变盘片表面磁粉的磁极来写数据；当进行读操作的时候，磁头通过探测盘片表面的磁极属性来读取数据。当磁头不进行工作的时候，处于盘片的中心区域，此区域没有磁粉，但有一层润滑剂，防止磁头与盘片的摩擦。如果磁盘非正常停止，会造成磁头停止在盘面的磁道上，这样会划伤磁盘，造成磁盘的损坏。

主轴带动盘片转动的时候，磁头也会由里向外运动来进行读/写操作。磁头与盘片之间有一定的间隙，磁头不能贴着盘片，否则就会划伤盘片导致盘片损坏；这个间隙也不能太远，否则不能改变盘片表面的磁性。早期的设计可以使得磁头在盘面上几微米处飞行，随着科技的飞速发展，现在磁头可以在盘面上 0.005～0.01 微米处飞行，此距离大约只是人类头发的千分之一。

(4) 步进电机

为了提高磁盘的容量，盘片上划分的磁道间的距离非常小，磁道数量增多，磁盘容量就增大。磁头通过读取磁道来进行读/写，这就要求磁头前进的距离非常小，普通的电机根本无法达到这个要求，必须使用步进电机。步进电机可以控制磁头进行微米级的位移，这样才可以划分更多的磁道，增加单个磁盘容量。

(5) 控制器

控制器的作用就是控制主轴的转速，负责管理磁盘和主机之间的通信，还能控制不同的磁头来进行读/写操作。

2. 磁盘数据组织

通过对磁盘的合理划分来对磁盘上的数据进行组织管理，首先在逻辑上将磁盘划分为磁道、柱面和扇区，如图 5-12 所示。

(1) 盘面

磁盘里每个盘片有上、下两个盘面，每个盘面都可以用来存储数据。为了方便管理，每个盘面都有一个盘面号，按照从上到下的顺序从 0 开始编号。因为每个盘面都有一个磁头与其对应，所以盘面号也是磁头号。假设一个磁盘有 3 个盘片，盘面号也就是磁头号为 0～5。

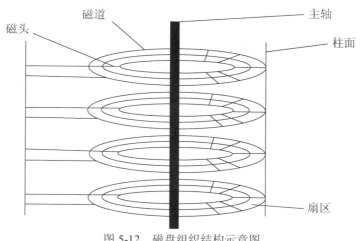

图 5-12　磁盘组织结构示意图

(2) 磁道

磁盘在格式化的时候被划分为半径不一的同心圆，这些同心圆被称为磁道。同时为了方便读/写，磁道从外到内顺序编号。由此可见，每个盘面的磁道越多，该磁盘的容量就越大。

(3) 柱面

盘面被划分为很多个同心圆，而在磁盘中竖直方向上的、相同半径的同心圆组成一个圆柱，被称为柱面。磁盘中有很多个盘面，但是在读/写的时候并不是先写满一个盘面再写另外一个，而是先写满一个柱面，磁头再向另外一个柱面移动。在同一个柱面的读/写，只需要磁头号即可，而控制磁头号的选取是电子切换，速度是相当快的，但是切换柱面时必须机械控制磁头进行切换，而这就是寻道。

(4) 扇区

每个磁道被分为一段一段的圆弧，这些圆弧的长度不一，角速度一样。由于同心圆半径不一，导致外圈的圆弧长度比较长，在相同的角速度下，就会使得外圈的圆弧读/写速度比内圈的大。如此划分的每段圆弧被命名为扇区，扇区的编号从 1 开始，每个扇区作为一个单位读取输入，即数据被分割成一个个扇区的大小读取写入到磁道中，如图 5-13所示。

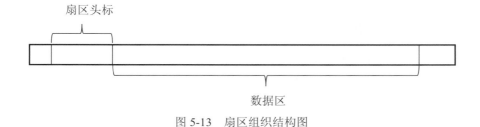

图 5-13　扇区组织结构图

① 扇区头标

一个扇区有两个重要的组成部分：存储数据地址的标识符和存储数据的数据段。

- 扇区的标识符中储存着扇区的地址信息，即柱面、磁头号和扇区号。
- 存储数据的数据段用来放置读/写的数据。

柱面(Cylinder)、磁头(Header)和扇区(Sector)三者简称为 CHS，所以扇区的地址又可以叫做 CHS 地址。CHS 在早期的小容量磁盘中非常流行，但是随着磁盘容量越来越大，盘面越来越多，导致寻道的时间会越来越长。现在采用的是 LBA 编址方式。LBA 也叫做逻辑编址方法，在使用者看来，磁盘被虚拟成一条无限延长的直线，所有的数据都写入到这条直线中。然而在磁盘中，控制电路依然要将 LBA 地址转化为对应的柱面、磁头和扇区，这种对应关系保存在磁盘控制电路的 ROM 芯片中。

② 扇区的编号

扇区从 1 开始进行顺序编号。如是将扇区一个挨着一个编号，由于盘片的转速非常高，在读/写完 1 号扇区的时候，会错过 2 号扇区的读/写，这样磁头不得不旋转一圈再进行读/写，这样显然会造成读写的速度变慢。为了解决这个问题，磁盘在编号的时候不是按照扇区的顺序进行编号，而是按照一种交叉因子的方式编号。交叉因子可以设置为 2：1。假如一个磁道有 9 个扇区，那么编号就是 1、6、2、7、3、8、4、9。这样在读/写的时候留给了磁头反应的时间，交叉因子的比例也可以是 3：1。由于扇区的长度不一，外圈的扇区可以按照 1：1 编号，内圈的可以按照 2：1 或者 3：1 进行编号，从而选择出最优的寻道速度。

5.2.2　磁盘接口协议

磁盘在制造的时候，为了能够得到广泛应用，制定了一系列的接口协议，统一这种开放的协议，便于使用者能够方便地使用和更换磁盘。

目前，磁盘提供的物理接口有：

(1) 用于 ATA 协议的 IDE 接口。

(2) 用于 ATA 协议的 SATA 接口。

(3) 用于 SCSI 协议的并行 SCSI 接口。

(4) 用于 SCSI 协议的串行 SCSI 接口。

(5) 用于 SCSI 协议并且承载于光纤的串行 FC 接口。

1．IDE 接口

IDE 接口也被称为 PATA 接口，即并行的 ATA 接口，如图 5-14 所示。IDE 接口规范至今已发展到 7 个版本，在最新版本 ATA—7 中(ATA—7 也叫作 ATA 133)，其速率已经达到 133MB/s，采用的也是 40 针 80 芯电缆。

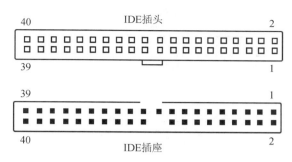

图 5-14　IDE 接口示意图

2．SATA 接口

SATA 是 Serial ATA 的简称，即串行的 ATA，采用串行线路传输数据。由于其优越的性能，SATA 已经完全取代 PATA 的 IDE 接口。在数据传输上，SATA 支持热插拔，这样方便用户的使用。并且 SATA 在可靠性上又有了大幅度提高，SATA 可同时对指令及数据封包进行循环冗余校验，能够检测出 99.998%的错误。SATA 还有一个最吸引人的地方，就是不再像 ATA 哪样有 40 针 80 芯的接口，而是换成一种更小的接口，如图 5-15 所示。

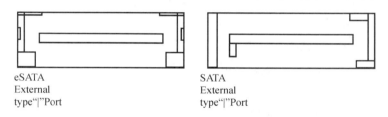

图 5-15　SATA 接口示意图

(1) SATA1.0。2003 年研发的 SATA1.0 的传输速率已经达到 150Mb/s，这已经超过了 IDE 的最高传输速率 133Mb/s。

(2) SATA2.0。SATA2.0 在数据传输速率方面得到极大的提升，速率达到 3Gb/s，这也是其最大的亮点。这使得接口的传输速率远远超过了磁盘内部的传输速率，所以接口速度也不再是影响数据存取的限制因素。

3．SCSI 接口

SCSI(Small Computer System Interface，小型计算机系统接口)是一种比较特殊的接口总线，它能够与除磁盘外的外设(如 CD-ROM、扫描仪等)进行通信。SCSI 接口硬盘如图 5-16 所示。

SCSI 接口为存储产品提供了强大灵活的连接方式，同时提高了存储的传输性能，其缺点就是价格比较昂贵，因为 SCSI 需要有 SCSI 卡才能使用，而 SCSI 卡价格是比较昂贵的，而且在安装配置上相对来说比较麻烦。

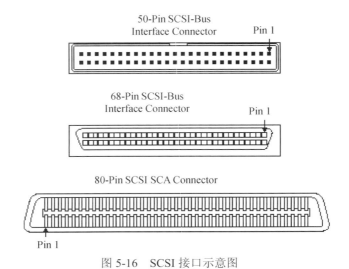

图 5-16　SCSI 接口示意图

(1) SCSI—1。使用 8 位的通道带宽，最多允许连接 7 个设备。它采用 25 针的接口，传输速率为 5Mb/s。

(2) SCSI—2。在 SCSI—1 上做了改进，增加了可靠性传输，数据传输速率也达到了 10Mb/s；但仍旧使用 8 位并行传输，最多还是连接 7 个设备。后来又进行了改进，采用 16 位并行，传输时速率提高到 20Mb/s。

(3) SCSI—3。采用 16 位传输，数据传输速率达到了 40Mb/s，允许接口电缆的长度为 1.5 米，

(4) Ultra2 SCSI。数据通道宽度仍然为 8 位，传输速率为 40Mb/s，允许电缆的长度达到了 12m，并支持挂载 7 个设备；随后又进行了升级，采用 16 位数据通道宽度使得传输速率达到了 80Mb/s，允许挂载的设备增加到了 15 个，

(5) Ultra160 SCSI。在 Ultra2 SCSI 的基础上进行提升，采用了双转换时空控制、循环冗余校验和域名确认等技术，使得传输速率达到了 160Mb/s。

(6) Ultra320 SCSI。保留了 Ultra160 SCSI 的 3 项关键技术，Ultra320 SCSI 的传输速率达到了 320Mb/s。

5.2.3　影响磁盘性能和 I/O 的因素

现在的磁盘大都是多个盘片，前面已经介绍每个盘片的两面都可以储存数据。主轴带动盘片转动，磁头由里到外运动去读/写数据。在这个过程中，涉及主轴的转动、磁头的运动、磁头寻找磁道的位移等操作，这些操作都会对磁盘的性能有影响。

首先对 I/O 有个概念，I/O 即输入/输出。在磁盘的性能因素中都会提到 I/O，例如连续 I/O 和随机 I/O，顺序 I/O 和并发 I/O 等等。连续 I/O 的意思是本次 I/O 给出的扇区的初始地址与上次 I/O 结束的地址连续，或者间隔不大；随机 I/O 的意思就是两次 I/O 之间的

地址相隔较大，使得磁头不得不更换磁道进行读写。顺序 I/O 即磁盘组接收到的指令是多条，但是控制器只能一个一个地进行操作；并发 I/O 就是在多条指令下可以同时操作。

影响磁盘性能和 I/O 的因素主要有以下 4 个：

(1) 转速。盘片固定在主轴上，主轴带动盘片转动，磁头则通过盘片的转动读取相应的磁道来读/写数据。由此可见主轴的转速是影响磁盘性能的一个首要因素。在连续 I/O 的情况下，磁头不用寻道，只在同一柱面通过电子切换磁头进行读/写，因此是相当快的，所以磁盘转速越高，在连续 I/O 的情况下读/写速度就越快。目前市场上高端磁盘有 15000rpm 的磁盘。

(2) 寻道。寻道就是磁头在柱面之间的位移。在随机 I/O 的读/写时，磁头需要频繁地更换磁道，这样消耗的时间相对于数据传输来说，是相当长的一段时间。如果磁头能以很高的速度进行换道，那无疑将会使得磁盘的性能得到极大的提升。

(3) 单个盘片的容量。一个磁盘中有多个盘片，当每个盘片的容量都比较大时，磁盘的容量就非常大了。

(4) 接口速度。由上节介绍的接口可知，目前接口速度非常快，已经不是影响磁盘性能的主要因素。现在的瓶颈已经不再是接口的速度，而是磁盘的寻道速度。

5.2.4 SSD

随着信息的增长，存储用户对磁盘的性能要求越来越高，而传统的磁盘已经增长到一定的极限，无法再得到大幅度提升，因而出现了 SSD 固态硬盘。SSD 固态硬盘于 1970 年被开发出来，由于其不同于机械磁盘的结构，无盘面、磁道、磁头等结构，因此也没有转速、寻道时间等问题，读/写速度非常之快。在这几年来，固态硬盘得到了广泛应用，但仍然不能超越机械磁盘的广泛使用程度，这由其缺点造成。

SSD 固态硬盘有两种，其中一种利用闪存芯片作为储存介质，是主流的 SSD 设备，其移动性好，因此大多被个人用户采用；还有一种利用 DRAM 作为存储介质，它效仿传统的硬盘设计，使用寿命也比较长，美中不足的是需要独立电源的保护。

(1) SSD 的优点

* 读写/速度快：SSD 的物理结构中摒弃了传统的机械磁盘接口，不再使用磁头、盘片等设备，这使得 SSD 不存在转速和寻道时间等概念，因此节省了非常多的时间，读写速度非常快，是传统机械磁盘无法超越的。

* 物理特性：SSD 由于没有机械部件，因此在防震抗摔方面具有比传统磁盘更独特的优势，也更容易作为移动存储介质使用。

* 噪音小、功耗低：SSD 的特殊构造使得它没有旋转造成的噪音，耗能也比机械硬盘低。

(2) SSD 的缺点

- 容量有限：由于其构造特殊，SSD 的容量相对于磁盘来说上限小。

- 寿命：SSD 内部采用晶体管的方式，使用电荷来储存数据，而晶体管的绝缘体在长时间使用的时候，会被电荷击穿从而造成损坏；并且 SSD 存在擦写次数的限制，完全擦写一次叫做一次 P/E。而 SSD 的擦写次数是有限的有其材料限制大约有 3000 次 P/E～5000 次 P/E。一块 SSD 盘被写满一次才被算作一次 P/E，若普通用户使用 120GB 的 SSD，一天写入 120GB 的数据，那也大概需要 3000～5000 天才会使得 SSD 失效，这个时间对用户来说是完全可以接受的。

- 价格：SSD 的特殊构造使得它的造价昂贵，因此也不可能被大量地使用在工业环境中，但能满足个人用户的需求。

5.3 磁盘阵列技术 RAID

5.3.1 RAID 概述

因单块磁盘的容量和读/写速度是有限的，无法满足日益剧增的需求，为了满足这种需求，RAID 技术被发明。RAID 技术把多块磁盘组合成一个有机的整体，并使得这个有机的整体可以提供可靠的、安全的、迅速的存储机制。

5.3.2 RAID 基础技术

在 RAID 中使用到的技术有条带化(Striping)、镜像以及奇偶校验技术。

1．条带化

条带化是将一条连续的数据分割成一个一个很小的数据块，并把这些小数据块分别存储到不同的磁盘中，这些数据块在逻辑上是连续的。条带化技术能够显著提高 I/O 性能。

条带化有两个概念：条带深度和条带长度。条带深度是指被分割的数据块所包含的磁盘扇区的个数，条带的深度可控制；条带的长度是指被分割的数据块所包含的磁盘的个数。

2．镜像技术

镜像技术是将一个数据存储在两个磁盘上，从而形成数据的两个副本，若其中一块磁盘发生故障，另外一块磁盘能够继续提供完整的数据服务。而使用镜像技术所需的存储容量为实际容量的两倍。

3．奇偶校验技术

RAID 中采用的奇偶校验技术涉及的是异或运算。在二进制中，相同为 0，不同为 1(0^0=0，1^1=0，1^0=1，0^1=1)。当数据经过控制器后会添加一位校验数据，所以要求磁盘留有校验数据的位置，而当数据丢失之后，可以通过校验技术将数据进行恢复。

5.3.3　RAID 分级

根据采用的条带化、镜像和奇偶校验技术的不同，将 RAID 分为 RAID 0、RAID 1、RAID 2、RAID 3、RAID 4、RAID 5、RAID 6 共 7 个级别，分别介绍如下：

1．RAID 0

RAID 0 将参与的各个物理磁盘组成一个逻辑上连续的虚拟磁盘。在相同条件下，RAID 0 是所有 RAID 级别中存储性能最高的一个阵列，最少需要两块硬盘。

RAID 0 的工作原理(如图 5-17 所示)：假设由两块硬盘组成 RAID 0，RAID 控制器将发来的 I/O 数据条带化分成两条分别写入两块磁盘中，每块磁盘处理发给自己的数据，互不干扰。这样 RAID 0 的两块磁盘同时运转的存储性能比单独一块磁盘的读/写速度提高了两倍，若是 3 块磁盘理论上则可以达到 3 倍。但由于总线宽度等多种原因，并不能达到这个理论值。

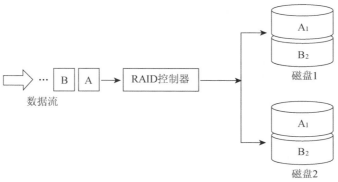

图 5-17　RAID 0 系统示意图

RAID 0 的优点在于其读/写性能高，适用于对性能要求比较高的场景。不过其缺点也同样明显，如图 5-17 所示，因为没有数据冗余，若磁盘 1 损坏就会导致整个数据崩溃，由此看出 RAID 0 不能允许任何一个磁盘损坏，因此并不建议企业用户使用。

2．RAID 1

RAID 1 是通过镜像技术将数据写入到磁盘阵列的各个磁盘中。RAID 1 最少需要两块硬盘，一般为偶数盘，如果是两块硬盘做的 RAID 1，那么对外显示的是一块盘的容量。

RAID 1 工作原理(如图 5-18 所示)：同样假设由两块硬盘组成 RAID 1 阵列，RAID 控制器将 I/O 数据镜像复制两份分别写入两块磁盘中。这样看来，一个 I/O 的操作完成是由最后写入数据的那个硬盘决定，因此，I/O 速度并没有得到提升，相反可能会有所降低。

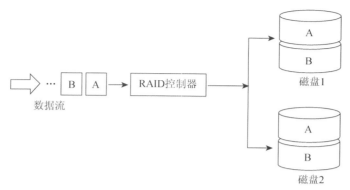

图 5-18　RAID 1 系统示意图

RAID 1 的优点是，相较于 RAID 0 对数据没有保护措施，RAID 1 对数据做了镜像复制写入到多块磁盘中，如图 5-18 所示，磁盘 1 和磁盘 2 有一模一样的数据，若磁盘 1 损坏掉，磁盘 2 接管提供数据，不影响系统的正常使用。由其工作原理可知，一条数据被镜像复制成两条或多条，写入磁盘中，并没有使用条带化技术，所以写入性能仍然是单块磁盘的写入能力。因此 RAID 1 的缺点就是 I/O 会比较慢。

3．RAID 2

RAID 2 是一种比较特殊的 RAID 模式，它是一种专用在某个场景或某种需求的 RAID，由于其专用性，现在早已被淘汰。它的基本原理是在 I/O 到来之后，RAID 控制器将 I/O 数据按照位或者字节分散开，顺序 写入每块磁盘中。RAID 2 采用汉明码来校验数据，这种码可以判断修复错误一位的数据，因此 RAID 2 允许一块磁盘损坏。

RAID 2 的优点：RAID 2 每次读/写数据都需要全组磁盘联动，因此它的读/写速度是非常快的，并且由于汉明码的校验使得 RAID 2 允许一块磁盘损坏。缺点：由于汉明码的特性，使用的校验盘数量太多，假设有 4 块数据盘，就需要有 3 块校验盘，成本太高。如今，RAID 2 已被淘汰。

4．RAID 3

RAID 3 也是把数据利用条带化和奇偶校验技术写入到 $N+1$ 磁盘中，N 个磁盘用来存放数据，第 $N+1$ 个磁盘用来存放奇偶校验信息。

RAID 3 工作原理(见图 5-19)：RAID 控制器将 I/O 数据条带化后写入到个磁盘中，并且在数据安全方面把奇偶校验信息写入到单独的一块磁盘中。奇偶校验值的计算以各个磁盘相对应位进行异或逻辑运算，然后将结果写入到奇偶校验盘中。

RAID 3 优点：数据经过 RAID 3 的条带化后，使数据以整个条带为单位读/写，从而使得各个磁盘都能并发地参与到数据的读/写中，因此，RAID 3 的读/写速度很快。由于奇偶校验技术，如图 5-19 所示，RAID 3 允许一块磁盘损坏。缺点：RAID 3 需要一块单独的磁盘用来存放奇偶校验信息，但同时这块奇偶校验盘也导致了写入瓶颈，不论来多少条数据，奇偶校验信息都得一条一条地写入到这块磁盘中。

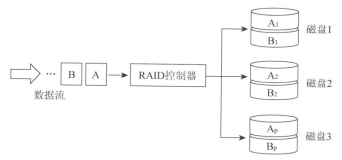

图 5-19　RAID 3 系统示意图

5．RAID 4

RAID 4 与 RAID 3 很像，RAID 4 也是利用了条带化技术和奇偶校验技术将数据写入磁盘中，也有一块单独的磁盘用来存放奇偶校验信息。

RAID 4 工作原理与 RAID 3 类似，不同的是 RAID 4 控制器将数据条带化得粒度更小，使数据在写入到磁盘的时候，部分磁盘并发联动写入，这样，其余的磁盘可以写入下一条数据。但与 RAID3 一样的是，奇偶校验盘只有一块，即使同时写入两条数据，在奇偶校验盘上数据的奇偶校验信息仍然要一条一条地写入，即奇偶校验盘争用问题。

与 RAID 3 不同的是，RAID 4 的数据磁盘支持独立访问，这样 RAID 4 提供了不错的读/写吞吐率。

6．RAID 5

RAID 5 利用条带化和奇偶校验技术将数据写入到磁盘中，是一种兼顾存储性能和数据安全的磁盘阵列技术。RAID 5 有与 RAID 0 相近似的数据读/写速度，但相比 RAID 0 多了数据保护措施，在磁盘利用率上也要比 RAID 1 高很多。RAID 5 至少需要 3 块盘，并且最多支持一块盘损坏。

RAID 5 工作原理，RAID 控制器将过来的 I/O 数据条带化和其对应的奇偶校验信息存储到 RAID 5 的各个磁盘中，这样即使阵列中一块磁盘损坏，也可以用其他磁盘上的数据和对应的奇偶校验技术去恢复损坏的数据，因此 RAID 5 支持一块磁盘损坏，容量是 $N-1$，N 为磁盘数。

RAID 5 的优点，RAID 5 有近似于 RAID 0 的存储性能，容许一块磁盘损坏，如图 5-20所示，若磁盘 1 损坏，可利用磁盘 2 和磁盘 3 的数据信息恢复磁盘 1 的数据，并且磁盘空间利用率随着磁盘数的增多而升高(3 块盘磁盘利用率为 2/3，4 块盘利用率为 3/4)，这些优点决定了 RAID 5 能够被广泛地应用。其缺点如图 5-20所示，若磁盘 1 损坏，在尚未解决故障的情况下磁盘 2 又损坏，那么数据将无法恢复，损失将是灾难性的。

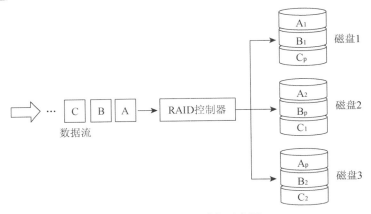

图 5-20　RAID 5 系统示意图

7．RAID 6

RAID 6 的工作原理与 RAID 5 基本相同，不同点在于 RAID 6 引入了第 2 个校验元素，使得 RAID 阵列中允许两块磁盘的损坏如图 5-21 所示。因此 RAID 6 至少需要 4 块磁盘。

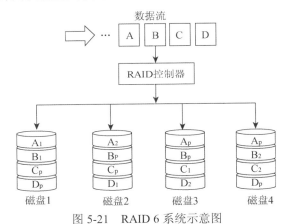

图 5-21　RAID 6 系统示意图

5.3.4　RAID 级别组合应用

RAID 级别组合使用，可充分发挥 RAID 的优势功能，实现可靠、高效存储，常见的组合方式有 RAID 10、RAID 01、RAID 50。

1．RAID 10

RAID 10 即 RAID 1+0，集成了 RAID 0 的性能优势和 RAID 1 的冗余特性，将镜像技术和条带技术的优点组合起来应用。这类 RAID 需要偶数块磁盘来构建。

RAID 10 先把数据镜像之后，然后再把原数据和镜像的数据条带化后写入到磁盘上。若其中一块磁盘损坏，则把未损坏的对应该磁盘的磁盘中的数据复制到新替换的磁盘上即可，如图 5-22 所示。

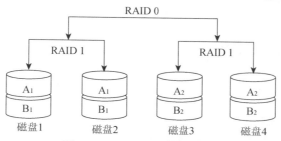

图 5-22　RAID 10 系统示意图

2. RAID 01

RAID 01 即 RAID 0+1，是首先把数据条带化之后，再把数据镜像复制，然后再写入到磁盘中。若一块磁盘损坏，则写入该磁盘所在的磁盘集的整个条带都将失效。更换掉损坏的磁盘之后，需要从另外的磁盘集上把数据复制到有损坏的磁盘集上，这会造成不必要的读/写操作，如图 5-23 所示。

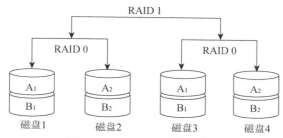

图 5-23　RAID 01 系统示意图

3. RAID 50

RAID 50 的控制器将接收到的数据先依据 RAID 0 的映射关系将数据分条，分出的每个数据条再按照 RAID 5 的映射关系写入到不同的 RAID 5 磁盘集中。由于 RAID 5 阵列允许一块磁盘损坏，所以 RAID 50 的每个 RAID 磁盘集中允许一块磁盘损坏，若某个 RAID 5 磁盘集损坏超过两块磁盘损坏，则整个系统的数据将无法使用，如图 5-24 所示。

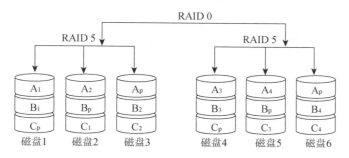

图 5-24　RAID 50 系统示意图

5.4 主流存储设备

目前主流的存储设备有三类：直连存储 DAS、网络附加存储 NAS 和存储区域网络 SAN。本节就这三类存储设备进行简要的介绍。

5.4.1 直连存储(DAS)

直连存储(Direct-Attached Storage，DAS)是一种将存储设备直接与服务器相连接的架构。尽管存储网络技术越来越普遍，但 DAS 仍然是访问和共享本地数据的理想方案，尤其是在服务器数量不多的小企业环境里。

1. DAS 概述

DAS 即直连式存储，是指将存储设备通过 SCSI 接口直接连接到服务器上。DAS 相对于其他存储网络需要更少的前期投资。DAS 设备本身是存储设备硬件的堆叠，没有独立的操作系统，需要依赖于服务器的管理和维护。因此对服务器的性能要求比较高。DAS 拓扑图结构如图 5-25 所示。

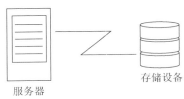

服务器　　　　　　存储设备

图 5-25　DAS 拓扑图

(1) DAS 的优点

- 结构简单，部署方便快捷。DAS 部署起来是比较简单的，且都是通过服务器操作系统的管理和维护，部署和配置都很方便。
- 低成本下能实现大容量存储。由于 DAS 无须单独的硬件和软件，只需将多个磁盘使用 RAID 技术虚拟化为一个逻辑磁盘供服务器使用即可。
- 无网络互联和延迟问题。由于 DAS 存储设备直接连接服务器设备，不需要网络，因此不存在网络互连和延迟的问题。

(2) DAS 的缺点

- 可扩展性差。DAS 存储设备的端口是有限的，这就限制了服务器的扩展，只能连接固定的服务器数目，对企业的发展造成了很大的困扰。
- 对服务器的依赖性强。由于 DAS 没有独立的操作系统去管理，需要使用服务器操作系统去管理和维护，这就占据了服务器的不少资源，要求服务器有很高的性能，若服务器发生故障，存储将无法被访问。

- 传输带宽的限制。DAS 设备中的存储与服务器使用 SCSI 连接，随着存储容量越来越大，服务器 CPU 处理能力越来越强，所产生的 I/O 越来越多，SCSI 通道逐渐成为 I/O 的瓶颈。
- 资源利用率低。DAS 无法优化存储资源的使用，未被使用的资源不能够方便地重新分配，会导致过载或者欠载的存储池，导致资源浪费。
- 备份困难。随着存储中的数据越来越多，备份时需要的时间越来越长，并且会对服务器造成过多的负载，造成企业业务的非正常运行。

2. DAS 使用的接口和协议

由 DAS 概念可知，DAS 设备使用 SCSI 接口和协议与服务器相连。SCSI(Small Computer System Interface)即小型计算机系统接口，是一种用于计算机与其相关联的设备之间(硬盘、光驱、打印机、扫描仪等)系统级接口的处理器标准。

SCSI 接口是一个通用的接口，通过 SCSI 连接的设备平等地占有总线。随着 SCSI 标准的发展演化，SCSI 接口也经历了几次改进，到目前，SCSI 可划分为 SCSI—1、SCSI—2、SCSI—3 几种。SCSI-3 是目前使用最广泛的版本。

为了进一步提高传输速率，在并行 SCSI 接口技术基础上，演化出了串行 SCSI。串行 SCSI 能提供更快的传输速率。

3. 主流的 DAS 产品

现如今，生产制作专门的 DAS 产品的厂商已经很少，不过，各大厂商推出的产品有很多对 DAS 存储技术是支持的。

例如，Dell 的 Dell Storage MD 系列。Dell Storage MD1280 的详细配置如表 5-1 所示。

表 5-1 Dell Storage MD1280 详细参数

功能特性	Dell Storage MD1280
每个机箱的驱动器数量	多达 84 个热插拔 3.5 寸硬盘托架
驱动器性能和容量	3.5 寸 NL-SAS 6GB 硬盘(7.2K)：4TB、6TB 3.5 寸 NL-SAS 4kn 或 512e6 GB 硬盘(7.2K)：6TB 3.5 寸 NL-SAS 512e 6GB 硬盘(7.2K)：8TB
每盘柜最大容量	采用 84 个 8TB NL-SAS 3.5 寸硬盘时，最大容量可达 672TB
扩展能力	LSI 9207—8e SAS HBA 或 LSI 9286—8e SAS RAID 卡
盘柜管理模块(EMM)	2 个 EMM 可提供冗余盘柜管理功能
每个 EMM 的连接性	3 个可用于连接主机或进行扩展的迷你 SAS 接口
服务管理	3.5 毫米立体声插头(仅限工厂使用)
功率(仅支持交流电源，无直流电源选项)	2800W

(续表)

功能特性	Dell Storage MD1280
主机散热	9554 BTU/h
输入电压范围	200～240V 交流电
频率范围	50/60Hz
电流	8.6～4.3A(x2)
高×宽×深	22.23 厘米(8.8 寸)×48.26 厘米(19 寸)×91.44 厘米(36 寸)
重量	130.1 千克(287 磅)(最大配置)；62.1 千克(137 磅)(空)
温度	工作温度：10℃至 35℃(50℉至 95℉)，每小时最大温差不超过 20℃；非工作温度：最高海拔不超过 12 000 米(39 370 英尺)时，−40℃至 65℃(−40℉至 149℉)
相对湿度	工作相对湿度：10%至 80%(非冷凝)，最高露点温度为 29℃(82.4℉)；非工作相对湿度：5%至 95%(非冷凝)，最高露点温度为 33℃(91℉)
海拔高度	工作海拔：−16 米至 3048 米(−50 英尺至 10 000 英尺)存放 0 至 3048 米(0 至 10 000 英尺)。注：在 950 米(3 117 英尺)以上，每升高 300 米(547 英尺)应将最高温度从 35℃开始降低 1℃(1℉)

参数介绍：

(1) 驱动器数量决定了可添加的硬盘数，硬盘热插拔的高可用性；驱动器的性能和容量给出支持的硬盘标准规格和上限。

(2) 盘柜的最大容量显示出设备能支持的最大容量；扩展性能决定存储设备的支持连接的方式及扩展能力。

(3) 在设备工作环境上，包括工作电压、电流、温度、散热、相对湿度、海拔高度等都是不可或缺的参数。

5.4.2　网络附加存储(NAS)

网络附加存储(Network Attached Storage，NAS)是一种高性能的、基于 IP 的集中式文件系统功能的存储设备。与 DAS 不同，NAS 设备集成了硬件和软件等设备组件，通过 IP 网络为客户端和服务器提供服务。

1. NAS 概述

NAS 拥有自己的文件系统，使用包括通用 Internet 文件系统(CIFS)和网络文件系统(NFS)等协议提供对文件系统的访问权限。NAS 使得包括 UNIX 和 Windows 在内的用户都可以无缝地共享相同的数据。由于 NAS 使用的是 TCP/IP 协议网络进行数据交换，所以不同厂商的设备只要符合协议标准就可以进行交互。NAS 的实施方案可分为集成 NAS、网关

NAS 和横向扩展 NAS 共 3 种，但需要注意的是，NAS 具体实施方案要根据实际需求情况而定，并不局限于这 3 种方式。NAS 的拓扑图如图 5-26 所示。

由于 NAS 有着比 DAS 更多的优势，因此被得到了广泛应用。NAS 主要优势有：

(1) 效率的显著提高。NAS 使用的是针对文件服务特制的操作系统，能够提供更好的性能。

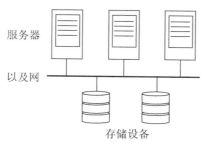

图 5-26　NAS 拓扑图

(2) 灵活性好。只要是使用行业标准协议的 UNIX 和 Windows 用户，NAS 都可以灵活地为来自同一源端的不同类型客户端请求提供服务。

(3) 集中式存储。集中式的存储可有效降低客户端工作站上的数据冗余，并确保实现更好的数据保护。

(4) 管理的简单化。提供一个统一集中的管理控制台，使得用户能够高效管理文件系统。

(5) 高可用性。提供有效的复制和恢复选项，实现数据的高可用性管理。NAS 使用冗余的网络组件提供最多的连接选项。NAS 设备支持使用集群技术进行故障切换。

(6) 安全性。结合行业标准安全方案，确保用户身份验证和文件锁定。

NAS 在使用中也有难以避免的缺点，主要有：

(1) 由于 NAS 使用 IP 网络，而由 IP 带来的带宽和延迟问题无疑会影响到 NAS 的性能。

(2) NAS 的前端接口大部分都是千兆以太网接口，而千兆以太网的速度最快也就是100Mb/s，除去正常的开销之后所剩无几，这显然已经不能满足日益增多的数据需求。

(3) 经过文件系统的格式转换之后才能访问 NAS，所以是以文件级来访问，并不适合块级的应用，块级主要代表就是数据库系统。

2. NAS 的构成部分

构成 NAS 的设备中有两个关键组件：NAS 头(控制器)和存储阵列。NAS 头主要包括以下组件：

(1) CPU 和内存。

(2) 一个或多个网络接口卡(NIC)提供网络连接，其支持的协议包括千兆以太网、快速以太网、ATM 和光纤分布数据接口(FDDI)。

(3) 一种优化过的操作系统，用于管理 NAS 功能。

(4) 用于文件共享的 NFS、CIFS 协议。

(5) 标准的存储协议和端口，用于连接和管理物理磁盘资源。

3. NAS 的文件共享协议

NAS 设备常用到的文件共享协议有 NFS 和 CIFS，在协议的作用下，NAS 设备使用户能够跨操作系统共享并迁移文件数据。

(1) NFS

NFS(Network File System，网络文件系统)是 UNIX 系统中使用最广泛的一种协议，该协议使用客户/服务器的方式实现文件共享。NFS 使用一种独立于操作系统的模型来表示用户数据，使用远程过程调用(Remote Procedure Call，RPC)作为两台计算机之间过程间通信的方法。

NFS 协议提供一套 RPC 方法以访问远程文件系统，并支持以下几种操作:

● 查找文件和目录。

● 打开、读取、写入和关闭文件。

● 更改文件属性。

● 修改文件链接和目录。

NFS 在客户端与服务器之间创建连接，并用来传输数据。NFS(NFSv3 和更低版本)是无状态协议，即它不保存任何类型的数据表，以存储有关打开文件和相关指针的信息，因此，每次使用都必须提供所有参数来访问服务器上的文件。这些参数包含文件属性信息、指定的读/写位置和 NFS 的版本。目前使用的 NFS 有 3 种版本。

● NFSv2: 使用 UDP 协议在客户和服务器端无状态的网络连接。

● NFSv3: 该版本目前使用最为广泛，使用 UDP 或者 TCP 的无状态协议。

● NFSv4: 使用 TCP 协议的有状态的网络连接。

(2) CIFS

通用 Internet 文件系统(Common Internet File System，CIFS)是一种基于客户/服务器的应用程序协议。它支持客户端通过 TCP/IP 协议向远程计算机上的文件和服务发出请求，是一种公共的、开放的由服务器消息块(SMB)演化来的协议。

CIFS 可以为客户端提供如下功能:

● 能够与其他用户一起共享一些文件，并可以使用文件锁和记录锁，防止用户覆盖另一用户所进行的操作。

● 有状态的协议，支持断开后自动重连，并重新打开断开之前已经打开的文件。

● 文件名使用 Unicode 编码，可以使用任何字符集。

4. 主流的 NAS 产品

现在市场上的商业 NAS 种类繁多，企业完全可以购买适合自己的 NAS 产品，同样也可以设计和搭建自己的 NAS 服务器。

(1) NetAPP

NetAPP 公司掌握了全球最先进的 NAS 方面的相关技术，其 FAS 系列产品占据了 NAS 市场的半壁江山。FAS 系列中的所有产品均运行 Data ONTAP 操作系统，它是 NetAPP 专门针对 NAS 市场的操作系统，相关技术指标参数如表 5-2 所示。

表 5-2　NetApp FAS 系列存储参数

项目	FAS3250(具有扩展 I/O)	FAS3220(具有扩展 I/O)	FAS3220
最大系统容量	2880TB	1920TB	1920TB
最大驱动器数量	720	480	480
控制器外形规格	双机箱 HA；两个 3U 机箱中装有两个控制器，共 6U	双机箱 HA；两个 3U 机箱中装有两个控制器，共 6U	单机箱 HA；一个 3U 机箱中装有两个控制器
内存	40GB	24GB	24GB
最大 FlashCache	2TB	1TB	1TB
最大 FlashPool	4TB	1.6TB	1.6TB
总闪存上限	4TB	1.6TB	1.6TB
PCI-E 扩展插槽数	12	12	4
板载 I/O：4GbFC	4	4	4
板载 I/O：6GbSAS	4	4	4
板载 I/O：GbE	4	4	4
支持的存储网络	FC、FCoE、IPSAN(iSCSI)、NFS、CIFS/SMB、HTTP、FTP		
操作系统版本	Data ONTA P8.1.2 及更高版本		
高可用性特性	备用控制路径(ACP)；基于以太网的服务处理器和 DataONTAP 管理界面；冗余热插拔控制器、散热风扇、电源和光学器件		
支持的配置	高可用性的控制器配置 主动-主动控制器，带有控制器容错和多路径 HA 存储功能 V 系列 高可用性对集群		
支持的磁盘架	DS2246(2U；24 个驱动器，2.5 英寸 SFF) DS4246(4U；24 个驱动器，3.5 英寸 LFF) DS4486(4U；48 个驱动器，3.5 英寸 LFF) DS4243(4U；24 个驱动器，3.5 英寸 LFF)		

(续表)

项目	FAS3250(具有扩展 I/O)	FAS3220(具有扩展 I/O)	FAS3220
最大 RAID 组大小	RAID 6 (RAID-DP)SAS 和 FC：28 个(26 个数据磁盘加 2 个奇偶校验磁盘) SATA：20 个(18 个数据磁盘加 2 个奇偶校验磁盘) RAID 4 FC：14 个(13 个数据磁盘加 1 个奇偶校验磁盘) SATA：7 个(6 个数据磁盘加 1 个奇偶校验磁盘) RAID 6+RAID 1 或 RAID 4+RAID 1(SyncMirror)		
支持的操作系统	Windows 2000、Windows Server 2003、Windows Server 2008、Windows Server 2012、Windows XP、Linux、Sun Solaris、AIX、HP-UX、MacOS、VMware、ESX		
最大 LUN 数量	每个控制器 8 个，共 192 个		
支持的 SAN 主机数量	每个 HA 对最多可支持 512 个主机 每个 HA 对最多可以有 24 个直接连接的服务器		
FlexVol 卷	如果在 FAS3250 中采用集群模式 Data ONTAP 8.2，每个控制器最多 1000 个，否则每个控制器最多 500 个		
Snapshot 副本	每个控制器最多 127 000 个		
聚合大小上限	240TB	180TB	180TB
卷大小上限	70TB	60TB	60TB
最大端口数(包括集成端口和 PCI-E 扩展插槽) — FC 目标端口数(16Gb/8Gb/4Gb)(最大)	24	24	10
10GbE/FCoE 目标端口数，UTA/UTA2(最大)	24	24	8
GbE(最大)	52	52	20
6GbSAS(最大)	52	52	20
FC 启动器(最大)	52	52	20
适配器最大数量 — 双通道 10GbE(光纤或铜线)	12	12	4
双通道 10Gbase-T (RJ-45、CAT6A-E)	12	12	4
四通道 GbE(铜线)	12	12	4
双通道 10GbE/FCoE 16GbFC 统一目标适配器 2(UTA2，10GbE/FCoE 部署可使用光纤或铜线；16GbFC 可使用光纤)	12	12	4

(续表)

项目		FAS3250(具有扩展 I/O)	FAS3220(具有扩展 I/O)	FAS3220
适配器最大数量	双通道 10GbE FcoE SAN 统一目标适配器 (UTA，光纤或铜线)	12	12	4
	8GbFC 目标(光纤)	12	12	4
	用于光纤通道上 Snap Mirror(SMoFC) 的双 8GbVI	2	2	2
	FlashCache 性能加速模块(1TB)	2	不适用	不适用
	FlashCache 性能加速模块(512GB)	4	2	2
	四通道 6GbSAS 存储 HBA	12	12	4
	四通道 4GbFC 存储/磁带 HBA	12	12	4
	双 SCSI 磁带 HBA	12	12	4

其中参数说明如下。

- 内存、闪存：存储设备在写入数据的时候为了是先将数据写入到内存中，然后再写入磁盘中，根据各种用户的不同使用需求，可以决定闪存的数量，闪存是用来接入需求传输速度较高的业务数据。
- 网络接口：网络接口决定了该存储能够接入什么类型的网络，现在绝大部分存储都可以根据客户的要求添加以太网口和光纤接口；目前的设备都具有光纤接口以及以太网接口，并且大都是多通道。
- 高可用性：采用多控制器控制防止单点故障；支持的存储网络，NAS 设备需要支持 NFS 和 CIFS；采用的 RAID 技术以及支持划分 LUN 的数量；支持热插拔磁盘、风扇等控件。
- 电池：许多存储设备都配备有电池，电池的主要作用就是在设备突然断电之后保证在内存中的数据能够继续写入到磁盘阵列中，因为数据在写入的时候首先要写入到内存中，然后再写入到磁盘中，假如这个时候突然断电，那内存中的数据就会丢失，因为在断电之后内存中的数据会释放，所以电池就在这个时候起作用。

(2) EMC

EMC 提供的 NAS 解决方案是 Celerra 系列产品。Celerra 系列同时包括了集成式和网关式的 NAS 解决方案，提供了一个专用、高性能、高速率支持 I/O 访问的通信设施。它支持网络数据管理协议(Network Data Management Protocol，NDMP)，用于备份、CIFS、NFS、FTP 和 iSCSI 等。Celerra 还设计有冗余、可热插拔组件，允许对有问题的部件进行热插拔。

5.4.3　存储区域网络(SAN)

存储区域网络(Storage Aera Network，SAN)是通过一种专用于连接存储设备和服务器设备并传输数据的网络连接方式。随着 Internet 和网络的飞速发展，同时使得信息的爆炸式增长，导致对数据安全性、高速传输、跨平台共享和简易扩容性的要求越来越高，SAN 就在这种环境的需求下应运而生。

1. SAN 概述

SAN 整合了存储资源，使得多个服务器能够共享存储设备。SAN 网络中利用了虚拟化技术，把网络中的交换设备、存储设备和其他硬件透明化呈现给服务器的操作系统和管理人员。再加上集中化的管理软件，管理员可以通过统一的接口进行必要的管理。SAN 拓扑图如图 5-27 所示。

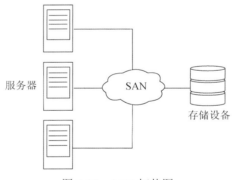

图 5-27　SAN 拓扑图

SAN 的特征和优势有以下几点：

(1) SAN 基于存储设备接口连接，存储资源是独立于服务器之外的，这使得服务器在存储设备之间传输数据时不会影响局域网的网络性能。

(2) 存储设备和资源的整合，位于不同地方的多台服务器都可以通过存储网络访问存储资源，不用为每台服务器或者每个集群单独购买存储设备。

(3) 数据的集中管理，经过整合的存储资源面向服务器进行统一管理，这样就大大降低了数据的管理的复杂性，大大提高了资源利用率。

(4) 扩展性强，只需将新增加的存储设备添加到存储网络中，服务器和操作系统就能够管理使用。

（5）高可用性、高容错能力和高可靠性，SAN 中的存储设备都支持热插拔和多控制器以确保安全可靠。

2. SAN 类型

根据 SAN 网络所选用的不同协议，可将 SAN 分为 FC-SAN 和 IP-SAN 两类。其中，FC-SAN 基于光纤通道技术构建 SAN 网络，IP-SAN 基于 iSCSI 协议构建 SAN 网络。

5.5 存储区域网络 SAN

存储区域网络 SAN 是应用较为广泛的存储设备，目前主流的技术分为 FC-SAN 和 IP-SAN 两类，本节对这两类设备进行介绍。

5.5.1 FC-SAN

在 1988 年，FC 被开发出来时是用于提高硬盘协议的传输带宽，侧重的是快速、高效、可靠的传输。直到 20 世纪 90 年代末，FC 被应用于 SAN 网络中，随后，FC-SAN 开始得到了大规模应用。

1. FC-SAN 概述

FC-SAN 是由光纤通道技术连接的存储区域网络，其组成包括硬件和软件。硬件包括 FC 卡、FC HUB、FC 交换机、存储设备等，软件是厂商为了管理存储设备所研发的驱动程序和管理软件。

- FC 卡：用于主机设备与 FC 设备之间的连接。
- FC HUB：光集线器，内部运行仲裁环。
- FC 交换机：运行 Fabric 拓扑。
- 存储设备：提供存储的设备，采用 FC 光纤连接。
- SAN 管理软件：用来管理主机、互连设备和存储阵列之间的接口。

（1）FC-SAN 的优势

- FC-SAN 使用的 FC 协议运行速率有 2Gb/s、4Gb/s、8Gb/s 和 16Gb/s，传输性能非常高并能够保证数据的可靠性传输。
- FC-SAN 网络是一个独立的子网，具有先天的安全性。
- 光纤线缆之间不存在串扰问题。
- FC-SAN 扩展性好，可以连接很多个设备，1 个光纤通道可连接 126 个设备，还可以通过光纤交换机来扩展磁盘阵列。

(2) FC-SAN 的缺点

- 高性能带来的高成本，使成本一直居高不下，对企业造成不小的压力。

- 传输距离受限，光纤的传输距离最大为 10 公里，如果需要增加传输距离，所需要的花费是一般用户无法承受的。

2. FC 协议详解

FC 协议并不能翻译为光纤协议，是因为 FC 协议通常采用光纤作为传输线缆，FC 的介质可以使用光纤线、双绞线或者同轴电缆。与 TCP/IP 协议一样，FC 协议集也具有 FC 交换机、FC 路由器、FC 交换、FC 路由等等设备和概念。FC 协议可划分为 5 个层次，从 FC-0 到 FC-4。

(1) FC-0 物理层是 FC 协议的最底层，该层定义了传输介质、传输距离物理接口等标准。目前 FC 协议可以达到的传输速度 8Gb/s，是高速网络的代表。

(2) FC-1 层定义了编码和解码的标准。

- FC 协议中使用到的字符编码不再是 ASCII 字符集，而是针对 FC 协议单独制定了一套适合的字符集。

- FC 帧：FC 协议定义了一个 24B 大小的帧头，其中包含了寻址功能和传输保障。TCP/IP 协议的 TCP 头开销为 54B，UDP 是 42B，所实现的功能一样，FC 协议的开销更少。

- MTU：以太网的 MTU 一般为 1500B，而 FC 的 MTU 值可以达到 2112B，FC 协议的效率更高。

(3) FC-2 层定义了光纤通道的寻址和数据传输方式。

- 所有的网络都需要寻址。在 FC 网络中每个设备都有一个自己的编号叫做 WWNN (World Wide Node Name)，FC 设备中的每个端口都有自己的唯一编号叫做 WWPN (World Wide Port Name)。一个大的 FC 网络中一般有多台交换机，在寻址过程中，这些交换机会运行相应的路由协议，在 FC 网络中应用的是 OSPF 协议。

- ZONE 的划分是出于 FC 网络中的安全性考虑。ZONE，即区域的意思，划分 ZONE 之后同分区的节点可以相互通信，不同分区的节点无法通信。例如网络中有 a、b、c、d、e 5 个节点，可以把 a、b 和 e 划分为一个 ZONE，把 c、d 和 e 划分一个 ZONE，这样 a、b 就无法和 c、d 通信，但都可以和 e 进行通信，该方法在存储区域网络中比较常见。如果不划分 ZONE，仍然按照上述方法划分，虽然 a、b 节点看不到 c、d 节点，但若是 a 知道了 c 的 ID，那么它就可以主动与 c 进行通信，而交换机是不会对这样的通信进行干涉的，所以这样就不安全。

(4) FC-3 提供一套通用的公共通信服务。

(5) FC-4 是 FC 最高层，也称协议映射层，定义了应用协议映射到底层 FC 协议层的方式。

- 该层会对上层的数据流进行分割，每个上层程序发过来的数据包经过分割之后提交给 FC 的下层进行传输。
- FC 协议也定义了多种服务类型。Class1 服务类型为通信双方保留了一条虚连接，有数据进行传输时能保证传输的可靠性；Class2 服务类型时类似于 TCP 的传输服务，接收方会反馈给发送方一个确认，保证数据的传输完整性；Class3 服务类型则是不提供确认；Class4 服务类型是在一条连接上保留一定的带宽给上层应用。

3. FC-SAN 拓扑结构

FC-SAN 根据不同连接方式和设备可有 3 种可选的连接方案：点对点、仲裁环和 FC-SW 连接。

(1) 点对点

该方案是最简单的 FC 配置方案，如图 5-28 所示。连接方法就是服务器和存储设备之间直接相连，但是该方案不支持两个以上的设备同时相互通信。

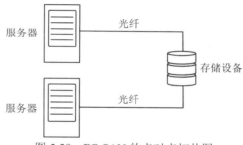

图 5-28 FC-SAN 的点对点拓扑图

(2) 仲裁环

仲裁环定义的是一个单向的环，允许多台设备之间通过仲裁环进行通信，因为该仲裁环是一种单向环，所以设备在使用的时候需要经过仲裁决定使用哪个设备，并且在同一个时间点只允许一个设备在环上进行 I/O 操作，如图 5-29 所示。

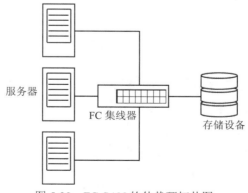

图 5-29 FC-SAN 的仲裁环拓扑图

(3) FC-SW 连接

FC-SW 方案解决了以上两个方案的问题，FC-SW 提供了一个专用贷款可扩展的网络空间，所有的节点设备都可以在其中互相通信。在该交换网中添加或者删除设备不会引起网络中断，更不会影响到其他设备正常数据的传输。

FC-SW 方案实现的 SAN 拓扑可分两种类型：互连拓扑和核心-边缘连接拓扑。

① 互连拓扑

互联拓扑又可分为部分互连和完全互连。

- 部分互连：在部分互连拓扑中，在同一个拓扑中的交换机只是部分连接形成通路，通信可能需要经过较多的交换机点才能到达目的地，但其可扩展性更好，如图 5-30 所示。

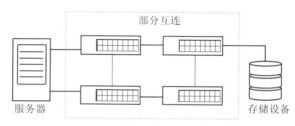

图 5-30　部分互联结构拓扑图

- 完全互连：在完全互连拓扑中，所有的交换机都要互相连接。该方案适合那种设计交换机比较少的情况，若交换机数量太多，链路将会急剧增加，造成端口的浪费，如图 5-31 所示。

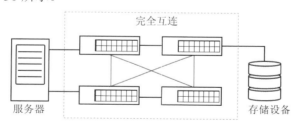

图 5-31　完全互联结构拓扑图

② 核心-边缘连接拓扑

核心-边缘连接拓扑结构有两种类型的交换机层：边缘层和核心层。边缘层通常包含交换机，核心层包含一个或者多个确保连接结构高可用的 FC 核心控制器。在此方案中所有的存储设备都直接连接到核心层，服务器连接到边缘层的交换机。对性能要求比较高的服务器，也可以直接连接到核心层，从而避免 ISL 延迟。

在边缘层的交换机中，各个交换之间是没有互相连接的，这样就提高了端口利用率。若需要扩展，只需要再添加交换机连接到核心层即可。

如图 5-32 和图 5-33 所示为单核心拓扑和双核心拓扑结构。

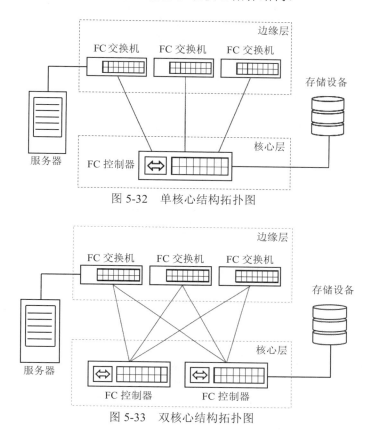

图 5-32 单核心结构拓扑图

图 5-33 双核心结构拓扑图

4. FCOE

FCoE(Fibre Channelover Ethernet，以太网光纤通道)协议的诞生使得一个物理接口综合了 LAN 和 SAN 通信的功能，允许在一根线缆上传输 LAN 和 FCSAN 数据，具有减少数据中心的设备数量和线缆数量，降低成本和管理负担，降低能耗和制冷设备成本并减少占用空间等众多优点。

FCoE 网络结构主要包括聚合网络适配器 CNA、线缆和 FCoE 交换机，FCoE 连接示意图如图 5-34 所示。

(1) CNA 是一个聚合了以太网口和 FCHBA 卡功能的适配器，减少了适配器数量，释放了空间资源。

(2) 布线有两种选择，一种是铜质双绞线，另一种是标准光纤线缆。其中双绞线成本更低且消耗的电力资源较少。

(3) FCoE 交换机同时具有以太网交换机和光纤通道交换机的功能。

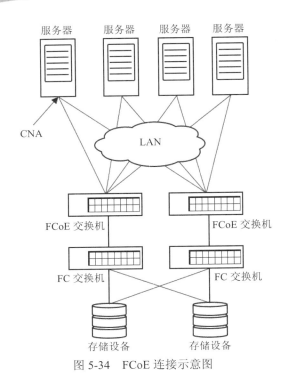

图 5-34　FCoE 连接示意图

5. FC-SAN 产品介绍

Dell 的 SC 系列为存储系列中端存储，如今各个企业的信息都在爆发式地增长，越来越多的公司选择了分布式架构，而 Dell 的该系列产品能够满足企业分布式的大规模增长。

如表 5-3 所示，是 Dell SC4020 存储的参数。

表 5-3　Dell SC4020 存储的参数

机箱概览		参　数
机箱类型		一体机(双控制器、内置驱动器托架、联网和扩展端口)
机架尺寸		2U
控制器		每个机箱 2 个(主动/主动)，每个联合系统 8 个
处理器		2.5GHz 4 核英特尔®至强®处理器；每个控制器 1 个，每个机箱 2 个，每个联合系统 4 个
内部存储容量		24 个 2.5 寸驱动器托架；每个联合系统 96 个 2.5 寸驱动器托架
系统内存		每个控制器 16GB，每个机箱 32GB，每个联合系统 128GB
操作系统		Dell Storage CenterOS(SCOS)6.5 或更高版本
扩展容量	扩展盘柜	• SC200(12 个 3.5 寸驱动器插槽，6Gb/s SAS) • SC220(24 个 2.5 寸驱动器插槽，6Gb/s SAS) • SC280(84 个 3.5 寸驱动器插槽，6Gb/s SAS)

(续表)

机箱概览		参　数
扩展容量	最大硬盘数量	192 个(24 个内置硬盘，加上 168 个外置硬盘)；每个联合系统 768 个
	最大原始容量(SAN)	每个阵列 1PB(固态硬盘或传统硬盘)，每个联合系统 4PB
	最大原始容量(NAS)	• 每个阵列 1PB(配备可选的 FS8600)；每个联合系统 4PB • 单个命名空间 6PB(配备 FS8600 和多个 SC4020 阵列) SAS 和 NL-SAS 驱动器；同一系统中可混合使用不同类型、传输速率和转速的驱动器
	存储介质	• 固态硬盘：写密集型、读密集型 • 传统硬盘：15krpm、10krpm、7.2krpm
网络和扩展 I/O	前端网络协议	FC、iSCSI、SAS4(支持同时多协议)
	最大 16GbFC 端口数	每个阵列 4 个(SFP+)，每个联合系统 16 个 16GbFC 端口
	最大 8Gb/4GbFC 端口数	每个阵列 8 个(SFP+)，每个联合系统 32 个 8GbFC 端口
	最大 10GbiSCSI 端口数	每个阵列共 6 个，可以用于前端 iSCSI 网络或复制，每个联合系统 16 个 10GbiSCSI 端口 4 个 SFP+光纤或铜缆端口 2 个 BASE-T 端口
	最大 12Gb 前端 SAS	每个阵列 8 个，每个联合系统 32 个 12Gb/s 前端 SAS 端口
端口数	管理端口数	每个阵列 2 个(1Gb/sBASE-T)
	后端扩展协议	6GbSAS
	最大后端扩展端口数	每个阵列 4 个，每个联合系统 16 个 6Gb/sSAS 端口
功能	阵列配置	全闪存、混合或传统硬盘阵列
	存储格式	相同存储池中的块(SAN)和/或文件(NAS)

参数介绍如下。

(1) 控制器为双控制器：现在大多数存储设备都是多控；在以前的设备中也有双控制器，若遇到设备服务突然中断，或者突然断电，在存储系统重新运行时，两个控制器之间会不知道是谁接管了控制，控制器 A 以为 B 接管了管理，而控制器 B 以为 A 接管了控制，这就会造成死锁，使得存储设备无法被管理；不过目前采用的双控多控技术不会出现这个问题。

(2) 存储容量：能支持的最大存储容量，对中小型企业来说，该产品是能够满足业务需求的，若容量用完，可以扩展盘柜，即产品的扩展属性。

(3) 网络接口：作为 FC-SAN 的产品首先要具有 FC 口，这个是必须的；同时控制器会带有万兆以太网网口以方便远程管理。

(4) 阵列的配置：采用的 RAID 方式，大多数是采用 RAID 5 作磁盘阵列，每个厂家的划分方式不尽相同。例如有 25 块磁盘，划分方式为 9+9+6，即分成 3 个 RAID 5 阵列，并且分出 2 块磁盘用作热备盘；在硬盘的选取上都是全闪存、传统硬盘混合模式，以满足不同的需求。

(5) 产品的工作环境以及支持的操作系统：都是必要的参数要求，数据中心的环境是相对稳定安全，可以满足产品对工作环境的需求。

5.5.2　IP-SAN

早期的 SAN 网络传输采用的是光纤通道，主要应用在数据传输要求高的行业公司。而随着 IP 和以太网技术的飞速发展，IP 技术也成了 IT 行业中最成熟、最开放、使用最广泛、发展最快的数据通信方式。这就拉近了与 FC 光纤通道的距离，FC-SAN 的速度优势已不再那么明显。IP-SAN 就在这种情况下应运而生。

1. IP-SAN 概述

IP-SAN 采用基于 IP 协议的 iSCSI 协议和 FCIP 协议。由于 IP 是没有距离限制的，这就使得 IP-SAN 的扩展性变成了无限，它可以扩展到世界任何一个具有 Internet 网络的地方。IP-SAN 具有的优势主要有以下几点：

(1) 成本低，相对于 FC 昂贵的价格来说，基于 IP 的网络设备却是要廉价了很多，减少了成本压力。

(2) IP 网络技术相当成熟，IP-SAN 的配置管理都简单了许多。

(3) 无速度和距离限制，IP-SAN 随着以太网的飞速发展，传输速度越来越快且没有限制，在距离上有 Internet 的地方就可以扩展，这样对异地容灾备份、数据迁移等提供了很多便利。

而 IP-SAN 也有其缺点：

(1) 速率低，正常 IP 网络传输效率是比较低的，一般利用率都不足 50%。

(2) 安全性低，IP 网络是暴露在 Internet 中的，传输的安全性是比较低的。

(3) 占用资源高，若使用普通网卡会使 IP 网络会占用较多的主机资源。

2. iSCSI 协议

iSCSI 协议是一种基于 IP 的协议，它将现有的 SCSI 数据接口与以太网相结合，使服务器可以使用 IP 网络与存储设备进行数据交换。基于 iSCSI 的存储系统需要很少的投资便可以实现存储功能，甚至直接利用现有的 TCP/IP 网络就可以实现。

iSCSI 的工作流程是 iSCSI 系统由 SCSI 卡发送一个 SCSI 命令，命令被封装到 TCP/IP 中并发送，接收方接收到信息之后从 TCP/IP 包中把命令抽取出来并执行，然后把执行的结果和数据封装到 TCP/IP，再返回给发送方，流程结束。

iSCSI 协议的使用使得 IP-SAN 迅速发展并逐渐赶上 FC-SAN 的发展，iSCSI 的主要优势有：

(1) 以太网的广泛性为 iSCSI 的部署提供了良好的可扩展性。

(2) 以太网的急速发展为 iSCSI 的传输速度和带宽提供了更好发展，并逐渐追赶上 FC-SAN。

(3) 基于以太网的 iSCSI 系统，管理维护更加简单，不再另外需求高端的技术人才。

(4) 距离上的优势，以太网是没有距离限制的，所以基于以太网的 iSCSI 也无距离限制，对远程复制，容灾恢复提供了解决方案。

(5) 由于以太网的设备价格低，基于以太网的 iSCSI 系统部署成本相应低很多。

基于 iSCSI 的 IP-SAN 的拓扑图结构如图 5-35 所示。

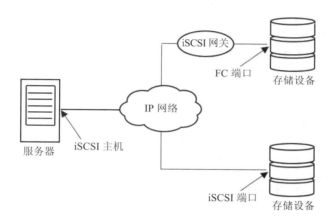

图 5-35　IP-SAN 拓扑图

3. FCIP 协议

由于 FC-SAN 距离限制的问题，且其数据传输的速度优势又不能放弃，所以业界一直在寻找能够解决 FC-SAN 距离问题的解决方案。考虑到 TCP/IP 的距离优势，很多人研究如何让 FC-SAN 利用 TCP/IP 的这种优势，FCIP 就在这种背景下出现。

FCIP(Fibre Channel over IP)基于 TCP/IP 的光纤通道，它的出现解决了 FC-SAN 孤岛，通过可靠的高速连接使得地理上分散的 SAN 实现了互连，这种解决方案需要使用现有的 IP 基础设施传送 FC 块数据。基于 FCIP 的 IP-SAN 的拓扑图如图 5-36 所示。

图 5-36　FCIP 的拓扑图

4. IP-SAN 产品的介绍

随着 IP 网络的不断发展，IP 网络的传输速率成 10 倍提升，使得 IP-SAN 与 FC-SAN 之间的劣势越来越小。

在 IP-SAN 产品中，Dell Storage PS6610 系列有比较突出的表现，Dell Storage PS6610E 详细参数如表 5-4 所示。

表 5-4　Dell Storage PS6610E 详细参数

特性		PS6610E
产品配置		为存档/辅助存储等数据密集型工作负载提供经济实惠的高容量存储
存储控制器		两个控制器，每个控制器 32GB，非易失性内存
网络接口		10GbE 连接；管理网络，每个控制器 1 个 100Base-TX；接口端口，2 个带 RJ-45 的 10GBase-T 端口或 2 个用于光纤或双轴铜缆连接的 10GbESFP+端口
硬盘类型		42 个 2TB、4TB 或 6TB，或 84 个 4TB 或 6TB 热插拔 3.5 寸 7.2krpm NL-SAS 硬盘
系统容量		最高 504TB (16 个阵列，最高可达 8.06PB)
自加密驱动器(SED)		84 个硬盘配置中配备 4TBNL-SASSED
RAID		RAID 6、RAID 10
技术亮点	主机协议	任何符合标准的 iSCSI 启动器
	扩展选项	可在联机状态下与同一 SAN 组中的其他 PS 系列阵列配合使用；每组最多可以有 16 个成员。利用多代功能，在一个新的或现有 PS 系列 SAN 资源池中最多可以支持 10 种具有多个网络配置和驱动器类型的跨代控制器，而这些控制器全部由一个接口进行管理。此外，Dell Storage Manager(DSM)还在 PS 系列和 SC 系列阵列之间提供通用管理和跨平台复制功能，让 PS 系列客户能够在需要并选择时将 SC 系列阵列灵活添加到其环境中
	操作系统和虚拟机管理程序	Microsoft®Windows Server® (含 Hyper-V®) VMware®ESX Server RedHat®Enterprise Linux® (RHEL)SUSE®Enterprise Linux® (SLES)
技术亮点	TCP 网络支持	符合 IPv4、IPv6 标准；通过 USGv6 认证
	可靠性	冗余的可热插拔控制器；可热插拔磁盘和电源
	盘柜监控系统	自动配置和使用备件；更加智能；自动更换坏块；Auto-Stat 磁盘监控系统(ADMS)可监控磁盘驱动器上数据的运行状况
	管理界面	从单个管理界面对跨 SC 系列和 PS 系列阵列的日常任务进行管理的 DSM5；PS 系列组管理器；SAN Headquarters 多组性能和事件监控工具；串行控制台；配置单独管理网络的功能；SNMP、远程登录、SSH、HTTP、Web(SSL)、主机脚本；多管理员支持
	安全性	CHAP 身份验证；iSCSI 的访问控制列表和策略；管理界面的访问控制，包括 ActiveDirectory、LDAP 或 RADIUS 支持
	通知方法	SANHeadquarters 警报，包括 DellSupportAssist、SNMP 陷阱、电子邮件和系统日志

(续表)

特性		PS6610E
技术亮点	物理规格	高 5U/22.23 厘米，宽 48.26 厘米，深 91.44 厘米，重量 130.7 千克(最大配置)
	电源	2800W、200～240V 交流电、50/60Hz 双电源(仅可使用大容量交流线路电源)

参数介绍：

(1) 双控制器。目前双控或者多控已成为存储系统主流，其重要性在于防止控制系统出现单点故障。

(2) 网络接口。万兆光纤接口随着数据传输要求越来越高，已成为主流配置。

(3) 高可靠性。支持热插拔，这样在使用的时候可以方便地进行扩充容量，目前的存储设备都支持。

(4) 接口协议。作为 IP-SAN 必须支持 iSCSI 协议。

(5) 监控。用来保护数据的高可用性，及时报警给运维人员，并自主切换损坏设备。

(6) 报警方式。SMTP、SNMP 信息等，降低管理成本。

5.5.3 IP-SAN 与 FC-SAN 的优劣

SAN 随着数据存储需求的增加而被广泛的使用，下面从几个方面来对比两者的区别。

(1) 从连接方式来看。FC-SAN 的连接方式比较灵活，有点对点、仲裁环、光纤交换机互连 3 种方式，而 IP 是基于以太网的连接方式。但 FC-SAN 的连接距离是有限制的，达到一定限度之后，距离越远成本越高；而 IP-SAN 的连接距离无限制，有以太网的地方都可以实现连接，并且成本要远远低于 FC-SAN。

(2) 从使用的网络设备和传输介质来看。FC-SAN 使用专用的光纤通道连接，链路中使用光纤介质；FC-SAN 中使用的交换设备是光纤交换机，使得处理效率非常高。IP-SAN 使用的是通用的 IP 网络和设备，使用铜缆、双绞线等介质传输信号，这些介质会在长距离的传输过程中导致信号衰减；交换机设备使用的是普通网络交换机，由于自身限制，处理效率不算太高。

(3) 从并发访问情况来看。从应用效果上来看，FC-SAN 要比 IP-SAN 能够承担更多的并发访问。在访问量不大的情况下，两者之间的差距是不大的；一旦访问量急剧增多，IP-SAN 将受到以太网的限制，导致整个访问受限，而 FC-SAN 由于其高性能的传输所受影响不大。

5.6 存储虚拟化

随着信息的不断发展，企业数据越来越多，所需要的存储容量也越来越大，使得存储实现方案越来越复杂，导致管理难度越来越高。所以，用户需要一种简单的、管理方便的架构去满足当前的需要，这种架构就是虚拟化。

虚拟化技术就是通过抽象的方式或者映射的方法来屏蔽物理设备的复杂性，使得物理设备面向用户只有简单的一种架构。如今，虚拟化已经被广泛地使用，它使得用户的管理工作简单了很多，提高了物理设备和资源的利用率。

5.6.1 虚拟化的形式

虚拟化技术在最近几年被广泛使用，主要有内存虚拟化、网络虚拟化、服务器虚拟化和存储虚拟化。

1. 内存虚拟化

虚拟内存使得各应用程序就像是拥有自己的内存一样，可以独立运算。

自从计算机产生以来，内存就一直是计算机性能的重要指标，它决定了计算机上应用程序的数量和规模。

运行在服务器中的应用程序，是很耗费内存资源的，利用内存虚拟化之后，把物理内存虚拟化出几个虚拟内存，提供给应用程序使用，这样，每个应用程序都有自己的独立内存用来计算，效果提升了很多。

2. 网络虚拟化

网络虚拟化是指建立虚拟的网络，使得应用程序之间的网络独立于物理网络，同时又不影响物理网络的运行。虚拟局域网(VLAN)就是一个典型的例子，它现在被广泛地应用于各个企业。

3. 服务器虚拟化

服务器虚拟化是在一个物理机上创建可以运行不同操作系统的虚拟机，并且虚拟机之间既可以相互独立可以通过网络相互连接，每个虚拟机就是个独立的系统。同时又通过内存虚拟化，分配给每个虚拟机一个独立的内存，供其运行使用。

服务器虚拟化有一套独立的系统用来专门做虚拟化，例如 VMware、华为的 Fusion Sphere 等，都能够充分地利用物理设备资源。

4．存储虚拟化

存储虚拟化是为主机、服务器创建分配存储资源的过程。分配过后的存储就像主机和服务器的物理硬盘一样使用起来简单方便。一个数据中心拥有很多的服务器，不可能为每个服务器都配备存储资源，这就需要把大存储的存储设备虚拟化，然后根据各个主机和服务器的需求分配不同的存储资源，存储虚拟化示意图如图 5-37 所示。

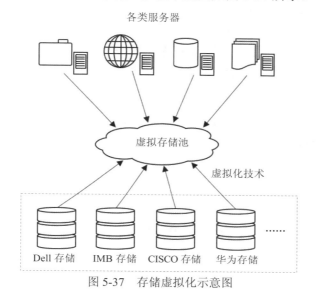

图 5-37 存储虚拟化示意图

存储虚拟化的使用不仅提高了存储资源的利用率，而且为存储资源的数据备份和迁移提供了方便。

5.6.2 存储虚拟化的类别

虚拟化在不同的存储环境中的实现效果不一样。在 SAN 中存储虚拟化实现的是块级虚拟化，在 NAS 中实现的是文件级虚拟化。

(1) 块级存储虚拟化。块级存储虚拟化是将磁盘划分为无数个小的区块，每个小小的区块作为存放数据的最小单元，数据存储的时候会随机地存放到这些小的区块上。

(2) 文件级存储虚拟化。文件级存储虚拟化屏蔽掉文件服务器与存储系统的细节问题，整合成统一的命名空间。它的目的是抽象出一个抽象的文件系统来屏蔽掉底层复杂的文件系统，让上层用户可以统一地来管理访问数据。因此，文件虚拟化提供的是一个单一的命名空间，方便管理员对目录和文件的管理。

5.6.3 存储虚拟化面临的困境

面对新产生的应用，以及不断增加的存储容量，用户需要利用虚拟化技术来降低管理难度和提高工作效率，但是随着存储技术的发展，存储虚拟化并没有完全普及，这要从存储虚拟化面临的困境说起。

(1) 存储设备的扩展性问题。企业在购买存储设备的时候考虑到当时数据容量的大小，并不会一次性地去购买大量的存储设备，而是在不断的发展中，随着存储容量越来越多，慢慢地增加存储设备。但是先后添置的存储设备之间异构平台的数据管理问题就是一个难题，存储虚拟化必须与现有的存储环境相融合，也要能把诸多不同的存储系统融合成一个单一的平台，才能满足用户不断增长的需求。

(2) 存储虚拟化的安全问题。安全是个老生常谈的问题，增加任何的设备，存放数据都需要考虑到安全问题。存储虚拟化把多个存储设备虚拟化为一个存储系统，这样数据都放在这一个系统之中，假如该系统出现问题，会导致数据不可用。这就不是用户想要看到的结果了。所以存储虚拟化要研发出更多的先进功能和友好易操作的视图来保障数据的安全性和存储管理员对设备的易管理性。

(3) 阻碍存储虚拟化普及的另外一个问题就是成本。存储虚拟化面向更多的是高端的用户，这些用户的存储系统足够庞大，设备多，在这种情况下，存储虚拟化带给这些用户更方便的管理和成本的降低。但是高端用户毕竟是少数，更多的是中小企业，这些企业用户的存储系统不够复杂，管理也不会太困难，若使用存储虚拟化将会造成成本的提高，这显然是不可取的。

5.7 数据备份

数据备份就是对企业重要的数据制作一份或者多份，在本地或者异地进行保留的一个过程。在一个完整的数据中心，备份是必不可少的一个重要组成部分。简单地说，备份的作用更像是一把备用的钥匙，当正常的钥匙无法使用时，备份的钥匙将起到关键性的作用。

5.7.1 数据备份的意义

数据备份的意义，就是用来保障数据的可连续使用。也就是说，数据备份的核心意义就是恢复，能够方便高效地对损失的数据进行恢复是备份系统存在的意义。一个无法用来作为恢复的备份是不具有任何意义的。

数据备份是存储领域的一个重要组成部分，其在存储架构中的地位和作用是不可忽视的。对于一个完整的数据中心系统，备份工作是必不可少的组成部分。随着网络技术的高速发展，网络上出现了各种入侵方式，企业的数据难免被众多的黑客攻击，威胁到数据的安全，以及一些不可抗力的因素，例如地震、火灾等自然灾害都会造成系统失效，数据丢失，等等。这时候，数据备份就起到了它的作用。备份的意义不仅仅是防范意外的发生，而且是对历史数据的保存归档的最佳方式。因此，即便系统正常工作，没有任何数据丢失或者其他意外的发生，备份工作仍然具有非常重要的意义。

备份和容灾是有区别的，数据备份更多的是把在线状态的数据剥离到离线状态并保存到磁盘阵列的一种方式，而容灾更重要的是保证系统的可用性。两者侧重的方向不同，实现的手段和产生的效果也不尽相同。

5.7.2　数据备份方式

对于数据的备份有很多种方式，不同的备份方式划分的依据不同。主流的备份方式有 3 种：

1. 根据备份设备与系统的相对位置分

根据备份设备与系统的相对位置，可以分为本地备份和异地备份。

(1) 本地备份。将数据通过备份功能备份到本地的磁盘阵列或者磁带库。

(2) 异地备份。备份软件利用现有的以太网或者专用网络将数据备份到异地的磁盘阵列或磁带库中。

2. 根据备份时的数据状态分

根据备份时的数据状态，可以分为冷备份和热备份。

(1) 冷备份。也称为脱机备份，是指按照正常的方式关闭数据库，并对数据库的所有文件进行备份。

(2) 热备份。也称为联机备份，是指数据库在继续提供服务的情况下进行备份。热备份可以做到实时备份。

3. 根据备份时备份的数据和数据总量关系分

根据备份时备份的数据和数据总量的关系，可分为完全备份、增量备份和差异备份。

(1) 完全备份。备份系统中的所有数据。优点是恢复的时候所需要的时间少，操作方便可靠；缺点是备份数据量太大，所需要的时间太长。

(2) 增量备份。备份上一次备份以后更新的所有数据。优点是每次备份的数据量不会太多，所用的时间少；缺点是在恢复的时候需要恢复全备份和多个增量备份。

(3) 差异备份。备份与上一次备份有变化的所有数据。其优点是备份数据量小，占用空间少，用时间少；其缺点与增量备份相似。

5.7.3　备份系统架构

随着用户的需求不断增多，以及数据中心应用场景在不断变得复杂，备份系统的技术和架构也在不断地提升，以满足当前不断增长的需求。备份系统架构主要有基于主机的备份、基于 LAN 的备份、LAN-Free 备份和 Server-Free 备份。根据应用场景的不同选择适合的备份方式。

1. 基于主机的备份

基于主机的备份是一种传统的数据备份架构，是基于 DAS 存储的备份系统。

在这种备份架构中，每台需要备份的主机都配备有专用的存储磁盘或者磁带库，主机中的数据必须备份到本地的专用磁盘设备中。这样，一台主机在备份的过程中，其他主机就不能使用，磁盘利用率较低。另外，不同的操作系统使用的备份软件不尽相同，这就使得备份工作管理过程更加复杂。

基于主机的备份适合数据量小，服务器数量较少的中小型局域网，其优点是：

(1) 安装方便、成本低。

(2) 数据传输速率高。

(3) 存储容量扩展较方便。

2. 基于 LAN 的备份

基于 LAN 备份的架构克服了基于主机备份的资源利用率低和备份系统不易共享的缺点。要实现基于 LAN 的备份，需要在 LAN 中配置一台服务器专用备份服务器，存储设备直接连接到备份服务器，由备份服务器管理控制，其他需要备份的主机作为备份服务器的客户端，如图 5-38 所示。

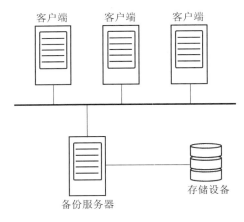

图 5-38 LAN 备份拓扑图

在基于 LAN 的备份架构中，数据是以 LAN 网络为基础传输的，其适用于备份主机较多，数据量不是太大的情况，优点是：

(1) 结构简单，易部署。

(2) 能够方便地实现存储资源的共享。

(3) 便于集中管理。

(4) 提高了存储资源的利用率。

3. 基于 SAN 的 LAN-free 备份

LAN-free 备份是指不通过局域网直接进行备份。只需要管理员将存储资源连接到 SAN 网络中,各服务器就可以把需要备份的数据发送到共享的存储资源上。因为所有的备份数据都是在 SAN 网络中传输,局域网只负责各服务器之间的通信即可。基于 SAN 的 LAN-free 拓扑图如图 5-39 所示,图中虚线为数据的流向。

在多服务器、多存储、大容量数据的应用场景中,SAN 的 LAN-free 备份可以发挥其强大的作用,它的优点有:

(1) SAN 网络给数据备份提供了高性能的传输。

(2) 由于 SAN 网络的优势,使得 LAN-free 扩展性更加灵活。

(3) 备份的集中化管理。

(4) 解除了对 LAN 网络的依赖。

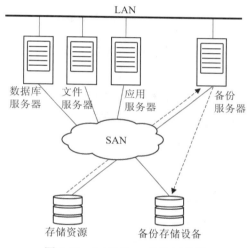

图 5-39 LAN-Free 备份拓扑图

4. 基于 SAN 的 Server-free 备份

LAN-free 在备份的过程中,仍然有服务器参与某些过程,所以仍然会占用服务器的资源,这也会造成一定程度的资源消耗。而为了减少这种消耗,Server-free 的备份技术应运而生。

目前,实现 Server-free 备份的方式有两种,一种与 LAN-free 备份架构差不多,在备份架构中准备一台物理服务器专门作为备份服务器,同时需要在该服务器上安装第三方备份软件实现备份功能;另一种借助 SAN 网络中的一些设备,进行数据的传输和管理,厂商会把一些备份的功能集成到设备上,管理员可以直接通过这些设备提供的功能进行备份管理。Server-free 备份架构如图 5-40 所示,图中虚线为数据的流向。

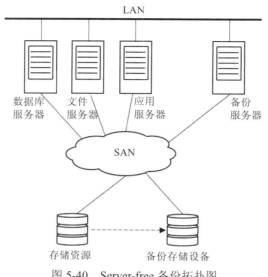

图 5-40　Server-free 备份拓扑图

Server-free 备份技术适合超大量数据的备份和对恢复时间要求高的应用场景，它的优点有：

(1) 服务器不参与备份过程，所以备份速度将更快。

(2) 在备份过程中是存储间直接传输，不再受到服务器性能的限制。

(3) 在备份的过程中不会对用户网络造成影响。

(4) 备份在回复的时候速度更快。

5.7.4　常用数据备份软件介绍

随着备份技术的不断发展，各种备份软件也层出不穷，主流的厂商都有自己的备份软件。

(1) VERITAS 公司的 NetBackup。NetBackup 软件是 VERITAS 公司的适用于中型和大型的存储系统，是个功能强大的企业级数据备份管理软件，它支持 Windows、UNIX 等多种操作系统，是目前国际上使用最广泛的备份管理软件。NetBackup 采用全图形界面的管理方式，同时提供命令接口，满足不同的客户需求。

(2) EMC 公司的 NetWorker。NetWorker 原来是 Legato 公司的产品，Legato 公司于 2003 年被 EMC 收购。NetWorker 是仅次于 NetBackup 软件被广泛应用的又一产品，它同样支持 Windows、UNIX、AIX 等几乎所有的操作系统，还支持 Oracle、SQL、Exchange 等数据库的在线备份。

(3) IBM 公司的 TSM。Tivoli Storage Manager 简称 TSM，是 IBM Tivoli 软件家族的旗舰产品之一，它为用户提供了企业级的备份管理软件。TSM 是一个功能非常全面的解决方案，不仅仅具有数据备份的功能，还提供了数据保护、数据归档、分级存储等一系列数据管理功能。

5.8 数据容灾技术

计算机系统是脆弱的、重要的，人为的操作失误、攻击破坏、软件故障以及地震、火灾、水灾等自然灾害都会对它造成很大的损伤，而容灾系统的存在正是为了修复这些损伤。如今，衡量一个数据中心是否做到业务连续性的一个重要组成部分就是容灾系统的建立。

5.8.1 容灾的概述

容灾系统是指在相隔较远的异地，建立两套或者多套功能完全相同的 IT 系统，相互之间可以监视健康状态并能够切换功能，当其中一个地点的系统因各种意外造成业务停止时，另外一处的系统能够继续为用户提供服务，保证业务的连续性。

容灾系统更加强调的是由环境引起的对系统造成的中断，特别是在一些灾难性的事故导致整个数据中心无法正常运作时，起关键性作用。

5.8.2 容灾系统分类

根据对灾难的抵抗程度和对数据的保护程度，容灾系统可划分为数据级容灾和应用级容灾。

(1) 数据级容灾。数据级容灾是指在异地建立一个系统，这个系统更多地是作为数据的一个远程备份，在灾难发生之后确保在异地保存着一个可用的数据备份，用来迅速地接替原有的业务，保证业务的连续性。需要提到的一点是，数据级容灾在恢复时所用时间是比较长的，所以很大可能会造成业务的中断。

(2) 应用级容灾。应用级容灾是在数据级容灾的基础上，在异地建立一套完整的与原来一样的应用系统。异地的这套系统采用同步或者异步等众多复制技术，保证两套系统数据的同步性，这样在灾难发生之后，异地的容灾系统能够迅速地接管业务，而不必造成业务的中断，让用户基本感受不到灾难的发生。

5.8.3 容灾等级

构建一个容灾系统需要考虑众多的因素，如数据量的大小、容灾数据中心与应用数据中心之间的距离、灾难发生之后容灾系统的恢复速度、容灾中心的构建成本等。根据这些因素可以将容灾系统划分为以下 4 个等级。

(1) 0 级：无异地容灾备份。这一级的容灾是没有恢复能力的，备份数据只是备份在本地而非异地，当灾难发生之后无法恢复数据。

(2) 1 级：本地备份加异地备份。这一级的容灾系统是在本地备份之后，先把关键性的数据备份到异地，非关键性的数据随后慢慢复制到异地。在灾难发生之后，首先恢复关键性的数据，然后再恢复非关键性的数据。这种方案成本低，配置简单，但是当数据量达到一定级别，管理起来将非常麻烦。

(3) 2 级：热备份中心。次级的备份在异地建立一个热备份中心，通过网络连接本地与异地的数据中心，采取同步或者异步的方式进行备份。备份中心在正常状态下不提供业务服务，当灾难发生之后热备份中心迅速接替原数据中心业务，从而保证业务的连续性。

(4) 3 级：活动容灾数据中心。在相隔较远的异地再建立一个与原地相同的数据中心，两数据中心之间是相互备份的，并且都处于活动状态。当其中一个数据中心发生灾难时，另一个数据中心接替工作业务继续提供服务。若投入的资金足够多，可以构建零数据丢失的数据中心，即两个数据中心之间互相作为镜像，这个需要的成本是相当高的，但恢复速度也是最快的。

5.8.4 容灾系统中常用技术

构建一套容灾系统需要涉及到多项技术，有同步/异步复制技术、快照技术等。

1．同步/异步复制技术

同步复制技术，是将本地的数据以完全同步的方式传送到异地目标，并写入目标磁盘，待完成后回复，并且本地的 I/O 在得到回复之后方能释放。同步复制的优点是实时性高，数据完全一致，缺点就是对网络性能要求高。

异步复制技术，是本地数据请求传送数据到异地，本地 I/O 请求完成之后得到释放，而异地接收到请求之后开始将数据从本地写入到异地，完成之后再恢复。异步复制的优点是实时复制技术，对系统影响小，缺点就是数据会出现一定的滞后。

2．快照技术

快照是一种基于时间点的数据复制技术，是某个数据集在某一个特定的时刻的镜像，它是这个数据集的一个完整可用的副本。快照有很多种实现方式，在容灾系统中主要应用到的是指针型快照技术和空间型快照技术。

指针型快照技术，是对系统数据进行快速扫描之后，建立一个快照 LUN 和快照 Cache，在扫描的过程中，把将要被修改的数据块复制到快照 Cache 中。而快照 LUN 是一组指针，它指向的是快照 Cache 和系统中不变的数据块，整个过程在备份的过程中执行。

空间型快照技术是在磁盘阵列内部创建一个或者多个独立的 copy 卷，这些 copy 卷是生产卷的镜像，和生产卷一模一样，并且也可以提供服务。若在此时需要备份，则备份软件可以利用 copy 卷进行备份工作，这样就减少了在备份过程中对业务的影响。

5.8.5 常见的容灾系统方案

1. IBM 公司的 PPRC

PPRC(Peer-to-Peer Remote Copy，即点对点的远程数据复制)是 IBM 公司用于其 DS6000、DS8000 中高端存储平台上的远程数据容灾软件，它包含有 Metro Mirror、Global Copy 和 Global Mirror 等多种工具。

Metro Mirror 是一种实时地利用同步复制技术的方式，能够在各种情况下保证数据一致性，适合用于距离较近、带宽足够的两个站点之间。

Global Copy 是一种非实时利用异步复制技术的方式，该方式的传输不能够保证数据的一致性，适用于距离远、带宽低的站点之间的数据复制。

Global Mirror 则是一种带有远程镜像功能的异步复制技术，可以保证数据复制的一致性。这种方案提供了高性能和超远距离数据复制和恢复的解决方案。

2. EMC 公司的 MirrorView 和 SRDF

MirrorView 提供基于块的复制功能，它有两种远程镜像模块：MirrorView/S 和 MirrorView/A。MirrorView/S 能够提供一个短距离的同步复制功能，由于它的同步解决方案，RPO 为零；MirrorView/A 提供的是一个长距离的异步复制功能，它的 RTT 时间是比较高的，但不应该高于 200ms，它采用一个可跟踪主站点的更改的定期更新模块，然后以用户确定的 RPO 间隔将这些更改应用到辅助站点。

SRDF(Symmetrix Remote Data Facility)提供各种业务连续性和灾难恢复解决方案。它包含 3 种基本解决方案，分别是 SRDF/S(Synchronous)、SRDF/A 和 SRDF/DM。SRDF/S 可在源 LUN 和目标 LUN 之间维护数据的实时镜像，适合于最多 10ms RTT 有限距离的环境，具有无数据丢失，远程镜像操作不争用服务器起源，支持通过 IP 和光纤通道协议的复制等优势；SRDF/A 模式是始终在辅助站点上维护生成的源站点的镜像，适合于由最多 200ms RTT 的远距离复制，具有比 SRDF/S 距离更长的远程复制，不影响主机性能，带宽要求低，同样支持 IP 和光纤通道协议的复制等的优势。SRDF/DM 是一种双站点 SRDF 数据迁移和复制的解决方案，它远距离支持从目标站点到辅助站点的快速数据传输，也称之为 SRDF/自适应复制。

本章主要讲解了存储的发展历史、RAID、存储网络技术以及备份和容灾相关知识。存储设备是数据中心环境中最重要的元素之一。从存储的发展历史来看，存储设备的便捷性、易用性、兼容性和容量等方面都在发展得越来越好，为数据中心的后端领域提供坚实的基础。

为了满足数据中心日益膨胀的数据和高传输等相关的要求，磁盘阵列技术被采用。RAID 的出现就是为解决这些问题。RAID 解决了单一的磁盘损坏造成严重后果的问题，给数据的高可用性提供了保障。基于分条、奇偶校验等技术的 RAID 将数据分散到多个磁盘上，提高了 I/O 性能和冗余等的优势。

　　存储网络技术有 DAS、NAS 和 SAN，其中由于 DAS 和 NAS 使用性上的局限，在初具规模的数据中心中使用率日趋降低。在 SAN 中，随着以太网和光纤网络的发展，IP-SAN 和 FC-SAN 使用率越来越高。IP-SAN 解决了企业分布在不同地区数据中心的存储无法互通的难题，IP-SAN 基于标准的 IP 协议。FC-SAN 使用光纤网络组成存储区域网络，光纤网络的速度优势众所周知，这使得 FC-SAN 在单独的数据中心或者相聚不远的数据中心之间的存储网络需求场景中得到广泛的应用，但 FC-SAN 的成本也是令企业望而生畏的一个痛点。而 FCIP 和 FCoE 的出现使得 FC-SAN 和 IP-SAN 能够握手言和，推动了存储网络技术的发展。

　　在以信息为重的时代，信息的可用性和业务的连续性是重中之重。合理的备份和容灾解决方案是企业能够避免数据丢失和保证业务连续性的根基。

第 **6** 章

安全子系统

　　随着计算机网络技术的不断发展，网络安全威胁与防护的范畴也在不断发生变化，并相应产生了一系列的网络安全模型和防护体系。数据中心由于存储大量关键数据，运行大批关键业务，安全管理便是数据中心建设、运维过程中非常重要的一个环节。如何建立有效、可靠、完整的防护机制对数据中心进行安全管理是数据中心运维人员面临的难点和重点问题。本章首先介绍了信息安全的定义，以及数据中心所面临的安全威胁，然后从技术和管理两个方面介绍了如何提高数据中心的安全保障能力；随后介绍了数据中心中所使用到的主要的安全产品，最后以一个实际的案例来说明如何加强数据中心的安全管理。

6.1 信息安全概述

6.1.1 信息安全定义

随着时代的发展，人们对于网络信息安全的认识也在不断地变化，由一开始的网络安全仅仅是计算机网络当中微小的一部分，慢慢发展成一类学科。通常，信息安全需要具有5个特征，即信息的完整性、保密性、可用性、可控性以及抗否认性。

信息安全可以从以下几个方面来进行考虑：环境安全、系统安全、程序安全、数据安全等。信息安全也可以按照层次进行分类，包括：数据传输安全、网络安全、操作系统安全、应用软件安全、数据库安全等。

进入21世纪后，"信息安全"已逐步与"网络安全"和"网络空间安全"产生交叉，随着2002年世界经合组织通过了关于信息系统和网络安全的指南文件，特别是2003年美国发布了网络空间战略的国家文件，"网络安全"和"网络空间安全"开始成为较之"信息安全"更为专家、学者、普通老百姓所聚焦和关注的概念，在理论研究和实践中也使用得更加频繁、广泛。

信息安全属于一门涉及到多门学科的综合学科，其中包含网络技术、计算机科学、密码技术、通信技术、应用数学、信息安全技术、信息论、数论、控制论、系统论等多个学科。从广义上来说，信息安全涉及到网络上信息的完整性、保密性、真实性、可用性以及可控性的相关理论和技术；从狭义上来说，信息安全是指网络中的服务和信息安全，它保证系统中的软件、硬件、系统以及数据的安全。

6.1.2 我国信息安全发展历程

我国的信息安全建设起步晚于欧美等发达国家。在初始阶段，从政策和技术层面，主要借鉴欧美国家的做法，学习、照搬欧美国家已颁布的信息安全标准规范，使我们能够在较高起点上开始信息安全建设。我国随着信息安全建设取得一定成就和经验的积累，逐渐摸索出一套有中国特色的网络安全治理措施，从制定和推进网络安全等级保护管理和技术标准，到国家立法机构推出《网络安全法》，我国的网络空间安全战略轮廓逐渐清晰，发展的步伐更加扎实和稳健。

我国信息安全建设始于20世纪90年代后期，随着各行业信息化和网络建设的发展，网络安全的理念也得到了公众的认可。为了抵御一般网络黑客的攻击，许多重要的企事业单位开始在内部网络上部署防火墙、网闸、IDS等网络安全防护设备。一时间，网络安全设备成为热门商品，为了适应国内市场的巨大需求，国内涌现出一批安全设备研发、生产等公司。与此同时，由公安部牵头成立了信息安全标准化委员会，开始了基于等级保护的信息安全技术标准的编撰工作。

2005 年以后，我国信息安全事业取得了长足的进步，工信部信息安全协调司从国家层面提出了推进各行业等级保护定级及整改，重点开展工控系统信息安全防护工作，促进政府职责(强化安全产品市场准入检测制度，组织专业机构，对重要信息系统进行年度安全检查)，以及技术研发的重点领域与项目，对我国信息安全规划和建设提供了有力指导。与之配套，国家发改委高新司每年均拨出专项资金组织对申报技术研发重点领域与项目的国内信息安全企业进行评审、选拔和资助，扶持了一批有创新、有技术但缺资金的中小民营信息安全企业，实质性地推动了一批技术含量高、市场紧缺并拥有自主知识产权的信息安全产品和系统的产业化。

2013 年，国家组建中央网络安全和信息化领导小组，表明国家对网络空间安全的重视程度上升到一个新的高度。2015 年 7 月，全国人大审议通过了《网络安全法(草案)》，该草案成为我国网络空间治理的指导思想，为我国网络空间安全建设提供了坚实的法律依据。2016 年 4 月，网络安全和信息化领导小组举办了工作座谈会，对我国网络安全建设提出具体的要求，明确了国家战略目标。2016 年 11 月，网络安全聚焦峰会在乌镇举行，在这场会议中，提出了携手应对网络安全新挑战。2016 年 11 月 7 日全国人民代表大会常务委员会发布《网络安全法》，自 2017 年 6 月 1 日起施行，可见我国对网络空间安全的重视程度越来越高。

6.1.3 网络安全事件回顾

随着计算机网络的不断发展，网络安全事件层出不穷，攻击方式也变得多样化、复杂化。从 20 世纪的社会工程学、数据包欺骗、网络劫持等单一种类手动攻击方式慢慢转换成多种方式并行，自动化的网络攻击模式。同样，网络安全防护也随着攻击的多样化在不断进步，从刚开始的单功能安全设施转变到现在网络安全所提出的，实现安全威胁可视化，建立统一安全管控平台，搭建整体安全管理平台的宏观安全防护体制，具体网络安全事件分析如下。

1. 网络安全事件列表

(1) 1988 年，Morris 蠕虫。

(2) 1998 年，CIH 病毒。

(3) 2001 年，红码病毒、尼姆达病毒。

(4) 2005 年，流氓软件、网络钓鱼。

(5) 2006 年，海底光缆断裂，引发病毒威胁。

(6) 2007 年，灰鸽子、熊猫烧香。

(7) 2008 年，格鲁吉亚网络战。

(8) 2009 年，5.19 断网，木马产业规模过百亿。

(9) 2010 年，维基解密、震网病毒。

(10) 2011 年 3 月，EMC 宣布，旗下安全部门 RSA 遭遇黑客攻。EMC 报告称，RSA 被一种业内称之为高持续性威胁 APT(Advanced Persistent Threat)的复杂网络病毒攻击。这是一种"极其复杂"的攻击，会导致一些秘密信息从 RSA 的 Secur ID 双因素认证产品中被提取出来。

(11) 2011 年，CSDN 密码泄露、被拖库，CSDN 超 1 亿用户密码被泄。2011 年 2 月 21 日上午，有黑客在网上公开 CSDN 网站的用户数据库，导致 600 余万个注册邮箱账号和与之对应的明文密码泄露；22 日，网上曝出众多知名网站的用户称密码遭公开泄露。由此次泄露事件作为导火索，网上公开暴露的网络账户密码超过 1 亿个。"泄密门"的爆出使原来潜伏在水面之下的互联网信息安全问题成为公众关注的焦点。

(12) 2012 年，针对移动平台的恶意软件呈爆发式增长。2012 年 4 月 4 日，Dr.Web 公司声称发现了一个 Mac 机组成的蠕虫网络，感染数量有 55 万之巨。当天下午，该公司一个分析师表示数量已经激升到 60 万，其中苹果总部所在城市 Cupertino 至少有 274 台 Mac 被感染。其实，Flashback 木马在 2011 年就已经出现，当时是伪装成 Flash Player 安装程序让用户亲手把病毒种到 Mac 上。而最新 Flashback 变种利用了 Mac OSX 中 Java 部件的一个漏洞，只要访问恶意网页，病毒在无知觉中就能感染系统。

2. 网络安全发展趋势

随着信息全球化的不断发展，网络所覆盖的范围也在不断扩大。网络在给个人、企业带来相关利益的同时，也成为部分人谋求黑色利益的基石。通过对上述网络安全事件的回顾，可以看出，网络安全的发展趋势有以下特征。

(1) 从炫技到利益

黑客源自于英文 Hacker，最初主要指的是热心于计算机技术、水平高超的电脑专家，尤其是程序设计人员。最早的黑客出现于麻省理工学院、贝尔实验室这种高精端实验室、学府之中。他们热衷于挑战，崇尚自由并主张信息的共享。他们入侵计算机系统主要倾向于研究性质，对系统破坏较少。

但随着互联网的展开，网络涉及越来越多的方面，政治、军事、经济、科技、教育、文化等，信息已经逐渐变为人们生活中密不可分的一部分。而由此引发的利益危机也愈发激烈。1988 年凯文·米特尼克被美国当局逮捕，因为其盗取 100 万美元软件，造成 400 万美元损失。1995 年弗拉季米尔·列宁入侵美国花旗银行电脑系统，并盗走 1000 万美元。2008 年 11 月 8 日，全球性黑客组织，利用 ATM 机敲诈程序从世界 49 所银行盗走 900 万美金，但至今还未找到相关嫌疑人。2010 年 1 月 12 日，境外黑客利用 DNS 篡改的方式使得全球最大中文搜索引擎"百度"遭到黑客攻击，长时间无法正常访问。2013 年 3 月 11

日，我国国家互联网应急中心数据显示境外 6747 个木马或网络控制端控制了中国境内 190 万余台主机，其中美国控制的主机多达 128.7 万台。

从这些数据可以看出来，黑客由研究技术的独行侠，慢慢转变成利益捆绑的有纪律、有组织的黑客团体，成为网络世界最大的安全隐患。

(2) 从专业到非专业

随着各种智能性的网络攻击工具的涌现，普通技术的攻击者都有可能在较短的时间内向脆弱的计算机网络系统发起攻击。黑客和网络犯罪分子所使用的攻击工具都是现成的，而且只要有钱，任何人都可以购买和使用这些工具。这也就意味着，和当初不同攻击者必须要搞懂一系列相关计算机网络知识相比，这些攻击者并不知道这些网络攻击是如何完成的，仍然可以通过购买和使用这些极其危险的工具来达到自己的目的，在投入极小的情况下给企业带来数百万美元的经济损失。

(3) 基于物联网

随着科技的不断发展以及市场需求的不断增加，物联网设备开始走入人类生活的方方面面，在带来方便的同时也带来了巨大的安全隐患，各大公司正在不断推出各种形式的物联网设备，但是"安全"似乎并不是这些厂商所考虑的重点。这也就意味着，类似"域名服务提供商遭受大规模 DDoS 攻击"这样的严重事件在今后还会出现。

(4) 相关勒索软件日益猖獗

2016 年，勒索软件成为人们的心头大患，通过单向函数进行加密，之后攻击入侵手段将用户重要数据进行加密，如果用户不提供相应金钱报酬，相关数据无法得到读取、使用。2017 年，勒索软件的感染设备数量不断攀升，5 月份全球更是爆发电脑"永恒之蓝"勒索病毒，据统计超过 100 个国家遭受攻击，包括英国、美国、中国、俄罗斯等，大批科技公司、医院、电力公司、快递公司、政府机构、移动公司等电脑遭受病毒攻击。未来，勒索软件的魔爪很有可能会伸向物联网设备、POS 机和自动取款机，对人们生活将造成严重影响。

(5) 安全人员的缺乏

专业网络安全管理人员缺乏是一个长期存在的问题。根据一项有 775 名 IT 决策人员参与的调查显示，有82%的企业目前急需网络安全专业人才，而且有71%的人认为网络安全技术的缺乏将会直接导致安全事件的发生。目前，全球总共有超过一百万个网络安全职位处于空缺状态。攻击方式的不断简化，防护模式的不断升级，相关网络安全知识的不断填充，攻击者与防御者增长速率无法得到平衡，从而导致严重的安全威胁前景。

(6) 由传统入侵模式转变为 APT 攻击

最早的恶意代码是由于人与人之间或者设备与设备之间简单的介质交换产生的，这种传播速度是相当缓慢的。进入到蠕虫病毒到来的时代之后，恶意代码传播速度骤然提升。不可否认，相关安全厂商对这些恶意代码的感知从来没有超过 24 小时。但是到了 APT 时代，相应的 APT 蠕虫病毒发现时间几乎都在一年以上才会被广泛感知、处理。

6.2 数据中心安全威胁与防范

数据中心的主要职能是为现代社会提供各种不同类型的数据类服务，它主要是通过互联网与外界进行相互之间的信息交互，响应服务请求，可以说数据中心是现代社会的信息资源库。由于互联网的开放性，数据中心本质上是互联网上的一个组成节点。同其他节点一样，数据中心也面临着同样的安全威胁：病毒、蠕虫、木马、后门及逻辑炸弹等。

数据中心由于存储大量数据，运行大量业务，以及存储的各种关键性数据的价值相当巨大，故而在黑色利益链的驱动下，黑客等非法攻击者易利用各种非法手段对数据中心发动攻击，从而进入到数据中心内部，对数据中心中的主要关键数据进行复制、下载、更改或者删除，从而造成严重的后果。

本节从网络安全的不同层次来对数据中心存在的安全威胁进行分析，并给出相应防御解决方案，主要包括：网络安全、系统安全、数据安全、Web 应用安全以及未来云数据中心所面临的风险与对应的防范措施。

6.2.1 网络安全威胁与防范

网络是信息收集、存储、分配、传输应用的主要载体，可以说网络的安全性是整体信息系统安全的重中之重。随着计算机网络的不断发展，全球信息化已成为大趋势。由于计算机网络整体框架对于广大用户来说具有开放性、互联性以及多样性的特征，因此计算机网络极易受到攻击，网上信息的安全和保密是一个至关重要的问题。

1. 网络安全威胁

(1) 网络监听。网络监听技术在近几年的发展历程中，已经成为相当完善的一项技术，该技术的主要功能原本是监测计算机网络中传输数据的整体安全性、完整性，协助网络管理人员更准确定位网络问题的所在位置，为排查相关网络问题起到良好的支持作用。但是由于其易用性，以及普遍性而被非法攻击人员视为首要探测类型的工具，该工具被用来从事敏感信息的截取工作，导致在网络中明文传输的相关口令、数据的泄露，给整个网络安全造成了严重的影响。

(2) 口令爆破。口令在实际应用过程中又被称作密码。在发展历程中，口令破解一直是网络攻击行为中最简单、最基本、最麻烦的一种进攻模式。因为口令破解的难度仅仅取决于用户或管理员设置口令的复杂程度，然而为了方便管理，通常会出现密码简单易猜、密码多用、复用的情况，因此带来了从根本上而言的安全威胁问题。

（3）拒绝服务攻击。拒绝服务攻击又被成为 DDoS 攻击，该攻击模式主要是借助于现行网络中网络系统或者网络协议存在的缺陷或者不足发起大量链接、数据传输的行为，从而使网络堵塞，系统相关计算能力被某些进程消耗直至资源耗尽从而导致系统宕机。这种行为严重妨碍该主机或网络系统对于正常用户服务请求的及时响应，造成服务性能大打折扣，甚至于导致相关网络服务内容的中断，从而造成恶劣影响。

（4）漏洞攻击。黑客利用系统硬件、应用和软件以及网络协议在开发、使用、维护过程中产生的各种类型的安全漏洞进行的试探性攻击都可以被称之为漏洞攻击。

2. 网络安全防范

（1）部署安全设备

网络安全的安全保障还需要硬件设备及相关技术的支持，具体包括以下几类。

- 防火墙。防火墙主要用于阻挡非法用户对计算机网络整体系统的非正常访问以及不安全的数据的传输，可以使得本地网络及系统免受很多网络安全威胁。

- 入侵检测系统。入侵检测系统又被称为 IDS，该系统主要用来对于网络传输中相关数据的整体监察、分析，一旦发现相关传输数据出现不安全因素，及时发出相关告警给网络管理人员，甚至与相关防火墙、IPS 联动对相关危险数据传输进行拦截。与其他网络安全设备的不同之处在于，它是一种积极主动的安全防护技术。

- 虚拟专用网络。虚拟专用网络又称 VPN，VPN 技术的核心是网络隧道技术，将相关传输数据封装在网络隧道中进行安全传输。VPN 系统对于网络安全数据传输来说是一个完整、高效的相关解决策略，该策略中包括身份认证、加密和密钥分发等相关安全机制。相对来说，安全性能大幅度提升的 VPN 对网络隧道或网络隧道所传输的敏感数据采用特殊的安全网络协议，这些协议主要是对于不同系统主机间能协商使用数字签名技术，以保证数据的保密性、数据完整性及对发送方和接收方的认证，因而网络主机能在原来不信任的公共网络上安全地通信。VPN 在实际应用过程当中，一般对于纯软件平台、专用软件平台相对来说比较依赖。

- 网络蜜罐。蜜罐其实是指是网络安全管理员经过相关技术性的伪装，为非法入侵者设立的"黑匣子"，因此相对来说即使被入侵也不一定会有相关痕迹的遗留。蜜罐是一个安全资源，它的价值在于被探测、攻击和损害。蜜罐的出现最本质的需求就是设立一个虚假目标，让非法访问者进行入侵，从而收集相关数据作为主要证据。蜜罐同时还可以起到对于真实服务器地址的隐藏作用，因此一个完整的蜜罐需要多方面的功能。这些功能主要包括：发现攻击、产生警告、强大的记录能力、欺骗和协助调查。

(2) 制定网络安全防御策略

制定网络安全防御策略，具体包括物理安全策略和访问控制策略。

① 物理安全策略

物理安全策略的主要作用是对系统、网络、相关服务器等硬件以及网络通信的链路进行相关安全防护，避免这些硬件设备受到自然性灾害、人为的破坏以及其他类型的攻击；建立合理的安全验证体系，主要针对于用户身份的验证、用户权限的确认；主要用来防止非法用户的登录，以及越权使用的功能；建立合理的安全长效管理机制，能够有效地防止非法人员进入数据中心从事盗窃、破坏等违法行为。

② 访问控制策略

访问控制目前来说是计算机网络安全防护的主要配置策略之一，该策略的主要功能在于保证网络敏感信息、资源不会被非法入侵者访问、获得。该策略也为网络整体安全配置起到重大作用，是保护网络数据资源的重要核心策略之一。

- 入网访问控制。入网访问控制能够为计算机网络的正常安全访问提供第一层安全保护，它主要是用来控制正常访问用户能够在安全地点、安全时间内登录到相关服务器获取网络数据资源。
- 网络的权限控制。网络的权限控制是针对计算机网络中部分用户的非法访问、操作进行的一系列安全防护保护策略，用户在正常登录的同时被管理员赋予一定权限，以正常获取网络资源。
- 网络监测和锁定控制。网络管理员能够通过相关控制平台对于整体计算机网络实施实时监控，利用日志服务器记录登录用户对于相关网络的操作、访问。对于非法操作及不正常访问，管理平台能够通过一定形式传输介质进行安全告警，甚至直接限制该用户，锁定相关用户信息、行为。
- 网络端口和节点的安全控制。网络中服务器的端口使用加密的形式来识别节点的身份。相关安全设备主要用于防止假冒合法用户，防范黑客的自动拨号程序对计算机进行攻击。通常在网络中还对相关服务器以及用户端采取一定控制，如身份验证等。
- 信息加密策略。信息加密的主要目的是对于网络内的敏感数据文件、相关服务端口令、相关服务器控制类信息以及网络传输中的部分敏感数据进行安全防护。信息加密方法一般有 3 种：链路加密的目的是保护网络节点之间的链路信息安全；端到端加密的目的是对源端用户到目的端用户的数据提供保护；节点加密的目的是对源节点到目的节点之间的传输链路提供保护。

6.2.2 系统安全威胁与防范

操作系统在本质上来说其实是一种计算机网络资源管理系统，主要是针对计算机网络中的各种信息、数据以及资源进行整理管理及维护，合法用户往往通过安全操作系统来获取访问相关计算机网络资源的访问控制权限。系统安全也就是指操作系统无错误配置、无漏洞、无后门、无木马病毒，并且能够防止非法用户非法获取系统资源。

1. 系统安全威胁

(1) 计算机病毒

计算机病毒从根本上来说是一个可执行的程序。但是计算机病毒拥有和生物病毒一样的特性，他们同样具有自我繁殖性、相互感染性以及激活再生性等相关特征。

计算机病毒在设计之初就具有隐蔽性、很强的自我复制能力以及感染性等特征。计算机病毒能够做到快速蔓延，但由于其超强的潜伏性和感染能力，往往很难根除。它们通常能将自身捆绑到各种类型的文件中，当文件被传输给正常非感染用户时，它们就随同文件一起传输过去，一旦系统执行该文件，激活捆绑的病毒程序，病毒就会在新的系统里蔓延开来。

(2) 逻辑炸弹

逻辑炸弹跟自然界中某些病毒病发时的症状效果近似。对于计算机系统而言，逻辑炸弹造成的后果往往相对来说比较严重，易引发联动性强、大规模性灾难。并且相对于计算机病毒来说不具备感染性，但是逻辑炸弹更趋向于破坏系统自身。

逻辑炸弹爆发的原因往往是当系统在执行任务过程当中，恰好满足某一逻辑值或某个条件，就会触发相关恶意程序的执行，从而导致逻辑炸弹的爆发、破坏(例如使某个进程无法正常运行、删除磁盘分区、毁坏数据库数据)，使系统瘫痪等。

(3) 特洛伊木马

特洛伊木马与病毒不同，木马程序并不能自行运行，一个合格的木马程序一般是捆绑在正常软件上。对于普通用户来说，该软件在一定程度上看来是安全的。但往往用户在运行文档的同时，木马程序同样被运行起来，造成敏感数据的窃取、破坏。

(4) 后门

原本后门程序是为了管理与维护，开发人员为节省相关操作预留的系统控制端。但由于该控制端简练、功能强大，被作为部分非法人员控制服务器主机所使用的特殊途径，对整体服务造成危害。

(5) 隐蔽信道

隐蔽信道是一种允许进程以违背系统安全策略的形式传送信息的通信通道。简单来说，隐蔽信道就是本意不是用来传送信息的通信通道。隐蔽信道现在已经被广泛地应用于网络信息数据安全传输。

2. 系统安全防范

系统安全的实现主要通过增强系统安全机制来完善，具体包括：设置系统安全策略，增加身份验证机制以及加强访问控制机制。

(1) 设置系统安全策略。设置相关系统安全策略能够有效防止部分攻击。例如，删除Guest账户、限制用户数量、设置多个管理员账户、更改 administrator 账号名称、增加陷阱账号、关闭共享文件夹、设置安全密码、屏幕保护密码、关闭不必要的服务、关闭不必要的端口、开启审核策略、开启账户策略、备份敏感文件、备份注册表、禁止建立空连接、下载最新的补丁等来确保系统策略方面无相关安全威胁。

(2) 增加身份验证机制。增强身份验证机制有助于拦截非法访问用户的登录、访问。增强相关机制的方法包括交互式登录、网络身份验证。

(3) 加强访问控制机制。访问控制机制主要是为了安全高效地实现用户、组和计算机正常访问网络资源，访问控制的重点是权限，权限明确定义了用户、组对某个对象或对象属性的访问类型。访问控制主要遵循最小特权原则。

6.2.3 数据安全威胁与防范

数据库目前作为相当重要的数据存储工具，里面往往会存放着重要敏感信息。这些信息包括金融财政、知识产权、企业数据等方方面面的内容。因此，Cracker 对于数据库系统来说是极具诱惑力的主要试探、攻击对象。通常 Cracker 通过社会工程学等各种方面的信息收集来获取他们想要的各种重要关联性信息，然后通过相关工具对数据库采取试探攻击，因此，数据库安全变得尤为重要。

1. 数据安全威胁

虽然数据库安全在安全领域方面的重要性众所周知，但开发者在集成应用程序或修补漏洞、更新数据库的时候仍然会犯一些错误，让黑客们乘虚而入。数据库主要安全威胁有以下几种类型。

(1) 数据信息的泄露。在开发过程中开发人员为了方便使用及维护，于是将数据库当作后端设置的一部分，从而使数据库安全的重点从数据库本身延伸到网络安全、网络传输安全上面。由于安全边界的扩大，致使黑客很容易找到并操纵数据库中的网络接口。所以，为了避免这种情况的发生，相关人员在进行数据库使用、开发时使用 TLS 或 SSL 加密通信平台就变得尤为重要。

(2) 数据库缺少维护、升级。例如在 2003 年爆发的 SQL Slammer 蠕虫病毒，该病毒利用 SQL Server 的漏洞进行传播，导致全球范围内的互联网瘫痪，中国也有 80%以上网民受到影响。这种蠕虫病毒的成功肆虐，主要是依托于数据库正常安全维护及升级的缺乏，易受攻击性。同样体现出数据库安全的重要性。

(3) 数据库备份信息被盗。一般来说，数据库备份信息泄露来自于两个方面，一种是内部员工无意识，或者有意识地泄露给非法盈利个人、团体；一种外部非法人员进攻，往往会通过相关系统漏洞进行拖库操作，致使数据信息被盗。这些问题是许多单位、集体、公司都会遇到的，如何合理地预防这种问题的产生，除了对相关数据信息进行加密，并进一步加强安全管理工作，目前来说没有更好的办法。

(4) 基础设施薄弱。基础设施薄弱也是当前数据库易遭受攻击的原因之一，一般 Cracker 不会也很难直接控制整个数据库。他们会通过对整体系统网络安全的嗅探、试探性攻击，来判断整体网络构架中相对来说比较薄弱的环节。安全往往取决于整体的最短板，故而他们会利用薄弱点进行非法入侵，然后进一步进入到数据库内部，进行非法操作。所以说数据库的安全一样需要依赖于系统、网络乃至整个基础设施的安全。

(5) 密钥管理不当。保证密钥安全是非常重要的，但是加密密钥通常存储在公司的磁盘驱动器上，如果无人防守，那么整个系统会很容易遭受黑客攻击。

2. 数据安全防范

(1) 身份鉴别

身份鉴别就是指确定某人或者某物的真实身份和其所声称的身份是否相符，也称之为身份认证，身份验证的最主要的目的是防止欺诈和假冒攻击。身份验证往往在用户登录某计算机服务器访问相应网络资源时进行，是安全的第一道门槛，一般数据传输时也未要求进行身份验证。

(2) 存取控制

访问控制的最基本要求就是用户身份的验证。用户对于系统网络资源的访问使用，必须在经过用户身份验证之后，在该用户所具有的权限内通过有序的控制对信息资源进行访问。访问控制的任务是对系统内的所有的数据规定每个用户对它的操作权限。

存取控制可以分为下面的 3 种形式。

- 自主访问控制(DAC)。自主访问控制主要是针对用户访问数据库内数据，是所使用权限的一种控制，其目的是让正常访问用户只能在管理员配给的权限内对数据库数据进行相应的管理控制。

- 强制访问控制(MAC)。强制访问控制主要是针对所有的实体其本身必须要具有自身的安全属性，而且每个客体之间也同样要遵循管理员所制定的相关安全规定准则，主体能否对客体进行规定的动作主要取决于主体和客体之间安全属性的关系。

- 基于角色的访问控制(RBAC)。基于角色的访问控制主要安全策略依托于三元素：用户、权限和角色。在该模式中，通过将所有权限相同的不同属性的用户定义成同一种角色，管理员增加或者更改用户权限可以通过将该用户分配到不同角色组内进行实现。

(3) 审计功能

系统主要使用数据库内的相关审计功能，将用户在数据库内所有操作记录到日志服务器中。系统管理员可以查看相关日志文件，了解用户在某时间段内对数据库进行了什么样的操作与更改。由于审计功能能够对数据库进行的一切操作进行记录，因此它对用户合法地操作数据库起到一定的震慑作用。

(4) 数据加密

数据加密的基本思想就是改变数据的排列或者按照某种计算方式将数据换算成其他类型的内容，只有拥有密钥的正常用户才能读取到数据库内正确的数据内容。非法用户即使窃取了数据库内敏感信息也无法做到正确解读。

6.2.4　Web 应用安全威胁与防范

1. Web 应用安全威胁

(1) 物理路径泄露

物理路径泄露一般是由于 Web 应用处理用户请求出错导致的，如通过提交一个超长的请求，或者是某个精心构造的特殊请求，或是请求一个 Web 应用上不存在的文件。如果相关开发、维护人员并未对所提交的相关请求进行过滤，往往会造成物理路径泄露。这些请求都有一个共同特点，那就是被请求的文件肯定属于 CGI 脚本，而不是静态 HTML 页面。

还有一种情况，就是 Web 应用的某些显示环境变量的程序错误地输出了 Web 应用的物理路径，这应该算是设计上的问题。

(2) 目录遍历

目录遍历主要是通过对任意 URL 附加类似于“../”，或者附加“../”的一些变形，如“..\”或“..///”甚至其编码，都可能导致目录遍历。

(3) 执行任意命令

执行任意命令即通过 URL 提交的链路中的特殊字符、命令，导致 Web 服务器执行任意操作系统命令。

(4) 缓冲区溢出

缓冲区溢出漏洞主要是指 Web 应用对非法用户提交的超长链接未作合适处理、防护。这种请求可能包括超长 URL、超长 HTTP Header 域或者是其他超长的数据。缓冲区溢出漏洞往往会导致 Web 服务器执行任意命令或者是拒绝服务。

(5) 拒绝服务

拒绝服务产生的原因多种多样，主要包括超长 URL、特殊目录、超长 HTTP Header 域、畸形 HTTP Header 域或者是 DOS 设备文件等。由于 Web 应用在处理这些特殊请求时不知所措或者处理方式不当，因此出错终止或挂起。

(6) SQL 注入

SQL 注入类型漏洞是开发人员在编译代码时造成的。主要是后台的数据库可以执行动态 SQL 语句，而前端 Web 应用并没有对用户提交的数据或者相关请求进行相关过滤。从而造成的安全威胁，是数据库自身的特性造成的，与 Web 程序的编程语言无关。几乎所有的关系数据库系统和相应的 SQL 语言都面临 SQL 注入的潜在威胁。

(7) CGI 漏洞

CGI 漏洞指通过 CGI 脚本存在的安全漏洞，比如暴露敏感信息，默认提供的某些正常服务未关闭，利用某些服务漏洞执行命令，应用程序存在远程溢出，及非通用 CGI 程序的编程漏洞等。

2. Web 应用安全防范

(1) 系统安装的安全策略

系统安全程序需要遵循一定的安全策略，例如安装系统时不要安装多余的服务、应用，因为部分服务、应用存在安全威胁漏洞。安装系统后一定要及时安装相关系统补丁，并立刻安装防病毒软件。

(2) 系统安全策略的配置

系统管理员通过"本地安全策略"限制匿名访问本机、限制远程用户对光驱或软驱的访问等，并通过"组策略"限制远程用户桌面共享，限制用户执行 Windows 安装任务等安全策略配置。限制相关用户执行系统底层命令，设置相关用户合理权限。

(3) IIS 安全策略的应用

管理员在配置 Internet 信息服务(IIS)时，首先不要使用 IIS 默认的网站，及时对虚拟目录映射进行相关限制甚至删除。对主目录权限进行设置，普通用户只拥有读取权限。

(4) 审核日志策略的配置

日志系统的主要作用在于当 Web 应用出现问题时，管理员、审计人员能够通过系统日志对 Web 应用进行相关分析，准确了解故障原因，作为后续问题处理依据。

- 设置登录审核日志。审核事件分为成功事件和失败事件。成功事件表示一个用户成功地获得了访问某种资源的权限，而失败事件则表明用户的尝试失败。
- 设置 HTTP 审核日志。系统管理员通过"Internet 服务管理器"选择 Web 站点的属性，对 HTTP 相关日志存储标准及位置进行相关设置。
- 设置 FTP 审核日志。设置方法同 HTTP 的设置基本一样。选择 FTP 站点，对相关日志存储标准及位置进行相关设置。
- 网页发布和下载的安全策略。因为 Web 应用上的网页需要频繁进行修改。因此，要制定完善的维护策略，才能保证 Web 应用的安全。部分网站管理员为了方便管理，通过共享目录的方法远程对网页做出相关修改，但这种方式对整体网站安全有很大的威胁。

6.2.5　云数据中心安全威胁

云计算已进入高速发展阶段，很多的组织和个人将信息存入云端，从而导致云数据中心规模化和集中化的云中海量信息在传输存储过程中面临着被破坏和丢失的安全风险。更重要的是，云数据中心汇集了大量数据信息和网络设备，一旦被攻击造成的影响将非常大。云计算和虚拟化给云数据中心的管理带来便利的同时也带来新的安全挑战与风险。云数据中心存在以下五大安全挑战、三大安全风险。

1. 云数据中心安全挑战

(1) 越来越多的安全威胁

随着云计算的快速发展，针对云数据中心的恶意攻击也越来越多。相对传统 IT 系统，云平台被攻陷后，影响范围更大，云数据中心用户对云平台的安全性更加担忧。例如 2014 年 6 月，提供代码托管服务的 Code Spaces 网站遭受了 DDoS 攻击，攻击者设法删除了所有该公司托管的客户数据和大部分备份，Code Spaces 因此攻击事件的巨大影响最终宣布停止运营。

(2) 云计算和虚拟化带来新的安全挑战

云中虚拟化实质是多个组织的虚拟机共享同一物理资源。虽然传统的数据中心的安全仍然适用于云环境，但基于硬件的物理安全隔离不能防止在同一服务器上虚拟机之间的攻击。

许多虚拟化和安全技术厂商并没有提供相应的安全服务，不仅仅是物理服务器能被利用相应安全漏洞，同样虚拟系统也面临黑客的攻击威胁。而且修复和检测虚拟化安全漏洞工具非常少，厂商在这方面也没有更多的解决方案。虚拟系统内部有时可能会进行数据交互，即使提供了保护和管理虚拟系统的工具，这些工具与管理物理系统的工具也有明显的区别，导致系统配置错误的几率大大增加。

(3) 数据泄露风险较大

数据中心外包是为了降低企业负担和费用支出。在云数据中心中，大多的业务均采用外包的形式，但外包意味着失去对数据的根本控制，从安全角度来说，这不是个好办法。Verizon 发布了《2015 年度数据泄露调查报告》。报告指出，2015 年，全球 61 个国家出现 79790 起数据泄露事件，其中 2122 起已确认。2015 年的数据泄露调查报告考查了 191 项与支付卡、个人信息、病历相关的保险理赔个案。

(4) 云故障频发

IT 管理人员习惯地认为他们对于应用程序、服务、服务器、存储和网络拥有控制权，但根据云计算的性质来看，这种"习惯地认为"在云计算中并不好。

即使是一些家喻户晓的云服务供应商，也可能出现数据丢失的情况，少则在一段时间内丢失，或者永久丢失，而云服务供应商很少对此进行任何赔偿。绝对安全的云是不存在的，这给客户敲响了警钟。

(5) 云安全法律法规相对滞后

棱镜门事件，斯诺登揭露了包括"棱镜"项目在内的美国政府多个秘密情报监视项目，在美国社会及国际社会引起轩然大波，也令各国监管部门和用户对安全问题更加关注。相信随着时间的推移，大多数企业的业务都会转移到云端，在云中会使得遵守法规和行业标准的过程更为复杂，也将更具挑战性。因为它可能使客户难以辨别其数据是在云服务供应商还是供应商合作伙伴控制的网络上，这对数据隐私、隔离和安全性等各种法规遵守提出了新的挑战。

所有正在考虑使用云计算服务的公司都需要仔细研究有哪些法律法规可能会对云计算的数据安全和隐私产生影响。许多法规遵循规定要求数据不能与其他数据混杂，如在共享的服务器或数据库上。有些国家严格限制关于其本国公民的哪些数据可以保存多长时间，有些银行监管要求客户的财务数据保留在其本国。因此，需要根据政府的政策进行调整，以响应云计算带来的机会和威胁。

目前各种云标准林立，互不兼容，导致业务割裂，系统混乱，而云安全滞后于云计算的发展。比如对于欧盟来说，许多理念已经成为了规范，如"被遗忘权"概念。如今用户常常会被通过 cookies 跟踪，"被遗忘权"认为个人有权在互联网中不被跟踪，而"默认隐私设置"概念意味着在欧洲使用的 Web 浏览器应当默认打开"不跟踪"功能。根据一些欧洲法律的理念，目前安全产品用于发现恶意行为迹象的核心技术——深度包检测也存在违反欧洲法律的可能性，公司需要注意部署深度包检测的方式。即便是通过安全与信息事件管理(SIEM)监管员工使用网络，也不符合欧洲的数据隐私理念。被提议的欧盟数据隐私法规要求服务提供商应当迅速向当地政府、数据隐私监管部门和受到影响的个人报告数据泄露事件。

界定云计算和客户之间的技术和法律义务很困难，不仅美国联邦政府在其 FedRAMP 计划(寻找为政府提供服务的云服务供应商)提到了这个问题，云安全联盟(CSA)也在关注这个问题，他们建立了几个工作组来定义行业标准。云服务商将不得不对审计人员和监管制度做出回应，这意味着整个数据中心将不再统一采用一种运营模式，而是分别有针对性地进行调整，以满足欧洲、亚洲和北美地区的不同要求。

2. 云数据中心安全风险

(1) 数据传输安全风险。数据中心在通常情况下存储着大量重要敏感数据，在云数据中心的云计算模式下，将存储的数据通过网络传输给云计算服务器进行处理。但是这些数据在传输处理过程中面临以下几个问题：一是在网络传输过程中，如何确保敏感数据的保密性；二是如何保证相关数据的安全性；三是如何保证用户能够合法正常访问相关敏感数据。

(2) 数据存储安全风险。云数据中心中存储着大量重要敏感数据。在云环境下，用户无法确认数据所存储的服务器所在位置，无法确认相关存储区域是否安全，能否保证数据的完整性等。

(3) 数据审计安全风险。传统数据中心在进行重要数据存储、处理时，为保证数据的准确性，用户往往会进行第三方的审核验证。但是在云计算中，相关数据的准确审计，很难去实现，因为无法保证其他用户数据的相关利益。

6.3 数据中心安全技术介绍

数据中心安全防护涉及计算机系统的硬件设施、操作系统、软件应用等各个方面，对应的安全防护策略包括 4 层：硬件安全防护、数据安全检测、数据隔离恢复和数据安全备份。

6.3.1 硬件安全防护技术

硬件安全防护层当前主要采用的技术是防火墙，这种技术是位于互联网之间或者内部网络之间以及互联网与内部网络之间的计算机网络设备或者计算机中的一个功能模块，主要由硬件防火墙与软件防火墙按照一定的安全策略建立起来，目的在于保护内部网络或计算机主机的安全。

在原本设计中仅仅允许内部网络中符合相关安全策略的通信信息才可以正常通信，其他数据被挡在防火墙外并被丢弃。防火墙的主要功能不仅仅是对于访问流量的过滤，还有利于数据中心资产的集中管理，各服务器、主机相关安全策略的执行，从而降低了整体计算机网络的危险性，提高了数据中心的安全性。

6.3.2 数据安全检测技术

数据安全检测层包括数据的入侵检测和数据安全审计两大功能，主要完成威胁数据、非法操作的监测、阻拦以及事后的跟踪调查工作。

1. 入侵检测

数据包的入侵检测总体来说是基于网络流量分析的一种主动性安全防护技术，该设备主要位于防火墙之后，可以说是网络安全中的第 2 道阀门，入侵检测系统主要通过收集和分析用户的网络行为，对数据包内的入侵行为进行安全检测，使存在安全隐患的数据不能进入到数据中心。通过安全日志、审计规则和数据记录网络中计算机系统中相关信息，检查进入数据中心以及数据中心内部的操作、数据是否违反安全策略以及是否存在被攻击的迹象，主要采用模式匹配、统计分析和完整性分析 3 种分析策略。

入侵检测系统可以根据对数据和操作的分析，检测出数据中心是否受到外部或者内部的入侵和攻击。

2. 数据安全审计

数据安全审计主要被用于记录、检测用户对于数据中心危害的操作和数据的进出。数据安全审计系统是数据中心的一个独立的应用系统，主要针对数据中心内部的各种安全隐患和业务风险，根据既定的规则对数据中心系统运行的各种操作和各种数据进行跟踪记录，采用误用检测技术、异常检测技术以及数据挖掘技术审计和检测数据中心存在的安全漏洞以及安全漏洞被利用的方式。

安全审计系统的目标是随着数据入侵检测技术的不断进步，安全审计系统知识库、规则库以及审计数据库不断完善。

6.3.3 数据隔离恢复技术

数据隔离恢复层是对数据中心的安全威胁或者威胁数据以及非法操作进行的相关处理，包括数据隔离和数据恢复，主要目的是将隐患或者不安全数据和操作赶出数据中心，以保证数据中心的安全。

(1) 数据隔离。为了避免安全威胁或者威胁数据和用户非法操作造成的系统安全危害不断扩大，在发现数据中心存在安全威胁或者威胁数据和用户非法操作时，系统及时进行相关数据隔离，禁止所有用户对相关数据的请求。在数据修复之后再解除隔离，从而避免安全威胁或者威胁数据和用户非法操作造成的系统安全危害不断扩大，对其进行及时遏制。

(2) 数据恢复。自我恢复性是数据隔离恢复层所必备的特征之一，主要是为了保证在数据库内数据被篡改之后，能够尽快得到相应恢复，以保证数据中心系统的稳定性和数据的完整性。

6.3.4 数据安全备份技术

数据的安全备份是数据中心容灾的基础，主要是指为了防止数据中心的数据由于操作失误、系统故障或者恶意攻击而导致的丢失，将数据全部或部分复制的过程。为了保证数据的安全，在数据中心中通常使用两个或者多个数据库，互为主、备用，包括数据库的实时同步和数据库的备份两个方面。

(1) 实时同步。数据库的实时同步，主要是指根据需要使数据库操作部分完全一致。数据库的实时同步是根据数据库中的访问日志，采用镜像技术使主用数据库与备用数据库中的数据保持绝对一致，当主用数据库发生故障或损坏时，备用数据库可以自动代替其功能，并作为恢复主用数据库的数据源。

(2) 数据库备份。常用的数据备份方式有定期磁盘(光盘)备份数据、远程数据库备份、网络数据镜像和远程镜像磁盘。数据中心建设主要采用网络备份方式，网络备份主要通过专业的数据存储管理软件结合相应的硬件和存储设备来实现。

6.4 数据中心安全管理介绍

6.4.1 安全管理制度

数据中心安全管理方案的制定应遵守信息安全相关法律法规及行业规章。首先，从法律层面来说，要遵守国内国际信息安全相关法律法规，根据法律法规的要求进行用户数据安全与隐私保护，根据知识产权要求，采用适当方法进行知识产权的保护。其次，从行业监管层面来说，需要遵守行业信息系统定级、备案、测评、整改的行业要求。根据不同信息系统的安全等级的特点和需求制定安全防护标准和等级保护制度，应将各类安全防护手段落实到各个等级区域边界中，从而保证各级安全目标的实现。同时，可建立诚实可信的第三方公共云服务平台，如为中小企业提供服务的平台。

数据中心安全管理方案的制定，应建立适合自身的安全管理制度，可以参考行业先进的安全标准，建立适合自身的安全管理制度，比如进行信息系统安全等级测评、安全加固、定期的安全检测、制定应急流程、定期进行应急演练等。健全完整的信息安全预警及通报机制，比如可通过购买第三方服务预警等方式，进行漏洞扫描、安全检查。建立第三方(如供应商、服务商、外包人员、实习人员等)安全管理制度和管理流程。

6.4.2 安全管理策略

在对数据中心进行安全管理的过程中，采用分层安全管理是有效可行的方法，具体可分为：网络层、基础设施层、主机层、管理层和应用层。可针对每一层的特性分别制定不同的安全管理策略。

1. 网络安全管理策略

采用产品如入侵检测和入侵防御 IDS/IPS、DDoS 攻击防护、流量清洗、防火墙、统一威胁管理 UTM、网闸、网络防病毒、数据库防火墙等进行外部攻击检测和防御。管理虚拟化网络的安全,防止虚拟机之间的攻击等。

制定网络安全设备策略,安全策略应随应用系统变更进行相关策略变更,定期梳理相关安全策略,做好访问控制策略管理。新增业务提前做好安全策略规划。

2. 基础设施安全管理策略

采用包括监控系统、门禁系统、值班系统等在内的系统,保障基础设施安全。制定巡检制度,做好巡检日志。

3. 主机安全管理策略

采用操作系统加固、数据库加固、病毒防护、中间件加固、安全补丁管理等手段。存储安全方面,采用磁盘加密等技术手段,防止虚拟化环境中其他物理节点的安全威胁。基于 IP 的访问控制(如防火墙),防止虚拟服务器的攻击,对服务器上应用的用户访问进行限制等,针对不同用户提供有限制的、安全的访问。

4. 管理层安全策略

合用采用包括 SOC(Security Operations Center)平台、日志审计设备、数据库审计设备、合规性检查工具、带外管理、终端安全管理、桌面防病毒、数据(加密/防泄密)等技术手段,制定信息安全事件的通报制度,从管理层做好信息安全事件管理策略。

5. 应用安全管理策略

包括应用安全策略、访问控制策略等。

(1) 应用安全策略

* 电子邮件安全:从修复相关安全漏洞,过滤不安全邮件,加固邮件系统等方面加强防护。
* Web 网页防篡改:解决网页篡改问题。
* WAF:对来自客户端的各类请求进行内容检测和验证,确保其安全性与合法性,对非法的请求予以实时阻断,从而对各类网站站点进行有效防护,阻止如 SQL 注入攻击、跨站脚本攻击(XSS)、网页挂马等类型的攻击。
* 应用交付安全:解决应用安全缺陷可能的引入点。这些引入点包括安全架构设计缺陷、开发编程缺陷、引用第三方的代码缺陷、中间件安全隐患等。通过在开发过程中引入设计和编码规范、中间件安全规范、代码审计等,保障应用交付安全。
* 开发、测试、生产环境严格分离:开发、测试和生产环境应严格分离,确保经过严格测试后再上线,降低系统频繁变更上线带来的风险。
* 变更管理规范化:制定严格的变更管理流程,确保变更安全可控,规范变更的测

试、变更申请和审批、变更前备份、变更成功后验证或者变更失败回退等，以保障变更质量，保障生产系统稳定性和可靠性。

- 运行维护流程化：运行维护操作流程化、文件化，保障运行维护的规范化，保障生产系统的安全性和稳定性。建立备份管理制度、备份定期检查和测试制度等，确保备份程序正常运行，备份文件切实有效。

(2) 访问控制策略

针对不同应用，制定不同的访问控制策略，贯彻访问控制安全策略基本原则：最小特权原则、最小泄露原则和多极安全策略原则。

6.5 数据中心安全产品介绍

为保障数据中心的运行环境安全、边际安全、数据信息安全以及网络通信安全，在数据中心需要部署防火墙系统、入侵检测/防御系统、安全审计系统、漏洞扫描系统、防病毒系统等安全系统及设备来保障整个数据中心系统的安全运行。各安全系统及设备的功能如下。

6.5.1 网络安全产品

1. 防火墙

通常，防火墙指的是一个由软硬件设备组合而成，在内外网之间、专有与公共网之间的边际上构造的保护系统，是一种获取安全性方法的抽象说法。它是一种计算机软硬件的结合，使内外网之间建立起一个安全网关(Security Gateway)，从而确保内部网免受非授权用户的入侵。防火墙主要由规则库、验证工具、数据包过滤和应用网关4个部分组成。

目前网络安全最基本、最经济、最有效的手段之一，就是防火墙。防火墙可以实现内外网或者不同信任域网络之间的分离，从而达到有效地控制对网络访问的作用。

2. 网络入侵防御系统

IPS(Intrusion Prevention System)中文名称是入侵防御系统，是对防病毒软件和防火墙的补充，是一台能够监控网络和网络设备及网络数据传输行为的计算机网络安全设备。它能对网络数据流量进行深度预警感知和分析，能够对一些不正常或是具有伤害性的网络数据传输行为进行中断或者隔离。

3. Web 防火墙

WAF(Web Application Firewall)中文名称是网站应用级入侵防护系统，是针对 Web 防护而出现的一款应用级防护系统。它可以对 Web 进行应用扫描、木马检测、安全防护、访问控制和日志统计等，有效地防护网页网站的安全。

6.5.2 系统安全产品

1. 防病毒系统

防病毒系统主要功能是防止病毒入侵主机并扩散到全网，实现全网的病毒安全防护。针对当前网络中病毒危害性大，传播速度快，新病毒的出现比较快的特点，防病毒系统已成为数据中心必不可少的安全防护系统。

2. 网络漏洞扫描

漏洞扫描系统主要功能是对系统、网站、端口、应用软件、数据库等一些网络应用进行扫描检测，并对其检测出的漏洞进行报警，提示管理人员进行修复。最新的一代漏扫系统还具备智能识别功能，并通过风险的分布和级别进行分析预警，同时还可以对漏洞修复情况进行对比分析，以提高漏洞修复效率。

6.5.3 数据安全产品

1. 数据库审计系统

数据库审计系统可以监控和审计用户对数据库中的数据库表、视图、序列、包、存储过程、函数、库、索引、同义词、快照、触发器等的创建、修改和删除等，分析的内容可以精确到 SQL 操作语句一级。它还可以根据设置的规则，智能地判断出违规操作数据库的行为，并对违规行为进行记录、报警。

2. 数据库防火墙

数据库防火墙部署于应用服务器和数据库之间。用户必须通过该系统才能对数据库进行访问或管理。数据库防火墙能够主动实时监控、识别、告警、阻挡绕过企业网络边界(FireWall、IDS/IPS 等)防护的外部数据攻击以及来自于内部的高权限用户(DBA、开发人员、第三方外包服务提供商)的数据窃取、破坏等，从数据库 SQL 语句精细化控制的技术层面，提供一种主动安全防御措施，并且，结合独立于数据库的安全访问控制规则，来应对来自内部和外部的数据安全威胁。

6.6 数据中心安全体系案例介绍

数据中心是网络中的重要节点，对数据中心的安全管理防护在整个网络管理中起着举足轻重的作用。对数据中心的安全防护，旨在建立整体安全防御体系，实现事件发现及时化、安全威胁可视化，在此基础上，进一步落实安全责任机制，搭建安全处理长效机制，使事件处理反馈成闭环状态。本节以一个具体的某省教育科研网数据中心的安全体系为例，介绍数据中心的安全防护架构及具体安全防护系统的部署情况。

6.6.1 安全防护系统

1. 防火墙系统

数据中心防火墙系统主要承担着内外网络隔离、网络访问控制、地址转换等功能，数据中心重要的网络安全设备，主要部署在数据中心网络边界位置，对进出数据中心的数据包进行安全过滤，对减小数据中心业务系统的攻击面起到了至关重要的作用。

防火墙系统能够提供细颗粒的访问控制，即基于源/目的地址、源/目的端口、通信协议等信息的访问控制，并且防火墙系统可以用于网络安全域的划分，实现对不同安全级别的网络区域进行有效隔离。

2. 虚拟主机防御系统

在数据中心虚拟机平台上部署虚拟机防御系统，通过将防病毒软件、防火墙、入侵防御、完整性监控以及日志检查等功能模块整合使用，满足数据中心虚拟环境下安全策略的动态灵活调整，主要的部署策略如下。

(1) 虚拟主机访问控制策略。通过部署在虚拟平台上的虚拟防火墙分布式下发安全策略，按照最小授权访问原则，严格控制虚拟主机之间的访问关系，实现基于虚拟平台的网络隔离控制，满足云数据中心多租户隔离的安全需求。

(2) 主机防病毒策略。由于数据中心虚拟主机数量众多，如果按照传统的防病毒策略，需要在每个虚拟主机上安装防病毒代理客户端，从而占用大量的系统资源，而且由于防病毒系统需要定期扫描或更新，将会产生"防病毒风暴"，影响服务器应用程序的正常运行。而虚拟主机防护系统部署在虚拟平台上，可以实现虚拟主机系统无代理客户端的病毒扫描功能，不会对虚拟系统性能造成明显影响。

6.6.2　安全检测系统

1. Web 网站漏洞监测系统

Web 网站漏洞扫描子系统，通过部署网站漏洞扫描平台，远程实现对网站的全方位监测，具体包括 5 方面内容。

(1) 网站漏洞。各类 Web 应用漏洞、网站敏感信息泄露。

(2) 安全事件。网页挂马、暗链、敏感关键字、变更。

(3) 网站可用性。网站访问速度、网站应用状态。

(4) 网站信息。ICP 备案、Alexa 排名、Whois 信息、IP、网站使用的第三方组件及应用。

(5) 系统漏洞。网站所在服务器/主机安全状态显示。

Web 网站漏洞扫描平台监控结果如图 6-1 所示，其工作原理为，首先创建监控列表，根据监控列表，漏扫平台依次对网站进行网页爬取，并对网站内容进行深度搜索或广度搜索的分析，根据安全规则库进行匹配，并对漏洞扫描结果以汇总的方式、以网站为单位进行显示和告警。其中，需要注意的是，安全规则库及时更新是提高漏洞扫描准确性的前提。

图 6-1　Web 网站漏洞扫描平台

2. IDS 入侵检测系统

通过部署 IDS 入侵检测系统，能有效提前发现网络中潜在的安全风险，以及对网络中正在发生的安全事件的监控，从而及时阻止安全威胁的产生。

在数据中心出口位置通过镜像端口流量方式部署 IDS 系统，对进出流量数据包进行深度包检测，有助于实现数据中心安全宏观监控，系统基于异常特征规则库，通过对出口流量的分析来检测各类已知攻击类型，并及时告警。

IDS 网络故障告警如图 6-2 所示，通过部署 ID 系统，可及时检测各种攻击，如拒绝服务 DDoS 等。

图 6-2　IDS 深度包检测系统

6.6.3　安全审计系统

数据中心安全审计系统整体架构如图 6-3 所示。其中，从总体上划分为 5 个部分，分别是：信息采集(Collection)、信息分析(Analysis)、安全处置(Action)、用户呈现视图(Presentation)与系统支撑(Supporting)。

(1) 信息采集。实现了对高校 IT 资源的信息采集，其中包括资产信息、性能信息、日志与安全事件信息、配置安全信息、弱点信息等安全要素。

(2) 信息分析。针对从高校数据采集上来的各类安全要素信息，系统实现了安全事件分析、风险分析、性能分析、可用性分析、脆弱性分析等信息分析。

(3) 安全处置。包括例行处置和例外处置。例行处置主要以计划任务工单的形式体现，例外处置主要通过响应管理和告警工单的形式体现。此外，还包括了安全预警管理等功能。

(4) 用户呈现视图。系统为不同角色、不同层级的高校用户提供了多层次的用户视图，从监控、审计、风险和运维 4 个管理维度进行展示。

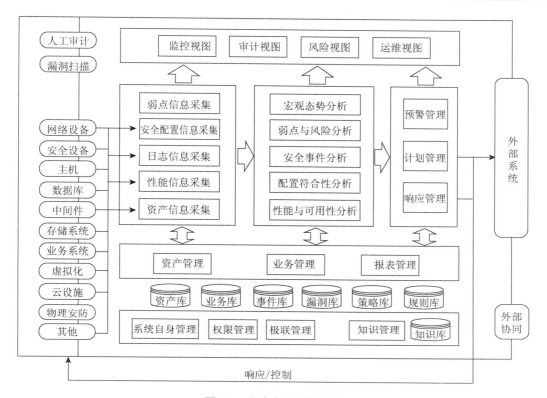

图6-3　安全审计系统构架

第7章

数据中心运维管理

　　随着云计算、物联网、移动互联网、大数据、智慧城市等新技术的快速发展和广泛应用，人们对数据中心运维的要求越来越高，数据中心运维的难度也越来越大。拥有强大的数据中心被越来越多的企业视为核心竞争力，数据中心的运维管理也越来越被企业所重视。在这种背景下，数据中心的运维面临巨大的压力。如何有效地对数据中心进行监控和管理，提高数据中心运维效率，已经成为很多大型数据中心亟待解决的问题。本章首先介绍了数据中心运维的重要性，然后从基础环境、网络、计算、存储、安全5个方面介绍了数据中心运维的相关技术及软件工具。

7.1 数据中心运维的重要性

信息系统能否安全、稳定、高效地运行，直接取决于数据中心的运行状况，这也决定了高效的运维服务管理不可或缺。数据中心运维工作的重要性体现在以下几个方面：

(1) 高效的运维管理可以延长数据中心设施设备的生命周期。所有的硬件设备都有寿命问题，而信息系统包含大量不同种类、不同功能、不同性能的设备，每种设备的寿命各不相同。对信息系统而言，几乎在项目建设完成后即需进入项目运维期，而对某些建设周期需要很多年的信息系统来说，在项目建设后期，便要对前期建设的项目进行运维。

(2) 硬件设备的更换、升级有运维需求。由于硬件寿命及技术进步，硬件产品会不断升级，导致原来使用的各种软件需升级，而系统软件升级也会导致应用软件必须进行升级改造以适应新环境。

(3) 系统软件、工具软件由于自身存在各种缺陷，需要在运维过程中主动修正和完善。

(4) 随着时间的推移，对系统功能有新要求，或者是政策变化，需要系统功能跟着改变，所有这些问题都需要对系统进行运维，或者说需要升级、改造，不断完善。

从某种程度上来说，运维比建设更重要，过程更长，要想让系统继续用下去，那么运维就将持续进行。

数据中心运维通过管理 IT 资源，以保障系统合规、安全、可靠、稳定地运行，并持续提高业务连续性和 IT 服务水平。根据数据中心属性的不同，在法律、监管、稳定性、安全性等方面也会有一些不同要求。总的说来，数据中心运维管理需要满足以下目标。

1. 合规性

运维管理合规性方面要求符合相关的法律、法规。提供公有云服务的数据中心，还要遵守和使用国际通信的法律、法规、准则等。运维管理过程要求符合第三方审计相关要求等。

2. 连续性

数据中心的系统经常会有计划性维护和潜在的非计划性维护。而非计划性维护可能会造成业务系统的中断。根据过去几年的云故障统计，即使是谷歌、亚马逊这样知名的云服务商，也有不少非计划性的云故障事件出现，造成业务系统的中断，给用户带来不良影响，也给自身造成了经济损失和名誉损害。因此，数据中心在运维管理中要针对不同的故障场景，提前准备好应急方案，定期进行应急方案演练，确保在出现异常情况时候能够迅速反应，快速解决，以保障数据中心业务的连续性。

3. 安全性

数据中心要满足安全性要求，即信息安全三要素：保密性、完整性、可用性。保密性：保证机密信息不被窃听，或窃听者不能了解信息的真实含义。完整性：保证数据的一致性，防止数据被非法用户篡改。可用性：保证合法用户对信息和资源的使用不会被不正当地拒绝。

4. 服务性

数据中心应建立服务导向型的运维管理框架，要从服务的角度出发，规范化各种服务管理流程，最终形成数据中心运维服务整体架构。比如，数据中心在管理体系的设计上可以参考 ITIL 最佳实践，根据 ITSM(IT 服务管理体系)标准，建立适合企业自己的流程，如建立服务台、规范运维流程、创建配置库、创建知识库等，通过借鉴国际先进的 IT 服务管理理念，提高运维服务水平。

数据中心运维的主要内容有多种划分方式，依据前面章节中介绍的数据中心各个子系统，可以将运维管理划分为：基础环境运维、网络子系统运维、计算子系统运维、存储子系统运维以及安全子系统运维。

7.2　基础环境运维

基础环境运维主要是对各类基础设施设备的巡检、监控、维护、操作，为了保障机房基础设施设备正常、安全、可持续运行，规范日常运行管理工作，必须根据数据中心实际基础环境运维内容制定具体方法及相关要求。

日常巡检工作应由值班人员负责，巡检结束后填写《日常巡检记录表》。在本节中所涉及的表格，可以参见附录。维护保养工作应由专业分包服务人员实施，维护保养结束后及时填写维护保养记录，并由机房运维岗位负责人签字确认。

本节内容就空调系统、供配电系统、安防系统以及消防系统等几个主要方面介绍一下相应的运维管理内容。

7.2.1　空调系统运维

机房精密空调是针对数据中心机房设计的专用空调，它的工作精度和可靠性较高。

1. 日常巡检内容

日常巡检，每日两次，包括以下内容。

(1) 记录设备机房内的温、湿度。

(2) 查看空调机有无异响。

(3) 制冷剂充注量是否合适。

(4) 日常巡检工作由值班人员进行，将巡检状况记录在《日常巡检记录表》。

2. 维护保养

维护必须在停机状态下进行。

(1) 清洗加湿器。

(2) 擦拭机组外壳。

(3) 检查室外风机有无抱死、破损，运转情况是否正常，并清除积灰。

(4) 更换空气过滤网。

(5) 对制冷管路上各接口进行检查，观察是否有油迹，螺纹接口如果有油迹可用扳手进行紧固。

(6) 检查压缩机高低压参数，根据检查情况补充或释放制冷剂。

(7) 当有备用电源时，在使用前要检查电源相序是否与市电一致。

(8) 对所有的电器接线端子进行检查，不应有松动。

(9) 检查高压控制器、高压压力开关的动作是否良好。

(10) 对空调机运行参数进行换季调整。

(11) 由分包服务责任人按规定填写《精密空调系统运维记录表》。

7.2.2　供配电系统运维

供配电系统是指通过电源由多种配电设备(或元件)和配电设施所组成直接向终端用户分配电能的一个电力网络系统，是对供电系统、低压配系统、UPS系统等的统称。

1. 供电系统维护

应急发电系统是指在市政供电系统出现故障，无法保证设备正常工作的情况下，由末端用电单位通过发电机发电而保证设备用电的系统。通常由柴油发电机、并机配电柜、供油设备和油库等部分组成。

(1) 巡检内容

日常巡检内容包括：

● 检查整机外观有无异常。

● 检查冷却液位和预热装置工作状态。

● 检查燃油位、日用油箱油面高度是否在满位；补油装置是否正常；输油管路有无渗漏；检查各环节闸阀状态，应无关闭现象。

- 检查空气滤清器阻塞情况，空气滤清器的进气阻力指示器如显出红色则需要更换空气滤清器。
- 检查发电机机体有无冷却液、润滑油、燃油的泄漏。
- 检查电池极柱氧化腐蚀情况，电池连线接头有无松动；机组电瓶闸刀左右两边应保持在直通位置。
- 日常巡检工作由值班人员进行，巡检状况应记录在《日常巡检记录表》。

巡检频次，不工作状态下，每日一次；工作时，7×24 小时值守。

(2) 应急发电设备维护保养

每次运行结束后的保养包括：

- 着重检查并拧紧各旋转部件螺栓，特别是喷油泵、水泵、皮带轮、风扇等连接螺栓，同时紧固地脚螺栓。
- 检查是否有三漏(油、水、气)现象，必要时清理。
- 排除在运转中所发现的简易故障及不正常现象。
- 清理空气滤清器滤芯上的尘土。
- 检查润滑油液面和喷油泵的油面，必要时添加品质可满足技术要求的润滑油。
- 检查水箱冷却水液面，必要时添加软纯净水。
- 检查控制系统的电气连线是否有松动。
- 清洁机组表面。
- 排放燃油箱的残水。
- 排放燃油滤清器的残水。
- 检查油底壳是否混入水分和燃油。
- 由工作责任人按规定填写《柴油发电机系统运维记录》。

2. 配电系统维护

(1) 日常巡检内容

供配电系统日常巡检内容包括：

- 配电室环境温度、洁净度，注意有无异味、异常声响等。
- 查看各个开关的仪表显示是否正常。
- 查看各开关状态并确认无误。
- 检查各开关有无异常声响、变形。
- 用点温仪测量开关温度并记录。
- 检查变压器温度、声音、电压、电流、风机的启动有无异常。
- 日常巡检工作由值班人员进行，巡检状况应记录在《日常巡检记录表》中。

巡视检查频次，每日一次。

(2) 维护保养

维护保养内容包括：

- 清洁设备表面和场所的卫生。
- 对日常维护记录中反映出来的主要数据的变化规律进行分析，发现异常要进行调整或检修。
- 检查转动和震动部件，紧固其不应松动的紧固件。
- 针对日巡视及月巡视相关记录，对负荷量较大及负荷变化较大的线路及开关接线处进行检查，对松动部件进行紧固。紧固工作应停电进行，停电前注意确认，以防误操作。
- 清扫变配电设备内外卫生。
- 检查电器元件的操作机构是否灵活，不应有卡涩或操作力过大现象。
- 检查主要电器的主辅触头的通断是否可靠。
- 检查各母线的连接、绝缘支撑件、安装件、其他附件安装是否牢固可靠。
- 由分包服务责任人按规定填写《供配电设备设施维修保养记录表》。

(3) 巡检注意事项

巡检注意事项包括：

- 巡检时必须严格遵守各项安全运行工作制度。
- 巡检时应禁止带手表、手链等金属物件。
- 巡检时应携带对讲设备以保持通信畅通。
- 巡检应二人进行，巡检完成后应向机房运维岗位负责人汇报巡检情况。
- 巡检时必须严格执门禁管理方面的规定，只在授权区域内进行巡检。
- 在巡检中发现设施或设备工作异常时，应立即向机房运维岗位负责人汇报并按照机房运维岗位负责人的安排进行处理，协助机房运维岗位负责人或相关人员填写相关报告。

3. UPS 系统维护

UPS(Uninterruptible Power Supply)意为"不间断供电电源"，是一种含有储能装置，以逆变器为主要组成部分的恒压恒频的交流供电设备。

(1) 日常巡检

日常巡检内容包括：

- 检查卫生环境、温湿度状况。
- 检查 UPS 运行状态，记录各种运行数据，包括电压、电流、频率、功率、带载率等。
- 观察 UPS 风扇有无异响，运行是否正常。
- 观察 UPS 主机内部有无异响、震动。
- 观察 UPS 输入、输出柜各进出线开关状态。

- 观察电池外观有无明显鼓胀、渗液或开裂。
- 日常巡检工作由值班人员进行，巡检状况应记录在《日常巡检记录表》中。

巡检频次，每日一次。

(2) UPS 设备维护保养

UPS 设备维护保养包括：

- 除进行日常检查之外，还应检查 UPS 通风风扇是否完好，风扇电机有无卡死、抱轴情况，风扇扇叶是否完好无损。
- 风扇滤网干净，无灰尘堆积，发现不合格及时更换。
- 记录 UPS 电压、电流、负载率相关参数。
- 检查 UPS 报警情况，将 UPS 报警记录统计分析，判断 UPS 本身是否存在问题。
- 测量并记录电池组内阻、静态电压。
- 对整体 UPS 设备进行紧固操作。
- 联系 UPS 厂家对 UPS 的内部参数进行校对，对内部器件进行检查测试。
- 操作必须关机进行，关机后应对 UPS 内部进行放电操作。
- 分包服务负责人填写《UPS 运维记录表》。

7.2.3 安防系统运维

安防系统以维护公共安全，保护生命和财产安全为目的，运用安全防范集成设备包括入侵报警系统、视频监控系统、出入口控制系统、安全检查等系统。

1. 巡视检查内容

巡视检查内容包括：

- 红外报警入侵系统要通过人为触发报警，查看报警主机及视频采集。
- 双鉴探测器要通过人为触发报警，查看报警主机。
- 视频监控系统，可在中控室检查全部视频图像、数字硬盘录像机视频录制情况，查看是否有黑屏、无图像、监控位置不准确、数据丢包、功能不全等问题。查看监控中是否有异常情况。
- 门禁系统要查看是否有报警、未锁闭等非正常情况。

巡检频次，每周一次。

2. 保养维护

保养维护内容包括：

- 对于视频监控，需要在中控室检查全部视频图像、数字硬盘录像机视频录制情况，查看是否有黑屏、无图像、监控位置不准确、功能不全等问题。查看监控中是否有异常情况。

- 对于门禁系统，需要整体查看是否有报警、未锁闭、门禁读卡器、门锁、门控系统报警记录等非正常情况。
- 对于硬盘录像机，需要查看其电风扇有无故障，是否影响排热，以免导致硬盘录像机工作不正常。
- 每季度对红外入侵、双鉴、传感器等设备进行一次除尘、清理。对摄像机、防护罩等部件要卸下彻底吹风除尘，之后用酒精棉将镜头擦干净，调整清晰度，防止由于机器运转、静电等因素将尘土吸入监控设备机体内，确保机器正常运行。同时检查监控机房通风、散热、净尘、供电等设施。
- 对视频监控、门禁系统的传输线路质量进行检查，排除故障隐患。
- 对易吸尘部分每季度定期清理一次。会有灰尘被吸附在监视器表面，影响画面的清晰度，要定期擦拭监视器，校对监视器的颜色及亮度。
- 由安保相关责任人按规定填写《监控系统维护记录》。

7.2.4 消防系统运维

火灾自动报警系统是由触发器件、火灾报警装置、火灾警报装置以及具有其他辅助功能的装置组成的火灾报警系统。一般火灾自动报警系统和自动灭火系统、防排烟系统、通风系统、空调系统、防火门等相关设备联动，自动或手动发出指令，启动相应的装置。

1. 巡视检查内容

巡视检查内容包括：

- 气体灭火系统检查，查看是否有火灾报警、设备故障报警、未处理事件等非正常情况。
- 安全疏散设施检查时应保持疏散通道、安全出口畅通，严禁占用疏散通道，严禁在安全出口或疏散通道除摆放杂物；检查消防安全疏散指示标志和应急照明设施；应保持防火门、消防安全疏散指示标志、应急照明、机械排烟送风机等设施处于正常状态；检查推杠锁使用是否正常。
- 消防器材检查，烟、温感报警检查，查看是否有报警、设备故障报警、未处理事项等非正常情况；灭火器、消防箱、防火栓、手动报警器、玻璃破碎检查，应保持设施的完整性，查看是否处于正常工作状态。
- 日常巡检工作由值班人员进行，巡检状况记录在《日常巡检记录表》。

巡检频次，每日一次。

2. 保养维护

保养维护内容包括：

- 触发自检键，进行功能自检。

- 消防主机需切断主电源，查看备用直流电源自动投入和主、备电源的状态显示情况。
- 检查电压、电流表的指示是否正常。
- 查看应急照明外观是否有损坏，电源插头是否插在电源插座上，灯管是否工作正常。
- 查看防火门外观、关闭效果，双扇门的关闭顺序。
- 应对所有的火灾探测器采用抽测的方式进行测试。
- 对报警阀应进行开阀试验，观察阀门开启和密封性，以及报警阀各部件的工作状态是否正常。检查系统的压力开关报警功能是否正常。
- 对应急照明进行一次功能性测试，切断正常供电电源。
- 对疏散指示标志进行一次功能性测试。
- 对于疏散通道上设有出入口控制系统的防火门，自动或远端手动输出控制信号，查看出入口控制系统情况及反馈信号。
- 正压送风、防排烟系统每半年检测一次，查看是否有异常情况。
- 每半年进行一次消防演习，查看是否有异常情况。
- 灭火器年检，查看是否有异常情况。
- 在一年内通过定期、分区域性测试将所有火灾探测器测试一遍，并核对火灾探测器的地址是否正确。
- 由分包服务责任人按规定填写《消防系统运维记录表》。

7.3 网络子系统运维

数据中心中网络子系统的运维工作主要包括：文档建立，机房日常巡检，通过软件进行日常运维，管理制度的建立。

7.3.1 文档建立

数据中心网络运维人员需要熟练地掌握数据中心的网络构成、业务走向、设备互连关系等信息，因此，一套内容完整的运维文档是必不可少的。通过运维文档，运维人员可以方便地查看设备的基本信息，快速地调整网络配置，进行网络故障的排查。一般来说，数据中心网络子系统运维文档应该包含以下几部分。

1. 网络整体拓扑

按照数据中心的总体架构以及设备连接情况，画出数据中心的网络拓扑图。拓扑图需标识清楚设备名称、设备与设备连接的接口及连接介质类型。一张完整的拓扑图可以帮助运维人员快速掌握整个数据中心的网络架构。

2. 网络设备基本信息

这个部分记录了网络设备的基本信息，包括设备品牌型号、规格参数、机房位置及上架信息、系统版本、IP 地址等。

3. 地址表

当网络出现故障时，运维管理人员为了查找一个故障源 IP 需要先查找多台设备的 ARP 表和 MAC 表，最后定位到故障源 IP 所在端口位置。这个过程需要运维管理人员花费较长的时间，如果出现多个故障源，情况会更加地恶劣。把整个网络中所有 IP 地址、MAC 地址、交换机端口的对应关系整理成一个表格，当网络出现故障时，就可以通过这个表格进行快速的故障定位。

运维文档非常重要，因此该文档在建立好之后，一是要定期进行内容的更新，二是要定期进行备份。

7.3.2 网络系统巡检

数据中心的网络设备是支撑数据中心业务运行的桥梁，每台设备都有一定的使用寿命，因此在数据中心网络系统的运维过程中，应定期巡查每台网络设备的工作状态，并记录每台设备的状况。

在运维工作中，要定期去机房内巡检每台网络设备，通过检查其设备指示灯的状态来判断设备的状况，若指示灯呈报警状态应及时记录，并联系设备售后进行处理。运维人员还可以通过远程登录设备操作界面检查设备的状况，包括设备的电源、背板、接口板、风扇等，如图 7-1 所示。

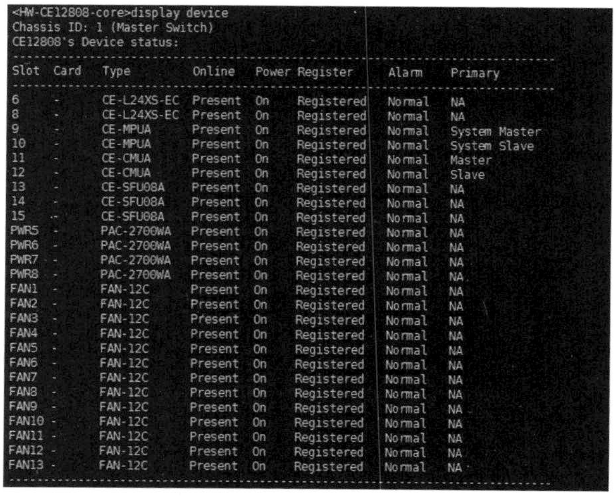

```
<HW-CE12808-core>display device
Chassis ID: 1 (Master Switch)
CE12808's Device status:
------------------------------------------------------------------------
Slot  Card  Type         Online   Power Register     Alarm   Primary
------------------------------------------------------------------------
6     -     CE-L24XS-EC  Present  On    Registered   Normal  NA
8     -     CE-L24XS-EC  Present  On    Registered   Normal  NA
9     -     CE-MPUA      Present  On    Registered   Normal  System Master
10    -     CE-MPUA      Present  On    Registered   Normal  System Slave
11    -     CE-CMUA      Present  On    Registered   Normal  Master
12    -     CE-CMUA      Present  On    Registered   Normal  Slave
13    -     CE-SFU08A    Present  On    Registered   Normal  NA
14    -     CE-SFU08A    Present  On    Registered   Normal  NA
15    -     CE-SFU08A    Present  On    Registered   Normal  NA
PWR5  -     PAC-2700WA   Present  On    Registered   Normal  NA
PWR6  -     PAC-2700WA   Present  On    Registered   Normal  NA
PWR7  -     PAC-2700WA   Present  On    Registered   Normal  NA
PWR8  -     PAC-2700WA   Present  On    Registered   Normal  NA
FAN1  -     FAN-12C      Present  On    Registered   Normal  NA
FAN2  -     FAN-12C      Present  On    Registered   Normal  NA
FAN3  -     FAN-12C      Present  On    Registered   Normal  NA
FAN4  -     FAN-12C      Present  On    Registered   Normal  NA
FAN5  -     FAN-12C      Present  On    Registered   Normal  NA
FAN6  -     FAN-12C      Present  On    Registered   Normal  NA
FAN7  -     FAN-12C      Present  On    Registered   Normal  NA
FAN8  -     FAN-12C      Present  On    Registered   Normal  NA
FAN9  -     FAN-12C      Present  On    Registered   Normal  NA
FAN10 -     FAN-12C      Present  On    Registered   Normal  NA
FAN11 -     FAN-12C      Present  On    Registered   Normal  NA
FAN12 -     FAN-12C      Present  On    Registered   Normal  NA
FAN13 -     FAN-12C      Present  On    Registered   Normal  NA
------------------------------------------------------------------------
```

图 7-1 通过 Telnet 查看设备工作状态

7.3.3 运维监控软件

运维人员可以使用监控软件对网络设备进行监测和管理，包括网络设备的可用性、设备性能、流量管理和业务分析等。目前业界主流的开源监控工具有很多(例如 Cacti、Zabbix 等)。下面以 Zabbix 为例简单介绍网络系统的监控。

Zabbix 是一个基于 Web 界面的分布式网络监控软件。利用 Zabbix 可以看到整个数据中心网络的拓扑结构，如图 7-2 所示。运维人员可以利用 Zabbix 实现从核心设备到接入设备的监控，通过对每台设备和接口关联对应的触发器，可以看到每台设备是否正常工作，也能看到每台设备连接的链路状态。如果出现故障，系统会给出提示，运维人员可以快速定位故障点并及时采取措施。

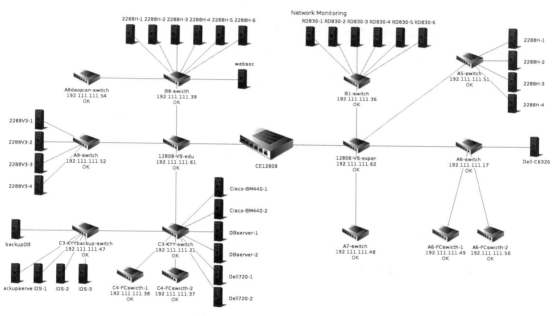

图 7-2　Zabbix 中的网络拓扑图

运维人员还可以利用 Zabbix 对端口流量进行监控。在网络链路中所传输的流量，对于运维人员来说往往是不可见的。其中包含有日常业务产生的合法流量，也有非法流量，例如广播风暴、网络病毒、黑客攻击等，这些非法流量可能会对整个数据中心网络系统带来安全隐患。Zabbix 系统可以对产生非法流量的源头进行定位，并且产生告警信息通知运维人员，以保证网络的正常应用不受非法流量影响。如图 7-3 所示，利用 Zabbix 系统可以查看每台设备任意端口的流量，可以设定相应的阈值，当端口的非法流量超过某个阈值时，会产生告警。

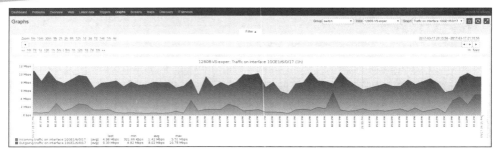

图 7-3　Zabbix 中的端口流量监控

7.3.4　运维管理制度的建立

在拥有了完善的运维文档和网络监控软件之后，运维人员可以做到对故障的快速排查。但是，有些故障是由于业务人员操作不当，或者运维人员处理不当所造成的，因此，建立一套健全的运维制度是数据中心网络运维的一项重要工作。

数据中心的管理人员应该设计一套完整、合理的网络运行值班制度。运维人员在交接班时，应该把当前的网络运行状况和故障情况进行充分交流，以便让接班人员能够对故障进行跟踪处理，直到问题得到解决。

当故障发生时，运维人员应记录详细的故障症状及相关输出信息，以便日后对故障进行后续跟踪和职责过失判定。当故障在短时间内无法恢复时，运维人员需要及时上报给运维部负责人，再由运维部负责人发布设备紧急维护公告，告知用户当前的故障情况和预计的处理时间。

 7.4　计算子系统运维

计算子系统的运维主要包括服务器基础运维、操作系统运维、应用服务运维等方面。

7.4.1　服务器基础运维

服务器承载着上层的应用系统，为保证应用系统 7×24 小时稳定运行，实现整个系统年度可用率在 99.9%以上，首先需要做好的就是服务器设备的基础运维。

1. 服务器上架流程

(1) 确认需要上架服务器的数量、规格及型号等信息，综合考虑配电、散热等因素，分配合理的机柜空间，并将其记录于服务器管理文档中。

(2) 规划服务器配置的 IP 地址、电源接口位置、交换机端口号等信息，同样记录于文档。

(3) 阅读服务器厂商的安装手册，明确注意事项、操作步骤、线缆连接方式等重要内容，通过导轨或者托架的方式安装上架服务器。

(4) 完成电源及网线的布线工作，依照综合布线的原则，强弱电需要分开布线，所以网线和电源线需要分布于机柜两侧。

(5) 进行服务器加电测试。

(6) 安装操作系统并完成网络配置。

(7) 更新服务器相关管理文档。

2. 服务器巡检流程

(1) 检查指示灯。一般服务器指示灯包括系统面板指示灯、电源指示灯、硬盘指示灯、网卡指示灯等。正常情况下为绿色或者蓝色，出现故障为琥珀色或者红色，琥珀色代表降级工作，红色代表部件故障。

(2) 系统日志检查。查看系统日志信息，重点关注高危事件信息，确保是否存在硬件故障，分析硬件性能与使用生命周期。

(3) 第三方检测工具检查。通过第三方检测工具定时检查服务器状态，及时发现故障。

(4) 进行巡检记录。定期巡检，并做相应记录。

3. 服务器故障处理流程(如图 7-4)

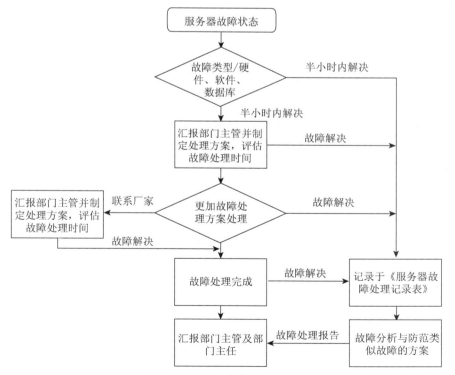

图 7-4　服务器故障处理流程图

(1) 根据服务器故障状态判断故障类型。

(2) 预估恢复时间。如是一般故障，立即处理并进行记录。如果短时间不能解决故障，则汇报主管部门，同时通知用户。

(3) 制定方案并进行处理。

(4) 如仍无法处理，联系厂家寻求支持。

7.4.2 操作系统运维

目前主流的操作系统主要有 Windows 操作系统和 UNIX/Linux操作系统。

Windows Server 系列是 Microsoft Windows Server System(WSS)的核心，Windows 主流的服务器操作系统。主要有 Windows Server 2003、Windows Server 2008、Windows Server 2012 等版本。

Linux 是一套免费使用和自由传播的类 UNIX操作系统，是一个基于POSIX和UNIX的多用户、多任务、支持多线程和多CPU的操作系统。它能运行主要的 UNIX 工具软件、应用程序和网络协议，支持32 位和64 位硬件。Linux 继承了UNIX以网络为核心的设计思想，是一个性能稳定的多用户网络操作系统，主要有 Red Hat、Ubuntu、CentOS、Dedian 等版本。

1. 操作系统日常巡检

操作系统管理日常的工作首要的就是系统的日常巡检，可以通过第三方工具、自定义脚本、计划任务等方式实现。巡检的主要内容包括：

(1) 检查操作系统补丁是否及时更新。

(2) 检查操作系统内安装的防病毒软件的病毒库是否及时更新。

(3) 查看操作系统日志是否确实有警告及报错信息。

(4) 检查 CPU、内存、文件系统等资源占用率。

2. 用户管理

"用户"是计算机的使用者在计算机系统中的身份映射，不同的用户身份拥有不同的权限，每个用户包含一个名称和一个密码，所以用户管理是系统管理非常重要的一部分。用户管理涉及的主要内容有：

(1) 用户账号的添加、删除和修改。

(2) 用户口令管理。

(3) 用户组的管理。

3. 磁盘与分区管理

计算机中存放信息的主要存储设备就是硬盘，但是硬盘不能直接使用，必须对硬盘进行分割，分割成的一块一块的硬盘区域就是磁盘分区。在传统的磁盘管理中，将一个硬盘分为两大类分区：主分区和扩展分区。主分区能够安装操作系统，能够进行计算机启动的分区，这样的分区可以直接格式化，然后安装系统，直接存放文件。

磁盘分区的管理方法不能完全满足系统的需要，所以操作系统都有各自的磁盘管理方法。Windows 采用一种动态磁盘的管理方法，Linux 则采用 LVM(Logical Volume Manager，逻辑卷管理)管理方法。

(1) 动态磁盘管理

动态磁盘是从 Windows 2000 开始引入的，可以在计算机管理的磁盘管理中将基本磁盘转换成动态磁盘，动态磁盘没有卷数量限制，支持跨区卷，同时支持具有容错功能的带区卷，具体如下。

- 简单卷：要求必须建立在同一硬盘上的连续空间中，建立好之后可以扩展到同一磁盘中的其他非连续的空间中。
- 跨区卷：将来自多个硬盘的空间置于一个卷中，构成跨区卷。
- 带区卷 RAID 0(条带)：将来自多个硬盘的相同空间置于一个卷中，构成带区卷。基本磁盘中的分区空间是连续的。
- 镜像卷 RAID 1：可以看作简单卷的复制卷，由一个动态磁盘内的简单卷和另一个动态磁盘内的未指派空间组合而成，或者由两个未指派的可用空间组合而成，然后给予一个逻辑磁盘驱动器号。
- RAID 5 卷：是具有容错能力的带区卷。

(2) LVM 管理

LVM(Logical Volume Manager)是逻辑盘卷管理的简称，它是 Linux 环境下对磁盘分区进行管理的一种机制，LVM 是建立在硬盘和分区之上的一个逻辑层，来提高磁盘分区管理的灵活性。通过 LVM 系统管理员可以轻松管理磁盘分区，如将若干个磁盘分区连接为一个整块的卷组(volume group)，形成一个存储池。管理员可以在卷组上随意创建逻辑卷组(logical volumes)，并进一步在逻辑卷组上创建文件系统。管理员通过 LVM 可以方便地调整存储卷组的大小，并且可以对磁盘存储按照组的方式进行命名、管理和分配，例如按照用途进行定义：development 和 sales，而不是使用物理磁盘名 sda 和 sdb。而且当系统添加了新的磁盘，通过 LVM，管理员就不必将磁盘的文件移动到新的磁盘上，以充分利用新的存储空间，而是直接扩展文件系统跨越磁盘即可。LVM 管理涉及以下内容。

- 创建分区：使用分区工具(如 fdisk 等)创建 LVM 分区，方法和创建其他一般分区的方式是一样的，区别仅仅是 LVM 的分区类型为 8e。
- 创建物理卷：创建物理卷的命令为 pvcreate，利用该命令将希望添加到卷组的所有分区或者磁盘创建为物理卷。将整个磁盘创建为物理卷的命令为：

```
#pvcreate/dev/hdb
```

- 创建卷组：创建卷组的命令为 vgcreate，将使用 pvcreate 建立的物理卷创建为一个完整的卷组：

```
#vgcreate test/dev/hda5/dev/hdb
```

- 激活卷组：为了立即使用卷组而不是重新启动系统，可以使用 vgchange 来激活卷组：

```
#vgchange-aytest
```

- 添加新的物理卷到卷组中：当系统安装了新的磁盘并创建了新的物理卷，而要将其添加到已有卷组时，就需要使用 vgextend 命令：

```
#vgextend test/dev/hdc1
```

这里/dev/hdc1 是新的物理卷。

- 从卷组中删除一个物理卷：要从一个卷组中删除一个物理卷，要先确认即将删除的物理卷没有被任何逻辑卷使用着，所以就要使用 pvdisplay 命令查看一个该物理卷信息。如果某个物理卷正在被逻辑卷所使用，就需要将该物理卷的数据备份到其他地方，然后再删除。删除物理卷的命令为 vgreduce：

```
#vgreduce test/dev/hda1
```

- 创建逻辑卷：创建逻辑卷的命令为 lvcreate：

```
#lvcreate-L1500-nwww1test
```

该命令就在卷组 test 上创建名字为 www1，大小为 1500MB 的逻辑卷，并且设备入口为/dev/test/www1(test 为卷组名，www1 为逻辑卷名)。

- 创建文件系统：一般使用 reiserfs 文件系统，来替代 ext2 和 ext3，创建了文件系统以后，就可以加载并使用命令：

```
#mkdir/data/wwwroot
#mount/dev/test/www1/data/wwwroot
```

- 扩展逻辑卷大小：LVM 提供了方便调整逻辑卷大小的能力，扩展逻辑卷大小的命令是 lvextend：

```
#lvextend-L12G/dev/test/www1
lvextend—extending logical volume"/dev/test/www1"to12GB
lvextend—doing automatic backup of volume group"test"
lvextend—logical volume"/dev/test/www1"successfully extended
```

上面的命令可实现将逻辑卷 www1 的大小扩招为 12GB。

```
#lvextend-L+1G/dev/test/www1
lvextend—extending logical volume"/dev/test/www1"to13GB
lvextend—doing automatic backup of volume group"test"
```

```
lvextend-logical volume"/dev/test/www1"successfully extended
```

这样就实现将逻辑卷 www1 的大小增加 1GB。

4. 系统防火墙管理

(1) Windwos 防火墙

Windows Server 2003 及其之前的 Windows 系统的防火墙功能非常单一,仅仅支持基于主机状态的入站防护,从 Windows Server 2008 之后防火墙的功能得到了巨大改进。微软新的防火墙成为高级安全 Windows 防火墙(WFAS)。它具有出入站双向保护、与 IPSEC 集成、高级规则配置等新的特性。以下是一个定制入站规则的一般步骤:

① 识别要屏蔽的协议。

② 识别源 IP 地址、源端口号、目的 IP 地址和目的端口。

③ 打开 Windows 高级安全防火墙管理控制台。

④ 增加规则——单击在 Windows 高级安全防火墙 MMC 中的"新建规则"按钮,开始启动新规则的向导。

⑤ 为一个端口选择要创建的规则。

- 配置协议及端口号——选择默认的 TCP 协议,并输入 80 作为端口,然后单击"下一步"按钮。
- 选择默认的"允许连接"并单击"下一步"按钮。
- 选择默认的应用这条规则到所有配置文件,并单击"下一步"按钮。
- 命名当前规则,然后单击"下一步"按钮。

⑥ 启动规则。

(2) Linux 防火墙

防火墙在做信息包过滤决定时,有一套遵循和组成的规则,这些规则存储在专用的信息包过滤表中,而这些表集成在 Linux 内核中。在信息包过滤表中,规则被分组放在所谓的链(chain)中。而 netfilter/iptables IP 信息包过滤系统是一款功能强大的工具,可用于添加、编辑和移除规则。

netfilter/iptables 的最大优点是它可以配置有状态的防火墙,这是 ipfwadm 和 ipchains 等以前的工具都无法提供的一种重要功能。有状态的防火墙能够指定并记住为发送或接收信息包所建立的连接状态。防火墙可以从信息包的连接跟踪状态获得该信息。在决定新的信息包过滤时,防火墙所使用的这些状态信息可以增加其效率和速度。这里有 4 种有效状态,名称分别为 established、invalid、new 和 related。

iptables 共包含 4 张表:filter、nat、mangle、raw。

iptables 默认具有 5 条规则链:prerouting、input、forward、output、postrouting。

iptables 命令举例:

① 查看指定规则表:

```
#iptables-tnat-L
```

② 清空指定表中所有规则：

```
#iptables-tnat-F
```

③ 添加规则，允许 eth1 网络接口接受来自 192.168.0.0/24 子网的所有数据包：

```
#iptables-AINPUT-Ieth1-s192.168.0.0/24-jACCEPT
```

④ 禁止 IP 地址为 192.168.0.2 的客户机访问 FTP：

```
#iptables-IFORWARD-s192.168.0.2-ptcp-dport21-jDROP
```

⑤ 将目的地址为 10.10.10.1，目的端口号为 80 的数据包转发到地址 192.168.0.1，端口号 8080：

```
#iptables-tnat-APREROUTING-d10.10.10.1-ptcp--dport80-jDNAT--to-destination192.168.0.1:8080
```

7.4.3　应用服务运维

在操作系统之上，运行着应用系统软件，为用户提供各种各样的应用服务。比如 DNS 服务器、Web 服务器、FTP 服务器、数据库服务器等。由于应用服务器的种类众多，同一应用服务的实现方式也多种多样，这里仅以 DNS、Web、数据库服务器为例进行简单介绍。

1. DNS

DNS 服务，将 IP 地址与形象易于记忆的域名一一对应起来，使用户在访问服务器或者网站的时候不再使用 IP，而使用域名。DNS 服务器将域名解析成 IP 地址并定位服务器。

DNS 解析方式分为：正常解析(域名到 IP 地址的解析)和反向解析(IP 地址到域名的解析)。

DNS 查询方式分为：递归查询和迭代查询。

DNS 常见记录类型：NS(域名服务器记录)、A(IPv4 地址记录)、AAAA(IPv6 地址记录)、PTR(反向指针)、CNAME(别名记录)、MX 记录(用于邮件服务器)、TXT 记录(备注，用于记录特殊信息，如管理员邮件等)。

可以通过 Windows 自带的 DNS 组件搭建 DNS 服务器，也可以使用 BIND 等开源软件搭建 DNS 服务器。如下是 BIND 配置的一个实例：

```
$ORIGIN.
$TTL300;5minutes
test.edu.cnINSOAdns.test.edu.cn.master.test.edu.cn.(
2017010101;serial
1800;refresh(30minutes)
```

```
600;retry(10minutes)
36000;expire(10hours)
300;minimum(5minutes)
)
NSdns.test.edu.cn.
NSdns2.test.edu.cn.
A192.168.100.2
MX10mail.test.edu.cn
```

另外一般通过 Nslookup 和 Dig 命令来查询和追踪 DNS 解析。

Nslookup 使用方法示例如图 7-5 所示，Dig 命令使用方法如图 7-6 所示。

```
C:\Users\SecTest>nslookup www.baidu.com
服务器:  cache1-ny
Address:  202.102.224.68

非权威应答:
名称:    www.a.shifen.com
Addresses:  61.135.169.121
          61.135.169.125
Aliases:  www.baidu.com
```

图 7-5　Nslookup 使用方法示意图

```
-bash-4.1# dig www.baidu.com

; <<>> DiG 9.8.2rc1-RedHat-9.8.2-0.23.rc1.el6_5.1 <<>> www.baidu.com
;; global options: +cmd
;; Got answer:
;; ->>HEADER<<- opcode: QUERY, status: NOERROR, id: 6038
;; flags: qr rd ra; QUERY: 1, ANSWER: 3, AUTHORITY: 5, ADDITIONAL: 0

;; QUESTION SECTION:
;www.baidu.com.                 IN      A

;; ANSWER SECTION:
www.baidu.com.          871     IN      CNAME   www.a.shifen.com.
www.a.shifen.com.       90      IN      A       119.75.218.70
www.a.shifen.com.       90      IN      A       119.75.217.109

;; AUTHORITY SECTION:
a.shifen.com.           690     IN      NS      ns2.a.shifen.com.
a.shifen.com.           690     IN      NS      ns3.a.shifen.com.
a.shifen.com.           690     IN      NS      ns4.a.shifen.com.
a.shifen.com.           690     IN      NS      ns5.a.shifen.com.
a.shifen.com.           690     IN      NS      ns1.a.shifen.com.
```

图 7-6　Dig 命令使用方法示意图

2. Web

Web 服务器一般指网站服务器，是指驻留于因特网上某种类型计算机的程序，可以向浏览器等 Web 客户端提供文档，也可以放置网站文件，供用户浏览；同时可以放置数据文件，供用户下载。目前最主流的 3 个 Web 服务器是 Apache、Nginx、IIS。这里以 Nginx 为例进行介绍。

Nginx 是一款轻量级的 Web 服务器/反向代理服务器及电子邮件(IMAP/POP3)代理服务器，并在一个 BSD-like 协议下发行。由俄罗斯的程序设计师 Igor Sysoev 开发，其特点是占有内存少，开发能力强。国内使用 Nginx 网站用户有：百度、京东、新浪、网易、腾讯、淘宝等。

Nginx 的常用操作如下。

(1) 启动：

```
/usr/local/nginx/sbin/nginx
```

(2) 验证配置语法是否正确：

```
/usr/local/nginx/sbin/nginx-t
```

(3) 重启 Nginx：

```
/usr/local/nginx/sbin/nginx-sreload
```

Nginx 的主配置文件是 nginx.conf，主要分为 3 部分，具体结构如下所示：

```
基本配置(包括用户、日志、pid、文件描述符等)
……
events(工作配置，包括连接数、字符集、文件大小、压缩等)
{
……
}
http(主机配置，包括 host、重写、缓存等)
{
……
server(server1，可以设置在其他文件中引用，比如 includevhosts/*.conf;)
{
……
}
server(server2)
{
……
}
}
```

3. 数据库

数据库(Database)是按照数据结构来组织、存储和管理数据的仓库。随着信息技术发展和应用需求的增长，特别是 20 世纪 90 年代以后，数据管理不再仅仅是存储和管理数据，而转变成用户所需要的各种数据管理的方式。数据库有很多种类型，从最简单的存储有各种数据的表格到能够进行海量数据存储的大型数据库系统，都在各个方面得到了广泛的应用。

主流的数据库有 SQL Server、Oracle、Mysql 等。这里以 SQL Server 为例列举一些常规操作：

(1) 查看数据库的版本：

```
select@@version
```

(2) 查看数据库所在机器操作系统参数：

```
execmaster..xp_msver
```

(3) 查看数据库启动的参数：

```
sp_configure
```

(4) 查看数据库启动时间：

```
select convert(varchar(30),login_time,120)from master..sysprocesses wherespid=1
```

(5) 查看数据库服务器名和实例名：

```
print'ServerName:'+convert(varchar(30),@@SERVERNAME)
print'Instance:'+convert(varchar(30),@@SERVICENAME)
```

(6) 创建名为 test 的数据库：

```
create database test
```

(7) 删除名为 test 数据库：

```
drop database test
```

(8) 依照某条件范围查寻 table1 表：

```
select*from table1 where 条件范围
```

7.5 存储子系统运维

存储子系统的运维可分为基础设施运维、存储系统运维和存储区域网络运维。

7.5.1 存储基础设施运维

存储设备的基础设施环境是保证存储资源正常运营的最基本的要求。

(1) 物理环境。数据中心内所有的设备都必须工作在合适的物理环境下，如数据中心温度、湿度等都必须严格按照要求构建。

(2) 电源。存储设备的电源数量在数据中心的设备中是相对较多的。由于存储设备的磁盘比较多，因此耗电量比较高。并且如今的存储设备为了保证设备的可靠性，都采用的多控制器，最少也是两个控制器，一个控制器一般需要2～3个电源。这就需要机房的物理设施提供足够的供电设备。

(3) 机架和线路。存储设备里有很多的磁盘，由机械磁盘的原理可知，磁盘是不能撞击的。存储设备的体积一般比较大，因此在安装的时候必须严格按照说明书安装，保证设备的牢固性。存储设备需要的以太网或者光纤线路比较多，必须保证线路的整洁性。

(4) 硬件设施监控。机房都会提供环境监测，以保障机房环境的正常运行。包括电源监测、温湿度监测等。

7.5.2　存储系统运维

在对存储基础设施进行管理时，监控是重要手段之一。可以监控不同存储部件运行状态的相关信息，并根据反馈的信息对存储基础设施进行合理的管理和利用。

1. 存储组件的监控

对存储部件的监控主要是为了监控存储基础设施的可访问性、容量、性能和安全。

可访问性是保证存储设备提供服务的连续性。监控的硬件组件有 HBA 卡、控制器、磁盘等，这些都是保证设备提供服务的前提，需要被监控。

容量需要被监控，保证存储基础设施能够提供足够的资源。容量的监控主要包括监控整体容量、分配给不同上层业务的 LUN 容量的使用情况。

性能是存储基础设施的工作效率。通过监控存储基础设施的性能，有助于确认业务的瓶颈所在。

安全需要被监控。为了保证安全，后端的存储基础设施一般不会接入外网，但安全仍需要被监控。数据中心的每个层面都需要注重安全的问题。

2. 存储设备的告警方式

(1) 存储厂商自带的告警机制

存储系统的可用性应该被监测，如磁盘阵列故障、存储的容量使用情况等。磁盘阵列配有冗余策略，例如采用 RAID 5 技术的磁盘阵列允许一块磁盘损坏，若再加上配备的热备盘，则能允许多块磁盘损坏。若磁盘出现损坏或者存储系统的一些进程出现问题，就要及时报警给存储支持中心或者管理员。一些存储设备就提供了这种报警功能，当硬件或者进程出现问题时，会向设备厂商发送信息，成为 Phone Home。例如其他的存储设备就具有这种功能，如图 7-7 所示。

选择"Phone Home"之后，系统会把当前出错的告警信息发送给设备厂商，厂商会根据告警决定如何进行维修。

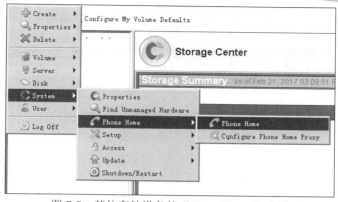

图 7-7　其他存储设备的"Phone Home"功能

(2) SMTP

存储设备大多可以设备邮件告警。存储系统会收集告警信息并在告警页面显示出具体的出错信息，第一种 Phone Home 信息发送失败的告警也会被收集并显示在告警界面。如图 7-8 所示为其他存储设备的告警信息。

Message ▽		Date Created	Date Modified	Object	Status
Alerts					
Storage Center Controller cannot connect to the configured Enter	06/14/2016 11:33:...	06/14/2016 11:33:...		Inform
Storage Center Controller could not send alert message to the co	06/14/2016 11:33:...	06/14/2016 11:33:...		Inform
The Phone Home failed while performing Log Transfer.	09/07/2015 07:28:...	06/14/2016 11:33:...	● Log Transfer	Inform

图 7-8　其他存储告警界面

这样的告警信息是需要管理员登录到存储系统界面才能看到的，这显然不是运维管理人员需要的结果。管理员可以通过设置 SMTP 即邮件告警方式，将告警信息以邮件的方式发送给管理员。告警设置页面如图 7-9 所示。

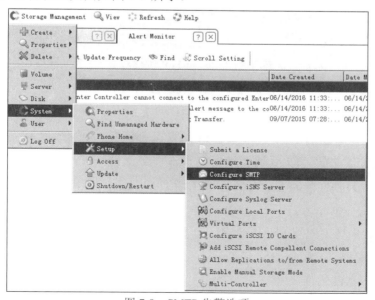

图 7-9　SMTP 告警选项

在系统设置中找到 SMTP 配置选项，并选择，如图 7-10 所示。

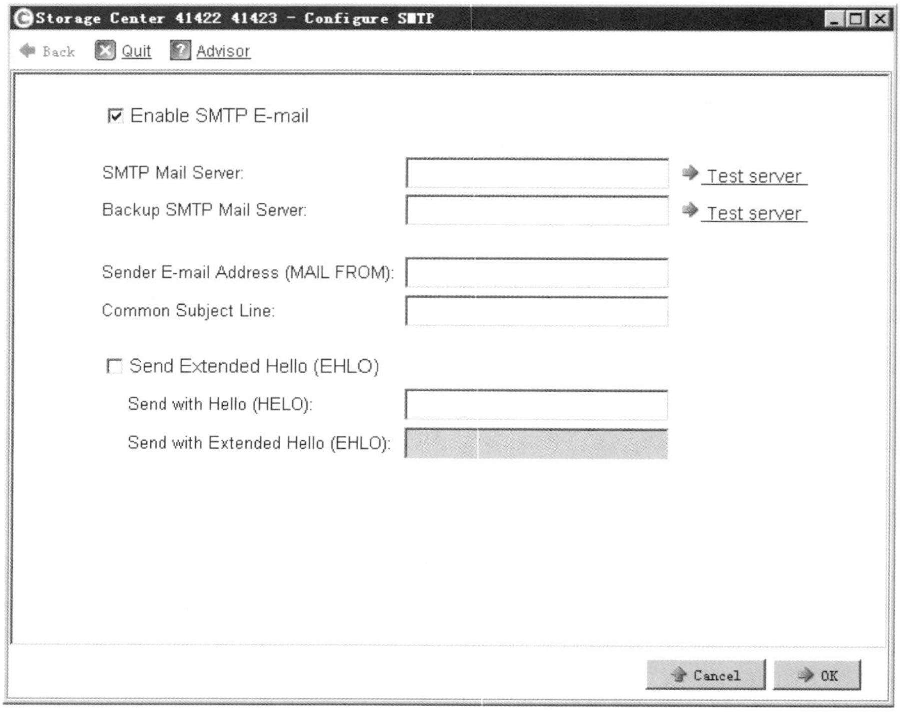

图 7-10　SMTP 告警设置

前两个空白处配置 SMTP 服务器，格式如 smtp.ha.edu.cn；中间配置接收信息的邮件和告警信息文件的命名；第三个选项是身份验证选择，HELO 不需要身份验证直接发送，EHLO带有身份证验证，这个可以根据需求自己选择。

很多时候，为了安全考虑存储设备一般不接入外网，这样邮件告警设置若使用外部的SMTP 服务器就无法成功。既然使用外部 SMTP 服务器不可行，可以在内部局域网搭建SMTP 服务器，这样邮件告警不需要接入外网就可以正常使用。

(3) SNMP

SNMP，简单网络管理协议。现在很多设备都支持 SNMP 协议监控，例如路由器、交换机、打印机等，以后越来越多的设备都会支持 SNMP。当然存储设备也支持SNMP 协议。各类存储设备系统的 SNMP 配置大同小异，如图 7-11 所示是 Dell 存储设备的选项。

在系统配置中选中配置 SNMP 服务，出现如图 7-12 所示。

根据提示填写必要信息。SNMP Trap 是一种入口，它会主动通知 SNMP 管理器，而不需要 SNMP 管理器的轮询。

　　SNMP 设置好之后，在 SNMP 接收端需要有处理软件对接受到 SNMP 信息进行处理，检索出有用的信息，发送给运维管理人员。

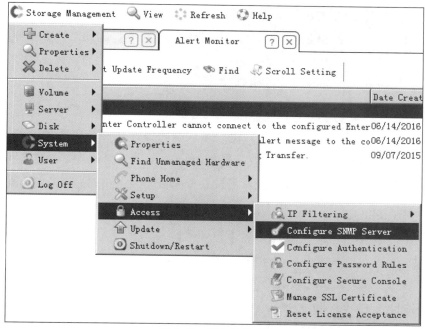

图 7-11　SNMP 选项

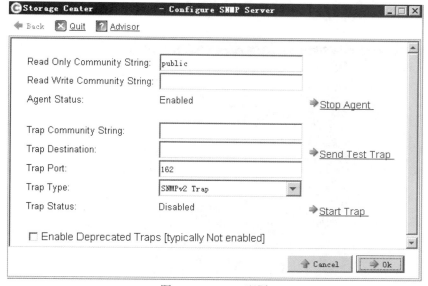

图 7-12　SNMP 配置

7.5.3　存储区域网络运维

数据中心中存储基础设施若采用存储区域网络构建，前端的主机资源和后端存储是通过网络连接的，一旦网络出现问题，必然会对业务造成影响，因此对存储区域网络的监控也是必要的。存储区域网络中的主要设备是交换机，监控交换机的负载、端口状态、流量等，可采用第三方监控软件利用 SNMP 协议进行监控。

在运维管理中，比较常用的开源监控软件有 Zabbix、Nagios、Cacti 等。

Zabbix 是一个基于 Web 界面并提供分布式系统监控和网络监听功能的开源软件。Zabbix 能监控系统和网络的各种参数，提供灵活的发送告警机制，使得管理员快速定位并解决问题。Zabbix 由两部分构成：Zabbix Server 和 Zabbix Agent。Zabbix Server 可以通过 SNMP、ping、监控端口等方法对服务器或者网络的监控。Zzabbix Agent 安装在需要被监控的目标服务器上，它可以收集所在服务器的硬件信息、内存、CPU、磁盘使用情况等的信息并反馈给 Zabbix Server。Zabbix Server 可以单独监控服务器或者服务的状态，也可以与 agent 配合，通过轮询 Agent 主动接受数据，也可以被动地接受 Agent 发送的信息。Zabbix Server 和 Zabbix Agent 都可以安装在现有的主流服务器系统上，例如 Linux、Windows、Solaris、HP-UX 等。

下面介绍 Zabbix 对存储交换机的监控设置。

(1) 添加设备，单击 Configuration→Hosts→Createhost 命令，如图 7-13 所示。

图 7-13　Create host 界面

(2) 填写设备信息，如图 7-14 所示。设备信息需要填写设备名称、显示名称、设备组、设备 IP 等信息。

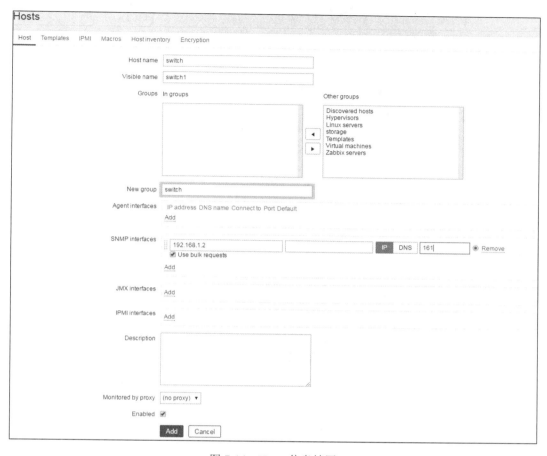

图 7-14 Hosts 信息填写

(3) 选择设备模板。Zabbix 提供了很多现成的模板设置，模板中设置了要监控的信息，例如接口、负载等，也可以根据需求自己添加，如图 7-15 所示，单击 Select 按钮，如图 7-16 所示。

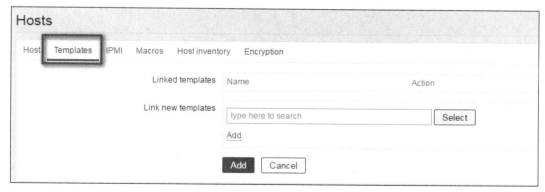

图 7-15 Hosts 模板

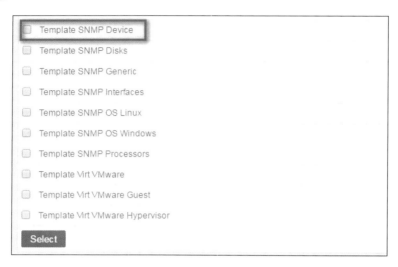

图 7-16　监控模板的选择

（4）Items 监控项。监控项是指对设备的必要性能、状态等信息监控的设置。Zabbix 提供了几项必要监控，可以根据自己的需求进行增删修改，模板中带有的监控项如图 7-17 所示。

图 7-17　Hosts 监控项

(5) Map 设置。在 Zabbix 中的 Maps 选项可以绘制网络拓扑图。通过设置 Maps 选项来绘制出数据中心的网络结构图，这样运维管理人员或者监控人员就可以直观地看到出问题的设备或者线路，如图 7-18 所示。配置步骤如下：

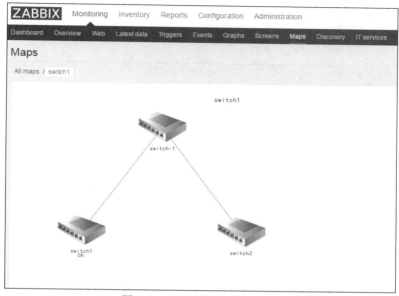

图 7-18　网络简要拓扑图示例

① 选择 Monitoring→Maps 命令，单击右上角 Createmap 按钮，出现 Map 信息界面，填写必要信息并单击下边的 Add 按钮，如图 7-19 所示。

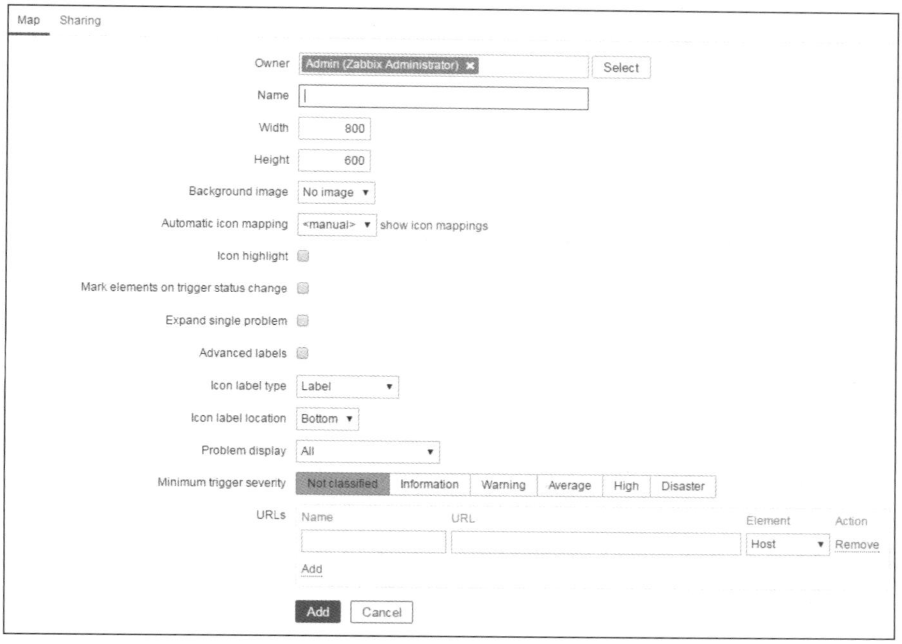

图 7-19　Map 信息填写

② 返回 Maps 页面，就可以看到新添加的选项，如图 7-20 所示。

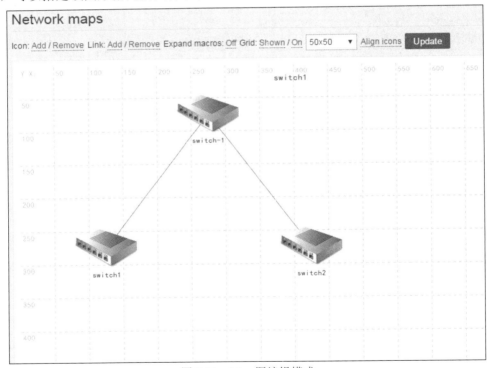

图 7-20　添加新的 Map

③ 选中新添加的选项，出现图形编辑界面，单击右上角 Editmap 按钮进行编辑。在这个界面中可以添加网络设备、主机设备等设备的图形，并可以用线连接起来。选中添加的设备，可以指定该图形指向的具体设备，也就是前边添加的主机。如图 7-21 所示。

图 7-21　Map 图编辑模式

④ 图中菜单栏选项，其中 icon 是添加图形，Link 可以在两个图形设备连线。为了图形能够指定具体的设备，还需要配置图形的属性，如图 7-22 所示。

⑤ 对其他图形进行同样配置之后就可以绘制出完整的网络拓扑图了，并进行监控。

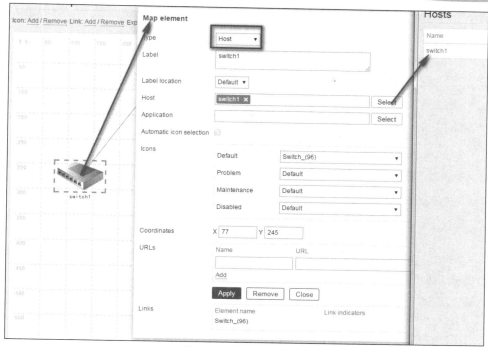

图 7-22　Map 元素设置

7.6　安全子系统运维

　　安全运维是保障数据中心系统稳定运行的重要环节,本节内容主要包括安全运维体系简介、安全监测系统运维、安全防护系统运维、安全审计系统运维以及安全运维管理规范。

7.6.1　安全运维体系介绍

　　根据国家信息安全等级保护的相关标准及要求,安全运维应以数据中心安全防护需求为出发点,数据中心安全系统从事前监控、事中防护和事后审计 3 个维度进行规划,并采用纵深防御的安全防护原则,实现覆盖物理层、网络层、系统层、应用层、数据层的整体安全防护。结合数据中心所承载的业务系统的特点及需求,对业务系统进行分层分域防控,从而全面提升数据中心的风险防御能力。

　　数据中心安全运维体系主要由安全监测系统、安全防护系统、安全审计系统组成,并通过运营管理平台和运维规范,将技术、流程、人三者有机结合,实现信息安全运维工作的闭环管理,如图 7-23 所示。

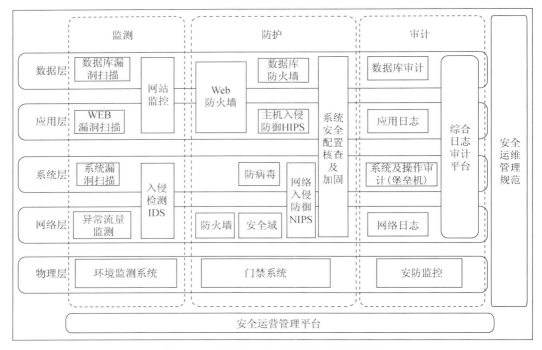

图 7-23　数据中心安全运维技术体系框架

7.6.2　安全监测系统运维

数据中心安全监测平台主要由安全评估系统和入侵检测系统组成，分别从应用层、系统层、网络层进行综合风险分析，实现对安全态势的动态感知及威胁预警。

1. 安全评估系统运维

安全评估系统以服务器和应用系统为对象，通过对服务器和应用系统进行漏洞监测、挂马监测、可用性监测、网页篡改监测，实现对应用系统的可用性、脆弱性进行评估和预警。安全评估系统日常运维工作如下：

(1) 必须定期进行漏洞特征库的更新，至少每周进行一次。重大安全漏洞发布后，应立即进行更新，确保漏洞库为最新版本。

(2) 制定漏洞扫描策略，保证至少每月一次对重要的应用系统和主机设备进行漏洞扫描。重大安全漏洞发布后，应立即对相关系统进行扫描，建议将扫描安排在非工作时间，避免在业务繁忙时执行。

(3) 根据漏洞扫描的报告，及时通知系统管理员对相应的高危漏洞进行修复。

(4) 跟踪漏洞修复的状态，在系统管理员完成漏洞修复后，重新对相关应用系统进行扫描，确认漏洞是否修复完毕。

2. 入侵监测系统运维

数据中心入侵检测系统(IDS)通过对网络、系统的运行状况进行监视，尽可能发现各种攻击企图、攻击行为或者攻击结果，以保证网络系统资源的机密性、完整性和可用性，入侵检测系统日常运维工作如下：

(1) 定期进行入侵特征库的更新，至少每周进行一次。重大安全漏洞和事件发布后，应立即进行更新。

(2) 针对检测到的不同入侵行为采取相应的响应动作。建议对于拒绝服务攻击、蠕虫病毒、间谍软件类高威胁攻击，及时调整防火墙策略，采取会话丢弃或拒绝会话动作，将可疑主机阻挡在网络之外。

(3) 针对已确认发生的入侵事件，需要对入侵检测日志进行跟踪分析，确定入侵源以及入侵动作特征，采取相应措施消除安全问题。对于重要安全事件应及时上报。

(4) 每月定期统计入侵报告，并分析历史安全事件，优化安全防范策略。

7.6.3 安全防护系统运维

结合数据中心的基础环境及业务系统的实际情况和特点，以实现纵深防御为原则，将信息系统网络划分为外网接入区、内网服务区、数据服务区等相对独立的安全区域，并根据各安全区域的功能和特点选择不同的防护措施。

1. 外网接入区——防火墙系统运维

数据中心外部接入区主要实现网络出口的安全管理、带宽管理、负载均衡控制。根据外网接入区的特点，在该区域部署网络访问控制，入侵事件防御，抗拒绝服务攻击等安全策略。防火墙系统是主要的网络边界安全设备，也是数据中心的第一道安全防线，主要为内网服务器系统提供访问控制能力，实现基于源/目的地址、通信协议、请求的服务等信息的访问控制，防止外网用户非法访问内网资源。

防火墙系统日常维护策略如下：

(1) 实时监控防火墙运行状况，包括 CPU 利用率、内存利用率、连接数等状态信息。

(2) 定期备份防火墙配置文件。

(3) 检查防火墙策略，确保防火墙配置符合安全要求。

(4) 根据网络安全预警信息，调整防火墙访问控制策略，降低攻击风险。

2. 内网服务区——云安全管理平台运维

数据中心内网服务器区是承载业务系统运行的重要区域，根据应用服务对象划分不同区域，并对各安全区域进行严格访问控制。

数据中心通过部署云安全管理平台，实现在虚拟化环境下为主机系统提供防恶意软件、防火墙、IDS/IPS、完整性监控和日志检查在内的安全防护功能。

(1) 防火墙策略管理

云安全管理平台防火墙模块能够提供细粒度的访问控制功能,可以实现针对虚拟交换机基于网口的访问控制和虚拟系统之间的区域逻辑隔离。

云安全管理平台防火墙策略配置需要按照最小授权访问的原则,细化访问控制策略,严格限制虚拟机的访问 IP 地址、协议和端口号。

(2) 恶意软件防范管理

为了保障数据中心系统的稳定安全运行,必须部署必要的病毒扫描工具,防止虚拟机感染病毒及恶意代码。

防病毒系统日常维护策略如下:

- 每周检查病毒库和杀毒引擎升级情况,重大安全漏洞和病毒预警发布后,应立即更新病毒代码和杀毒引擎,并对数据中心相关主机进行病毒扫描。
- 制定病毒扫描策略,定期对重要服务器进行全盘杀毒,建议将扫描安排在非工作时间,避免在业务繁忙时执行。
- 每天检查防病毒软件运行情况,包括引擎运行、客户端连接情况、病毒感染情况,发现异常情况马上采取控制措施。
- 及时更新漏洞情况,对于有可能被病毒利用的漏洞,要及时通知系统管理员安装相关补丁。

7.6.4　安全审计系统运维

数据中心安全运维管理与日志审计平台主要功能包括:资产管理、性能监控、告警管理、事件审计、风险管理、工单管理等。通过对安全事件的关联分析实现对数据中心整体安全运行态势的集中监控、分析与管理。安全运维平台以数据中心业务系统安全防护为核心,依托现有的安全防护技术,按照事件监控、安全审计、风险预警和运维管理 4 个维度,实现数据中心日常安全管理运维工作的标准化、例行化。

(1) 事件监控。运维监控平台通过收集 IT 资源中包括网络设备、安全设备、主机和应用的可用性报警信息,及时发现网络和系统主机的故障和性能瓶颈。

(2) 安全审计。通过对收集上来的全网入侵检测日志和安全事件,以及业务系统的可用性告警信息进行关联分析,确认是否发生攻击事件。

(3) 风险预警。运维管理平台将业务系统的威胁信息(漏洞信息、入侵检测日志等)汇集到一起,并与数据中心的 IT 资产进行关联,分析出受影响的资产,发布风险预警,告知运维人员系统可能遭受的攻击和潜在的安全隐患。

(4) 运维管理。根据预设的安全事件触发条件,通过邮件、短信、工单等方式通知运维人员,实施有效的安全控制措施,并触发安全事件响应处理流程,直至跟踪到问题处理完毕为止。

7.6.5 安全运维管理规范

1. 操作系统安全管理规范

(1) 严格管理操作系统账号，定期对操作系统账号和用户权限分配进行检查，删除长期不用和废弃的系统账号和测试账号。

(2) 严格限制用户对操作系统文件的访问权限，应采用最小授权原则，只授予用户完成任务所需要的最小权限。

(3) 加强操作系统口令管理，口令要满足以下要求。

- 长度要求：8 位字符以上。
- 复杂度要求：使用数字、大小写字母及特殊符号混合。
- 定期更换要求：每 90 天至少修改一次。

(4) 删除或停用不需要的服务及软件。

(5) 关闭多余的网络协议及服务端口，只开启必须使用的端口及服务。

(6) 及时安装和更新操作系统补丁程序。

(7) 对系统重要文件及目录，生成校验，并定期检查其完整性。

(8) 启用系统安全审核，合理安全保持审核日志。

2. 应用系统安全管理规范

(1) 检查应用系统软件是否存在已知的系统漏洞或者其他安全缺陷。

(2) 检查应用系统补丁安装是否完整。

(3) 检查应用系统进程和端口开放情况，并登记备案。

(4) 应用系统重要文件及文件夹，设置严格的访问权限。

(5) 开启应用系统日志记录功能，定期对日志进行审计分析，重点审核登录的用户、登录时间、所做的配置和操作。

(6) 严格管理应用系统账号，定期对应用系统账号和用户权限分配进行检查，至少每月审核一次，删除长期不用和废弃的系统账号和测试账号。

(7) 加强应用系统口令管理，应用口令要满足以下要求：

- 长度要求：8 位字符以上。
- 复杂度要求：使用数字、大小写字母及特殊符号混合。
- 定期更换要求：每 90 天至少修改一次。

3. 网络设备安全管理规范

(1) 严格管理设备系统账号，定期对设备系统账号和用户权限分配进行检查，删除长期不用和废弃的用户账号。

(2) 加强设备口令管理，设备口令要满足以下要求：

- 长度要求　8位字符以上。
- 复杂度要求　使用数字、大小写字母及特殊符号混合。
- 定期更换要求　每90天至少修改一次。

(3) 对网络和安全设备的管理严格的身份认证和访问权限控制，认证机制应使用多认证方式，如强密码+特定IP地址认证等。

(4) 网络和安全设备的用户名和密码必须以加密方式保存在本地和系统配置文件中，禁止使用明文密码方式保存。

(5) 对网络和安全设备的远程维护，建议使用SSH、HTTPS等加密管理方式，禁止使用Telnet、HTTP等明文管理协议。

(6) 限定远程管理的终端IP地址，设置远程登录超时时间，远程会话在空闲一定时间后自动断开。

(7) 开启网络和安全设备日志记录功能，并将日志同步到日志管理系统上，应定期对日志进行审计分析，重点对登录的用户、登录时间、操作内容进行核查。

附　　录

1. 日常巡检记录表

序号	巡检项目		巡检记录	备注
1	机房环境	温度		
2		湿度		
3		空调状况		
4	供配电	电压		
5		电流		
6		功率		
7		频率		
8	UPS	负载率		
9		报警		
10	监控系统	工作状态		
11		报警信息		
12	消防系统	运行状态		
13		压力范围		
14		消防通道		

其他情况记录：

值班人员：　　　　　　　　　　　　日期：

2. 供配电设备设施维修保养记录表

序号	项目	保养情况	备注
1	配电柜清洁		
2	仪表检测		
3	绝缘设施		
4	照明		
5	柜内接线排紧固		
6	配电屏对地电阻测试		
7	配电房清洁及周边防护		
8	电缆沟清洁/除水		

结论:

运维工程师:　　　　　　　　　　　运维岗负责人:

日期:　　　　　　　　　　　　　　日期:

3. UPS 运维记录表

设备编码		设备品牌、型号	
设备容量		并机台数	
电池品牌		电池型号	
电池容量		电池数量	

类别	事项	记录	备注
环境	通风情况		
	温度		
	清洁程度		
外部检查	进排风是否顺畅		
	风扇运转情况		
	接线及配电开关状态		
	内部电容或电感状态		
	蓄电池连接处状态		
	蓄电池外观情况		
	蓄电池的极柱、安全阀状态		
	放电测试		
功能测试	市电、电池开机是否正常		
	市电、电池供电、空载转换是否正常		
	面板指示灯或 LCD 显示内容是否正常		

其他情况记录：

运维工程师：　　　　　　　　　　　　运维岗负责人：

日期：　　　　　　　　　　　　　　　日期：

4. 精密空调系统运维记录表

空调编号			品牌	
	事项	记录	事项	记录
室内机部分	温度设定		部件电源线已紧固	
	湿度设定		高低压开关	
	控制板输入电压		屏幕显示状况	
	参数设定及控制动作		告警功能设定	
	加湿控制功能		空气滤网洁净度	
室外机部分	底座固定情况		冷凝翅片清洁情况	

其他情况记录：

运维工程师：　　　　　　　　　　运维岗负责人：

日期：　　　　　　　　　　　　　日期：

5. 柴油发电机系统运维记录表

设备编号			设备型号	
序号	项目		记录	备注
1	累积运行时间/h			
2	柴油油箱油位/L			
3	手动启停机是否正常			
4	模拟自动启停机延时时间			
5	空气滤清器清洁更换			
6	水、机油、柴油滤清器芯更换			
7	机油、柴油油路、水路检查			
8	控制箱电路、电气元件检查			
9	通风、排烟系统检查			
10	机身外各部件检查			
11	蓄电池充电电路检查			
12	蓄电池电压/V			
13	机油更换			
14	机身、地面、墙面清洁			

空载运行情况：

运维工程师：　　　　　　　　运维岗负责人：

日期：　　　　　　　　　　　日期：

6. 安防系统运维记录表

序号	项目	记录	备注
1	检查摄像机、支架状态		
2	检查摄像机罩状态		
3	检查摄像机工作状态		
4	检查云台控制状态		
5	检查门禁设备工作状态		
6	检查防入侵设备工作状态		
7	检查漏水检测设备工作状态		
8	检查各设备电源		
9	测试录像及回放功能		
10	测试监视器、画面处理器功能		
11	接插件、线路测试检查与紧固		
12	清洁各设备及其过滤网		
13	检查冷却风扇工作状况		

其他情况记录：

运维工程师：   运维岗负责人：

日期：   日期：

7. 消防系统运维记录表

序号	设备	项目	记录	备注
1	报警联动控制系统	清洁除尘		
2		面板显示检查		
3		螺钉紧固		
4		工作电压检测		
5	气体自动灭火控制	清洁除尘		
6		贮存器压力检查		
7		出口畅通		
8	灭火器材	压力检查或手托估重		
9	排烟风机	清洁除尘		
10		面板显示检查		
11		就地启动运行		

其他情况记录：

运维工程师：   运维岗负责人：

日期：   日期：

参考文献

[1] 中华人民共和国住房和城乡建设部，中华人民共和国国家质量监督检验检疫总局. GB 50174—2008 电子信息系统机房设计规范[S]. 北京：中国标准出版社，2008.

[2] 上海市城乡建设和交通委员会. DG/TJ08—2125—2013 数据中心基础设施设计规程[Z]. 北京：中国标准出版社，2013.

[3] 金科，阮新波. 绿色数据中心供电系统[M]. 北京：科学出版社，2014.

[4] 中华人民共和国国家标准. GB 50052—95，供配电系统设计规范[S]. 北京：中国计划出版社，1995.

[5] 中华人民共和国国家标准. GB 50016—2006，建筑设计防火规范[S]. 北京：中国计划出版社，2006.

[6] 中华人民共和国国家标准. GB 50311—2007，综合布线工程设计规范[S]. 北京：中国计划出版社，2007.

[7] 中华人民共和国国家标准. GB 50019—2003，采暖通风和空气调节设计规范[S]. 北京：中国计划出版社，2004.

[8] 钟景华. 数据中心接地问题探讨[J]. 电气应用，2009(18)：22-28.

[9] 朱利伟，曹播. 电子信息系统 UPS 冗余设计与供电可靠性问题[J]. 电气应用，2009(18)：30-37.

[10] 王达. 深入理解计算机网络[M]. 北京：机械工业出版社，2013.

[11] https://wenku.baidu.com/view/73445a30f111f18582d05a01.html?qq-pf-to=pcqq.c2c

[12] http://blog.csdn.net/

[13] 华为数据中心解决方案 http://e.huawei.com/cn/products/enterprise-networking/switches

[14] 思科数据中心解决方案 http://www.cisco.com/c/zh_cn/products/index.html

[15] 数据中心高可用性 http://network.51cto.com/art/201509/492206.htm

[16] http://forum.h3c.com

[17] http://baike.baidu.com/link?url=GwfULyu0zgj9uqJ3TYwn6VPqJf0L-3JyjfOFinr7lL3bznS6fn7aJ1XK4s7j9vHviv8PTd-fLfbSkwkhJMiGvK

[18] https://wenku.baidu.com/view/ba1b7285cc22bcd126ff0cfe.html

[19] https://wenku.baidu.com/view/6884bf042b160b4e777fcf20.html

[20] https://wenku.baidu.com/view/0b12122acaaedd3383c4d3d8.html

[21] https://wenku.baidu.com/view/dd0dc94dc850ad02de8041b1.html?from=searc

[22] 冬瓜头. 大话存储Ⅱ：存储系统架构与底层原理极限剖析[M]. 北京：清华大学出版社，
2015.

[23] 萨曼达(Somasundaram,G.)，(美)希瓦史塔瓦(Shrivastava,A.). 马衡，赵甲译. 信息存储
与管理：数字信息的存储、管理和保护[M]. 北京：人民邮电出版社，2013.

[24] 武春岭，鲁先志. 数据存储与容灾[M]. 北京：高等教育出版社，2015.

[25] https://en.wikipedia.org/wiki/Main_Page

[26] http://www.neieo.com/article/2010-04-12/6590.html

[27] http://diy.pconline.com.cn/cpu/study_cpu/1009/2215404_1.html

[28] 王世伟. 论信息安全、网络安全、网络空间安全[J]. 中国图书馆学报，2015(41)：72-83.

[29] 吴海龙. 浅谈 Web 的安全威胁与防护[J]. 中国技术新产品，2008(12)：10.

[30] 李振汕. 云安全面临的挑战及其解决策略[J]. 网络安全技术与应用，2012(2)：50-56.

[31] 葛忠军. 计算机网络安全分析研究[J]. 科技信息，2012(26)：249-250.

[32] 周向军. 云计算数据中心的安全体系架构设计[J]. 江苏理工学院学报，2015(12)：27-34.

[33] 李永钢，彭云峰. Web 安全漏洞的研究[J]. 科技视界，2014(11)：267-268.

[34] 张晓东. 科技创新导报：浅谈信息安全管理在运维服务中的重要性[J]. 科技创新导报，
2014(7)：176.

[35] https://wenku.baidu.com/view/21b823a4998fcc22bcd10ded.html?from=search&qq-pf-to=pcqq.c2c

[36] https://wenku.baidu.com/view/67d384359b6648d7c1c74650.html?from=search&qq-pf-to=pcqq.c2c

[37] https://wenku.baidu.com/view/0d020790240c844769eaeeae.html?re=view

[38] https://wenku.baidu.com/view/93e0f50b763231126edb1137.html

[39] https://wenku.baidu.com/view/082375c59ec3d5bbfd0a742f.html

[40] https://wenku.baidu.com/view/0c7b3cfb0242a8956bece45c.html

[41] http://www.cnblogs.com/yubo/archive/2010/04/23/1718810.html

[42] http://www.it168.com/redian/yun/

[43] http://www.chinabgao.com/stat/stats/76575.html

[44] https://wenku.baidu.com/view/cdedc7d1240c844769eaee8e.html

[45] http://blog.csdn.net/chengleisheng/articl

[46] https://wenku.baidu.com/view/538d0836a32d7375a41780a8.html

[47] https://wenku.baidu.com/view/5d652c8ee518964bce847c4f.html?from=search

[48] http://www.doc88.com/p-7758838784246.html

[49] https://wenku.baidu.com/view/68b9d67fa26925c52cc5bf0d.html

[50] 王月红. 数据中心虚拟化环境的安全挑战[J]. 信息安全与通信保密，2013(8)：22-33.

[51] 郑厦君. 省级教育数据中心安全运维技术体系建设研究[J]. 中国教育信息化，2016(19)：
5-10.

[52] 陆平. 云计算基础架构及关键应用[M]. 北京：机械工业出版社，2016.

[53] 云计算技术国内外发展现状，http://www.istis.sh.cn/list/list.aspx?id=8034

[54] Thomas Erl. 云计算的概念、技术与架构[M]. 北京：机械工业出版社，2014.

[55] 敖志刚. 网络虚拟化技术完全指南[M]. 北京：电子工业出版社，2015.

[56] Gary Lee. 云数据中心网络技术[M]. 北京：人民邮电出版社，2015.

[57] 杨欢. 云数据中心构建实战[M]. 北京：机械工业出版社，2014.

[58] https://wenku.baidu.com/view/26fa6001aa00b52acfc7caf9.html?re=view

[59] ANSI/TIA—942—A—2014 Telecommunications Infrastructure Standard for Data Centers，2014